南方煤矿
安全检查技术与方法

华道友　主编

中国矿业大学出版社

内 容 提 要

　　针对南方煤矿的特点、技术面貌和管理水平，本书介绍了常见的南方煤矿的安全检查内容、要求和方法，编制了安全管理检查内容与方法和现场安全管理检查表。本书适合具有一定相关基础的技术工人以及矿山工程技术人员阅读，同时也可作为企业职工培训教材以及相关专业学生的参考读物。

图书在版编目(CIP)数据

南方煤矿安全检查技术与方法/华道友主编. —徐

州：中国矿业大学出版社，2011.2

　ISBN 978 - 7 - 5646 - 0955 - 9

　Ⅰ. ①南…　Ⅱ. ①华…　Ⅲ. ①煤矿—矿山安全—安全

检查—南方地区　Ⅳ. ①TD7

　　中国版本图书馆 CIP 数据核字(2011)第011977号

书　　名	南方煤矿安全检查技术与方法
主　　编	华道友
责任编辑	刘红岗
责任校对	孙　景
出版发行	中国矿业大学出版社有限责任公司
	（江苏省徐州市解放南路　邮编 221008）
营销热线	(0516)83885307　83884995
出版服务	(0516)83885767　83884920
网　　址	http：//www.cumtp.com　E-mail：cumtpvip@cumtp.com
印　　刷	徐州中矿大印发科技有限公司
开　　本	787×1092　1/16　印张 16　字数 399 千字
版次印次	2011 年 2 月第 1 版　2011 年 2 月第 1 次印刷
定　　价	45.00 元

（图书出现印装质量问题，本社负责调换）

前　言

　　《国务院关于进一步加强企业安全生产工作的通知》（国发〔2010〕23号）中要求："企业要健全完善严格的安全生产规章制度，坚持不安全不生产。加强对生产现场监督检查，严格查处违章指挥、违规作业、违反劳动纪律的'三违'行为。""及时排查治理安全隐患。企业要经常性开展安全隐患排查，并切实做到整改措施、责任、资金、时限和预案'五到位'。建立以安全生产专业人员为主导的隐患整改效果评价制度，确保整改到位。"

　　我国南方地区煤炭资源总量少、开采条件差、灾害因素多，煤矿总体数量多、规模小，技术装备相对落后，是我国煤矿灾害多发地区。为减少生产安全事故的发生，就必须预测、控制和消除可能发生事故的各种不安全因素（危险因素）。而安全检查及检查所使用的安全检查表就是发现不安全因素（危险因素）的手段和工具，是最基础、最简便的识别潜在不安全因素（潜在的危险因素）的方法之一。

　　本书针对南方煤矿特点、技术面貌和管理水平，编写了常见的南方煤矿的安全检查内容、要求和方法，编制了安全基础管理检查和现场安全管理检查表，以便政府部门相关监管人员、煤矿企业安全检查人员和管理人员使用，适合具有一定基础的技术工人以及矿山有关工程技术人员阅读，同时也可作为企业职工培训的教材，以及相关专业学生的参考读物。

　　本书由华道友主编，参加本书编写的人员及分工如下：华道友（第一章、第六章、第七章、第十一章、第十二章、第十三章以及安全检查表）、李维光（第二章、第三章、第四章、第五章、第八章）、廖洪政（第九章、第十章）、王调龙（第十四章）。

　　由于编写时间仓促，加之编者水平有限，书中难免会有不足之处，恳请同行及读者批评指正。

作　者

2010 年 12 月

目　录

第一章　煤矿安全检查概述

第一节　煤矿安全检查的目的和任务

企业的任何生产过程都会伴随一定的不安全因素。为减少生产安全事故的发生，就必须预测可能发生事故的各种不安全因素（危险因素），针对这些不安全因素，制定防范措施。而安全检查及检查所使用的安全检查表就是发现不安全因素（危险因素）的手段和工具，是最基础、最简便的识别潜在不安全因素（潜在的危险因素）的方法之一。

一、安全检查的目的

安全检查是建立良好的安全生产作业环境和秩序的重要手段之一。安全检查的目的在于发现不安全因素（危险因素）的存在状况，如装置、设备、设施、工具、附件等的潜在不安全因素状况、不安全的作业环境场所条件、不安全的作业职工行为和操作潜在危险，以利于采取防范措施，防止或减少伤亡事故的发生。

《国务院关于进一步加强企业安全生产工作的通知》（国发〔2010〕23号）中，明确指出："企业要健全完善严格的安全生产规章制度，坚持不安全不生产。加强对生产现场监督检查，严格查处违章指挥、违规作业、违反劳动纪律的'三违'行为。""及时排查治理安全隐患。企业要经常性开展安全隐患排查，并切实做到整改措施、责任、资金、时限和预案'五到位'。建立以安全生产专业人员为主导的隐患整改效果评价制度，确保整改到位。"《国务院关于预防煤矿生产安全事故的特别规定》（以下简称《特别规定》）（国务院令第446号）第九条规定："煤矿企业应当建立健全安全生产隐患排查、治理和报告制度。煤矿企业应当对本规定第八条第二款所列情形定期组织排查，并将排查情况每季度向县级以上地方人民政府负责煤矿安全生产监督管理的部门、煤矿安全监察机构写出书面报告。报告应当经煤矿企业负责人签字。"

（1）由于煤矿井下作业场所、作业对象的多变性、不可预知性，煤矿企业必须建立并落实安全隐患排查制度、治理制度和报告制度。这三项制度间有着内在的联系，缺一不可，其中排查是前提、治理是目的、报告是保证，通过报告，增加透明度，加大自身压力，有效获取外部推动力。

（2）煤矿企业内部和矿井在不同管理层次均要制定隐患排查制度，明确规定检查范围、检查内容、检查频率、检查时间和检查方法；明确组织单位、参加人员；其中每月应组织一次重大隐患的排查；检查情况要造册、存档。企业主要负责人要组织制定、修改和落实本单位的隐患排查制度，定期听取隐患排查情况汇报，可能的情况下要亲自参加隐患排查活动。

（3）煤矿企业要建立隐患治理制度。针对各种事故隐患的整治，企业和矿井应分别制订年度计划、季度计划和月度计划,要确定目标、落实资金,有监督、有验收;要制订相应的应急救援预案,并定期进行演练和补充完善。企业主要负责人要定期听取隐患治理情况汇报或实地考察隐患治理情况,及时协调解决隐患治理中存在的重点、难点问题,督促隐患治理计划保质保量按时完成。

(4)煤矿企业要建立事故隐患逐级报告制度。矿井各班组、各区队对发现的事故隐患应及时向分管领导或管理部门汇报。煤矿企业每季度要将重大事故隐患情况向有关部门作出书面汇报,其报告要由专门的部门和人员负责,并经企业主要负责人审定后报出;乡镇煤矿、县属煤矿要报到当地县级人民政府负责煤矿安全生产监督管理的部门,市属煤矿要报到当地市级人民政府负责煤矿安全生产监督管理的部门,省属煤矿要报到省级人民政府负责煤矿安全生产监督管理的部门,与此同时,前两类煤矿还要向当地煤矿安全监察分局报告,后一类煤矿要向省级煤矿安全监察局报告。书面报告内容要具体、真实、有连贯性。

(5)对煤矿井下作业场所没有进行隐患排查,就不能确定井下有没有隐患;存在的隐患不能及时消除,小事就有变成大事并最终酿成大祸的可能。因此,为了及时发现、彻底消除事故隐患,预防生产安全事故,对没有建立排查、报告制度,没有按规定进行排查和报告的,必须责令限期改正;逾期未改正的,责令停产整顿,并必须对企业和负责人视情节轻重给予相应处罚。

多年的安全生产工作实践,安全生产检查逐步成为劳动保护管理的重要制度之一,在《国务院关于加强企业生产中安全工作的几项规定》中,对安全生产检查工作提出了明确要求:

"四、关于安全生产的定期检查

"(一)企业单位对生产中的安全工作,除进行经常的检查外,每年还应该定期地进行二至四次群众性的检查,这种检查包括普遍检查、专业检查和季节性检查,这几种检查可以结合进行。

"(二)开展安全生产检查,必须有明确的目的、要求和具体计划,并且必须建立由企业领导负责、有关人员参加的安全生产检查组织,以加强领导,做好这项工作。

"(三)安全生产检查应该始终贯彻领导与群众相结合的原则,依靠群众,边检查,边改进,并且及时地总结和推广先进经验。有些限于物质技术条件当时不能解决的问题,也应该订出计划,按期解决,务须作到条条有着落,件件有交代。"

《四川省生产经营单位安全生产责任规定》第二十九条规定:"生产经营单位应当建立班组检查、车间检查、分厂检查、综合管理部门综合检查、总部(公司、厂)有关负责人组织重点检查和群众性检查等安全生产检查制度,以岗位自查自纠制度为基础,实施安全生产日常检查,及时发现和纠正违章行为,消除生产安全事故隐患;因物质技术条件限制不能及时处理的问题,应当制定防范措施和整改计划,限期整改。"

二、安全检查的任务

(1)宣传国家安全生产方针、政策、法律、法规,向职工宣讲安全生产知识,要求职工认真执行安全生产法律法规,特别是"三大规程"(即《煤矿安全规程》《操作规程》《作业规程》),增强法制观念,维护职工合法的安全权利,维权守法,珍惜生命,共同搞好安全生产。

(2)掌握安全生产动态,收集、贯彻、执行煤矿有关安全生产法律法规、规章制度中存在的具体问题与不足,摸索煤矿安全生产规律,加强安全管理,制定强有力的针对措施,更好地为企业安全生产服务。

(3)检查各生产单位对安全生产方针、政策、法规和劳动保护政策、法令及安全生产责任制的贯彻执行情况。

(4)检查职工特别是特种作业人员的持证上岗情况和岗位责任制及防治事故安全措施的贯彻执行情况。

(5)查找安全隐患及"三违"行为,查出隐患立即采取措施予以消除,制止违章,维持正常的生产秩序,构建良好的安全生产环境。查隐患、反违章应是安全检查工作的最常规、最有效、最广泛的工作内容和重要任务。

(6)安全检查中要发现和总结、表彰安全生产的先进人物与先进事迹,积极推广先进经验。同时也要用典型事故案例和"三违"典型进行案例教育,促使广大职工从正反两个方面吸取经验和教训,增强安全意识,做到警钟长鸣,营造矿区遵章光荣、违章可耻,遵章人人夸、违章人人抓的浓厚安全氛围,使安全检查工作既扎扎实实有成效,又轰轰烈烈有声势,既解决现场实际问题,又能宣传发动群众,使安全检查工作深入人心。

第二节　煤矿安全检查的内容和要求

一、安全检查的形式

常见的安全检查形式有以下几种:

(1)安全生产督查:政府安全生产监督管理部门根据工作需要而组织开展的定期或不定期的安全检查。

(2)专项安全检查:安全生产监督管理部门或政府其他行政部门针对某一项工作或某一特定情况而组织开展的安全检查。

(3)行政执法检查:按照国家安全法律法规的规定和要求,对特定对象进行的安全检查,由具有执法资格的政府公务人员执行。

(4)投产验收检查:安全生产监督管理部门对企业重大新建、改建、扩建项目或重大技术改造项目正式投产前组织进行的"三同时"执行情况检查。

(5)企业内部安全检查:企业根据自身特点和工作计划,自行组织开展的内部安全检查。

二、煤矿安全检查的种类

根据安全检查的目的、性质和要求,煤矿安全检查大致可分为以下几种。

1. 经常性安全检查

(1)专业人员检查

专业人员检查指专职安全人员的检查和有关专业技术人员的安全检查。专职安全人员的检查包括安全管理人员的日常巡回检查、安全小分队执法检查和跟班安全检查员的"盯面"、"跑片"、"管线"安全检查。"盯面"检查适用于隐患较易出现、自然灾害较重、作业人员较多的采煤工作面和掘进工作面,安全检查员在一个工作面实行全过程的跟班检查;"跑片"

检查适用于人员作业现场比较分散,安全检查员在划定的区域内跟班进行巡回检查;"管线"检查适用于机电、运输、通风等自成系统的专业区段,由安全检查员穿梭检查。

专业技术人员的检查主要是对专业性较强的项目进行的安全检查活动。如井下"五小电气"防爆性能检查、电气"三大保护"检查、防跑车装置检查等。这些检查活动一般都由具备精通专业技术知识的安全人员或技术人员承担。

上述的安全检查类型是煤矿最基础的现场安全检查活动。

(2)业务保安检查

业务保安检查是由安全管理部门牵头组织有关职能部门对部门业务保安责任制范围内的内容进行的检查活动。如由安全、生产、供应等部门组织的支护材料安全性能的检查,由安全、计划、基建等部门组织的安全技措工程的检查,由安全、生产、财务等部门组织的安全奖励及安全质量结构工资执行情况的检查,由安全、职工教育、工会、宣传等部门组织的安全教育培训的检查等。

(3)领导巡回检查

领导巡回检查是由企业、单位、部门安全第一责任者或主要领导人带队进行的一种安全检查,往往带有现场办公的性质。这种检查声势大、部门全、人员多、级别高,能引起被查单位和群众的高度重视,影响面大,对加强安全管理、增强安全意识有很大好处,往往还可解决一些需要花钱、列项等的重大安全问题。

(4)岗位安全检查

岗位安全检查有两种形式,即岗位作业人员的自查和对作业岗位的安全检查。

岗位作业人员接班到岗和在操作过程中都要按岗位安全责任制、操作规程和安全作业标准的要求,对所在岗位设备完好、防护设施、电气防爆和安全性能、作业环境等情况进行认真检查,发现问题和隐患要停止作业立即进行整改和处理,无法处理的要向上级汇报,问题未解决、隐患未排除之前不准作业或操作。这是作业人员对岗位安全的自查。

对岗位的安全检查活动,也叫"查岗",由值班干部、班组长或安全人员进行检查。安全检查员在所有安全检查活动中,有责任对所辖范围内的所有岗位和途经区域的岗位进行岗位安全检查。检查内容主要包括持证上岗、安全操作、安全作业标准、劳动纪律、操作规程等执行情况和岗位环境、设备完好、设备缺陷和隐患、安全设施、电气防爆和设备防护等状况认真检查,发现问题,采取措施,责令整改。

2. 定期安全大检查

即安全大检查,根据检查的重点和内容又分为以下几种:

(1)普遍性安全大检查。例如年度、季度、月度大检查。

(2)季节性安全大检查。例如春季大检查、节假日前后大检查等。

(3)专业性大检查。例如"一通三防"大检查、运输安全大检查、雨季"三防"大检查等。

3. 监督性安全检查

监督性安全检查是由国家安全监察机关、行业领导机关组织的安全检查活动或由工会组织职代会代表、群众代表进行的安全检查活动。

4. 特殊检查

特殊检查指在特定环境和条件下进行的针对性安全检查。例如,企业安全状况不好,或发生重大事故(有时是其他单位发生重大事故)后进行的带有防止事故重复发生性质的大检查;矿井放假停产前和恢复生产前进行的安全大检查。

三、煤矿安全检查的内容

煤矿安全检查的内容,包括查思想、查制度、查安全设置、查隐患、查事故处理。安全检查活动要深入到区队班组,检查生产过程中的劳动条件、作业环境、生产设备以及相应的安全设施和人的操作行为是否符合安全法规的规定。现场安全检查的重点是查处隐患和"三违"。

查思想主要是按照国家有关安全生产的方针、政策、法律、法规及文件,检查企业、单位、部门领导和职工对安全生产的认识。如干部是否认真履行安全职责,真正做到了关心职工的生命安全与身体健康;指挥人员有无违章指挥;职工群众是否人人关心安全生产,在生产中是否有不安全行为,操作是否规范;国家安全生产的方针、政策、法令是否真正贯彻执行。

查制度主要是检查企业、单位领导是否把安全生产摆上议事日程,是否真正贯彻了安全生产责任制度;在计划、布置、检查、总结、评比生产工作的时候,是否同时计划、布置、检查、总结、评比安全工作,"五同时"制度是否得到落实;职能部门在各自业务范围内,是否对安全生产负责,安全机构是否健全,工人群众参与安全生产管理情况;企业、单位改善劳动生产条件的措施计划是否按年度编制并实施,安全生产经费是否按规定提取和使用;新建、改建和扩建工程项目与安全生产设施工程的"三同时"制度是否得到落实。此外,还要检查企业、单位的安全教育制度和新工人、调换工种人员以及特种作业人员的安全培训制度是否健全并认真执行,各工种安全操作规程和岗位责任制是否严格执行。

查安全设施、查隐患主要是深入现场,检查劳动条件和作业环境、生产设备以及相应的安全卫生设施。例如,采掘工作面的支护情况是否符合要求;矿井通风及矿内气候条件是否符合要求;采区或工作面的安全出口是否畅通;矿井水、火、瓦斯、煤尘、顶板等灾害预防措施是否齐全有效;机电设备的防漏电、触电装置是否完善,防爆性能是否符合要求;个人劳动防护用品的发放及其质量和使用是否符合安全规定;锅炉等压力容器及其他特种设备的安全附件是否齐全、灵敏、可靠。对企业的要害部位和重点设备,如主要通风机房、爆破器材库、变配电所、压风机房、绞车房、锅炉房等要严格检查。

查事故处理主要检查单位和部门对工伤事故和重大非伤亡事故以及未遂事故是否按规定及时报告,并认真调查、严肃处理,有无隐瞒包庇、谎报(大事故小报、重伤轻报)的现象;检查防止同类事故重复发生的防范措施是否落实到位;在事故调查处理中是否真正做到了"四不放过"(事故原因未查清不放过,事故责任者未受到处理不放过,职工、群众未受到教育不放过,防范措施未落实不放过)。在检查中发现有未遵守"四不放过"原则而草率处理的事故,要重新严肃处理,找出事故原因,追究有关责任,采取有效的防范措施,防止类似事故重复发生。

《四川省生产经营单位安全生产责任规定》第二十九条规定:生产经营单位应当建立健全安全生产检查及事故隐患整治档案,每次检查的内容、结果、整改情况应当记入档案,并由检查人员、复查人员签字。

安全生产检查包括以下内容:

(一)安全生产规章制度是否健全;

(二)设施、设备是否处于安全运行状态;

（三）有毒、有害等危险作业场所安全生产状况；

（四）从业人员是否具备相应的安全知识和操作技能，特种作业人员是否持证上岗；

（五）从业人员在作业过程中是否遵守安全生产规章制度和操作规程；

（六）配备的劳动防护用品是否符合国家标准或者行业标准，从业人员是否正确佩戴、使用；

（七）现场生产管理、指挥人员有无违章指挥、强令从业人员冒险作业行为；

（八）现场生产管理、指挥人员对从业人员的违章行为是否及时发现和制止；

（九）重大危险源的检测监控情况；

（十）生产安全事故隐患；

（十一）其他应当检查的安全生产事项。

在开展安全检查中，可根据各单位和部门的情况和特点，每次检查的内容应有所侧重，突出重点，确保收到实效。

煤矿安全工作是综合性很强、涉及面很广的庞大系统工程，检查工作的对象既有人的活动和行为，又有机电设备、井下环境、自然灾害、安全设施和防护等物的东西，还要遵守技术规范、安全质量标准和有关具体规定及要求，因此，安全检查工作要求安全检查员具有较高的专业技术水平和丰富的实践经验。在现场检查中，几个人一同检查，有的人能够发现问题并提出整改意见，有的人却没有发现问题，其根本原因就是前者对现场非常熟悉，对生产过程、生产环境、生产工序以及什么是正常现象，什么是异常现象，什么是隐患，隐患会造成什么样的后果都心中有数，工作负责，检查细心，所以能够及时地发现问题和隐患。当把问题和隐患以及由此可能引发的事故向被查单位提出时，被查者才会心服口服，整改意见和措施切中要害并切实可行，这样的安全检查员才是合格的、受欢迎的，能对安全生产真正起到作用，这样的安全检查员和安全检查工作才会具有权威性，受到尊重。安全检查员最重要的是责任心和实践经验。比如到采煤工作面检查，经验丰富的安全检查员能根据支架受力、煤壁情况、采空区冒落程度、实际采高、有无地质构造等情况综合判断顶板管理状况及安全可靠程度。有时看似顶板平整压力不大，实际上可能存在较大问题和隐患，实践经验丰富的安全检查员一般都能作出判断。这种判断和分析，比丈量柱距、查看炸药箱是否上锁等能够直观检查的项目要难得多，"技术含量"和"经验含量"要大得多。

四、煤矿安全检查工作的基本要求

安全检查应认真对待，使检查活动真正起到作用，切忌走过场流于形式。安全检查是担负有重要使命的严肃工作，要有严格的要求、严明的纪律和明确的目的。对因未及时整改而造成事故时，要严格追究责任，依照有关法律法规严肃处理。

安全检查的要求主要体现在以下几方面：

（1）安全大检查时，必须有被检查单位安全生产第一责任者在现场。检查要严格、认真，不能讲情面、走过场、走形式。

（2）每次检查要有准备、有重点、有针对性。

（3）要下决心解决问题。发现重大安全隐患，要坚决停产处理，重大隐患不消除不准生产。对查出的问题，要分析原因，追究责任，要批评教育，坚持按制度规定办事，不徇私情，严肃处理；对暂时不能解决的问题，要落实整改资金、时间、措施和责任者（即"四定"）进行处理;对发现的安全隐患或问题,要填写安全检查问题(隐患)整改通知书,送交被查单位和安全管理部门。按事故隐患排查制度认真整改和复查。

(4)检查时要做好记录,检查结束后要写出书面总结报告和填写安全大检查隐患整改安排表,送交有关单位研究整改并作为安全大检查后效果复查的依据。

事实证明,安全检查后的跟踪复查,往往更能起到督促整改的作用。所以复查不但是必要的,而且是防止安全检查流于形式的一个重要措施。

第三节　安全检查工作的组织实施

一、煤矿安全检查员应具备知识

鉴于煤矿安全工作的特殊要求,安全检查人员除了应具有良好的身体素质、高度的敬业精神、责任感、使命感外,还应具有丰富的安全生产管理知识:

(1)党和国家有关安全生产的法律、法规、政策及有关安全生产的规章、规程、规范和质量标准知识;

(2)企业安全生产管理知识、安全生产技术知识、劳动卫生知识和安全文化知识,具有有关专业安全生产管理专业知识,了解本企业生产或施工专业知识;

(3)掌握劳动保护、工伤保险的法律、法规、政策知识;

(4)掌握伤亡事故和职业病统计、报告及调查处理方法;

(5)具备安全事故现场勘验技术,以及应急处理措施;

(6)熟知重大危险源管理与应急救援预案编制方法;

(7)学习先进的安全生产管理经验;

(8)了解一定的心理学、人际关系学、行为科学等知识。

二、安全检查人员应具有的基本技能

安全检查涉及知识、技术面广,对参与检查人员有一定的技术要求。除专业技术外,一般检查人员应具备以下基本技术素质:

(1)具备必要的技术知识和安全工作经验,能够有效地辨识和处理危险。

(2)能编制或使用安全检查表。

(3)知道如何记检查笔记。检查过程不能只看,发现问题不能只靠记忆,而要及时做笔记。即使检查后要做正式书面报告,个人在现场也要抓住重点记录。

(4)善于查阅和应用存档报告。检查之前,要查阅被检查对象的存档资料,掌握相关信息,了解过去问题及处理情况。这一点特别重要,对核实以前整改措施的落实有很大作用。

(5)检查时不仅要看,而且要问。因为对有关工作的系统运行及操作方法,很难仅靠看来检查。在生产现场发现问题,应正面询问操作人员,并认真听取他们对系统运行及操作方法的改进性意见。

(6)能及时发现和纠正危险。这一点很重要,发现有对人员、财产构成明显威胁的危险或隐患,应随时纠正而不能等到检查结束后处理。对于违章或不安全的行为都要及时纠正,并记录在案,如不使用安全装置、不使用个体防护用品、酒后上岗及在禁烟区吸烟等。

（7）掌握和运用定量检测方法。某些作业场所的安全技术状态要做定量检测，这些测试结果要作为今后检查进行比较的依据，检查人员必须掌握和运用基本的定量检测方法。

三、安全检查的业务建设

煤矿安全检查工作不但责任重大，而且是一项业务性很强的工作。它要求安全检查员既要有较高的政治素质，热爱安全检查工作，又要有很强的责任心和原则性，爱岗敬业，同时要掌握煤矿多方面的专业技术理论知识和具有丰富的现场安全管理实践经验。煤矿安全是一门综合科学，是一项庞大的系统工程，因此要做一个真正合格的安全检查员，确实很不容易，必须通过系统的业务学习和生产实践，不断地提高自身业务素质，才能适应工作要求，出色完成安全检查工作。

1. 学习和掌握安全法规

安全检查员要重点学习《中华人民共和国安全生产法》（以下简称《安全生产法》）、《中华人民共和国矿山安全法》（以下简称《矿山安全法》）、《煤矿安全监察条例》、《安全生产违法行为行政处罚办法》、煤矿"三大规程"、《煤矿安全质量标准化标准及考核评级办法》和上级与单位有关安全文件、安全生产规章制度，要掌握所管辖（即被检查）单位的安全系统、生产系统、生产工艺和生产工序及流程，作业环境和地质、水文地质、瓦斯赋存等开采技术条件和特点。对被检查单位的作业规程、安全技术措施等必须认真学习和掌握，对诸如顶板管理、初次放顶、支护规定、安全防护措施等必须非常熟悉，才能在现场进行有效的、有理有据的检查。这就要求安全检查员所在单位要组织安全检查员认真学习并严格考核，也要求安全检查员将其当做一项必须完成的任务坚持自学。

2. 学习有关专业知识

安全检查工作涉及面广，几乎涵盖了煤矿的各个专业，是一项综合性的工作。但在实践工作中，安全检查员是有分工的，是在相对比较稳定的专业和地段工作，这就要求安全检查员要熟知本专业安全生产技术知识，了解并能够识别、判断各个生产环节容易发生的问题、隐患和排除措施，掌握煤矿安全质量标准，掌握所在地区自然灾害发生的原因、预兆、预防措施和处理方法，包括抢险救灾、避灾方法及避灾路线，了解本专业安全生产的新技术、新设备和新材料。虽然现实中"万事通"式的安全检查员是存在的，但必须胜任其所在单位、地段、专业的安全检查工作。安全检查员必须通过培训考核合格后，持证上岗。安全检查员变换专业和调到新的地段工作时，必须经重新培训、考核合格后，方可上岗工作。

3. 加强安全检查部门的内部建设

主要是建立健全安全检查工作制度、安全检查员管理制度，完善安全检查手段，建立安全资料档案等。

四、安全检查的技术准备

一般安全检查的组织和技术准备要考虑以下几个方面：

（1）确定检查对象、范围、日期，制订检查计划。

（2）根据检查的规模和重要性，组织有关人员组成检查组，邀请相关专家，确定检查组负责人。

（3）收集相关法律、法规、技术标准和行政文件资料。

（4）收集检查对象的相关安全资料,尽可能了解检查对象的管理特性和危险特征。

（5）根据检查的具体要求和内容,编制或应用相应的安全检查表。

（6）准备必要的检查和测试工具、安全防护用具、交通工具和现场记录用具。

（7）召开检查组会议,进行必要的工作分工。

五、煤矿安全检查的组织实施

（一）煤矿安全检查工作程序

一般分为以下四个步骤:

1. 安全检查准备

（1）确定检查对象,明确检查目的、任务。

（2）查阅、掌握有关法律、标准。安全检查员要特别注意学习和掌握被查单位的作业规程和质量标准。

（3）了解检查对象工艺流程、生产和安全设施等情况。

（4）制订检查计划,安排检查内容、步骤和方法。

（5）编写安全检查表格或检查提纲。安全检查员的日常检查表格,由安全管理部门制定。

（6）准备必要的检测工具、仪器、书写表格等。

（7）挑选和训练检查人员等。

2. 实施检查活动

这是安全检查的主要阶段。应按照检查内容的要求深入现场、查阅资料、召开座谈会等逐项进行,主要是发现问题,查出隐患和"三违",并对查出的问题作出评价。

3. 检查处理

检查处理是根据检查结果,按不同情况分别采取措施,对查出的问题给予适当处理。这是督促被查单位解决问题,纠正违章,实现检查目的的中心环节。

4. 行政制裁

这是安全检查机构对违反煤矿安全规程的单位和个人,特别是对"三违"行为、工程质量不合格现象和重大安全隐患采取的强制措施,按情节轻重给予通报批评、罚款、责令限期整改、停产整顿等行政处罚。这是正常开展检查活动、完善检查过程的重要环节,也是解决安全生产实际问题的有效措施。

在采取行政制裁仍不奏效的情况下,再通过认真、深入地追究或被查单位上级主要领导人的干预,通常能够解决问题。

（二）安全检查表的应用

编制或运用安全检查表进行检查,是提高安全检查效率最有效的办法。安全检查表的优点是检查项目系统、完整、针对性强,使用安全检查表可以做到不遗漏关键的危险因素,避免因抓不住重点而使检查形式化或走过场,因而能保证安全检查的质量,并能方便地保留检查的原始记录。

安全检查表另一个优点是自行编制。编制检查表的过程就是一个系统安全分析的过程,可使检查人员对系统的认识更深刻,更便于发现危险因素。编制检查表时要注意:第一,内容必须全面,避免遗漏主要的潜在危险;第二,要重点突出,简明扼要,不能因检查内容和要点设定太多而掩盖主要危险因素。

目前安全检查表有三大类，即定性检查表、半定量检查表和否决型检查表。定性安全检查表是列出检查要点，逐项检查，以"对""否"表示检查结果，只能进行综合定性评定，不能量化。半定量检查表可以给每个检查要点按权重事先确定分值，检查结果以总分量化表示，不同的检查对象可以相互比较。否决型检查表是对一些特别重要的检查要点作出标记，如果不满足，检查结果视为不合格，安全检查表的优点是重点突出，可应用于重要、关键装备、设施的安全检查。

受编制人员的经验和技术水平的影响，一种安全检查表不可能一开始就达到完善水平，而只能在实际使用中不断补充、调整和完善。应用既成安全检查表时特别要注意这一点，要根据具体情况作适当的取舍和补充。

1. 定期和不定期的安全检查和督促

定期和不定期的安全检查和督促，是煤矿安全检查工作中最常见的手段。定期检查是通过有计划、有组织、有目的的形式来实现的。不定期检查则是采取个别的、日常巡视方式来实现的。这两种形式都是到现场进行检查。安全检查员就是通过到现场检查，及时发现和消除现场存在的安全隐患问题，及时发现并制止、纠正作业人员的不安全行为。

2. 完善技术装备

提高安全检查工作质量，一是靠提高安全检查员的安全技术业务素质和工作能力，二是靠科学先进的检测工具和仪器（表），这是强化安全检查工作必不可少的两个方面。

3. 安全教育、培训手段

通过开展安全教育、培训，使职工掌握安全工作方法及安全作业标准、知识和技能，使其养成安全作业、遵章守纪的良好习惯，上安全岗、干放心活。这既是安全检查部门和安全检查人员的责任，也是在进行检查工作中帮助被查单位提高职工安全技术素质的重要手段之一。

4. 安全奖惩手段

奖惩分明是安全检查工作的重要手段和原则之一，也是上级赋予安全检查部门的一项权力。实践证明，奖与惩必须同时运用。奖惩必须有方案、有规定、有文件，决不能随心所欲，更不能徇私舞弊，要公开、公正、透明，一视同仁。现场操作中，一是安全检查人员不能收取罚款现金，一定要按规定出具罚款单据，由财务部门凭单罚扣，从而避免出现"小金库"或其他腐败行为；二是在制定惩罚规定时，为了促进整改，可以在规定期限改正后或在规定期限内不再重犯，退还罚金或减免罚金；三是在惩罚措施上要有帮教措施，如办"三违"学习班等办法，不要一味只处以罚款。这些规定要明确、具体，并经群众讨论再由职工代表大会通过，以避免群众产生对立和不满情绪。

5. 信息手段

掌握信息是现代安全管理的需要，也是煤矿安全监督检查工作的重要手段之一。因为煤矿生产作业及施工地点多而分散，工作环境复杂且多工种、多工序集中作业，自然灾害重，安全隐患多，要实现安全生产就需要及时掌握一些可靠的情况及数据等信息，以便对检查场所有确切的、有时是量化和细化的实际情况进行动态分析，进而采取相应的措施，有利于提高安全检查工作的质量。目前我国很多大型煤矿普遍推行了安全信息表检查方法，对明确责任制、加强责任心和扩大信息来源，促进隐患整改起到了积极作用。填写信息表已经成了包括安全检查员,矿、区、科、队干部在内的全体管理人员必做的工作。

安全信息表由各矿自行设计印制,除工人下井不带以外,所有管理干部和安全人员下井都必须人手一张(卡),并依此作为下井考勤的重要依据。安全信息表(卡)分采煤工作面、掘进工作面、机电、运输、一通三防等各种专业表(卡),这些表(卡)要具体规定必须检查的内容,同时还有必检内容以外发现问题后填写的空格,由采、掘、机、运、通区队干部和到这些单位现场检查的领导、安全检查员填写。还有一种表(卡)是为企业专业干部设计的,检查的内容主要是一些重大项目,如瓦斯积聚超限、斜井防跑车装置等,这种表(卡)其他空格较多,供下井者填写所发现的问题。这两种表(卡)都必须填写姓名、途经路线。

所有表格出井后应立即交安全部门,由安全部门汇总筛选处理后,纳入信息反馈系统,下达隐患整改通知书。

如果信息表(卡)上没有填写隐患而发生事故,可查阅信息表(卡),找出事故前到过事故现场检查的人员,而这些人员也就成了事故的当然责任者,应严加追究。因此信息表(卡)对明确责任有着对号入座的直接约束作用。

由于填写信息表(卡)已不单是安全检查人员要执行的制度,而是全体管理人员必做的工作和任务,这就扩大了安全生产信息的来源,对保证安全生产,促进安全工作会起到很大的推动作用。

6. 组织安全竞赛

安全工作与其他工作一样,要发挥典型模范的带头作用,因而需要组织和开展各种安全竞赛活动,表彰先进,督促落后,惩罚"三违"和事故责任者。作为安全检查员,在组织安全竞赛中不但要及时发现和制止"三违"现象和行为,更要在检查活动中不断发现遵章守纪的好人好事,总结安全生产的好经验、好做法,及时上报,以交流经验,推动安全生产上的"比、学、赶、帮、超"活动的开展。

六、煤矿安全检查的方法

(一)安全检查方法

安全检查方法根据检查的目的不同而不同。常用的安全检查方法有以下几种:

1. 全面检查

根据需要,对被检查系统或地区进行的全面安全检查。检查内容可侧重于某一方面,也可根据检查对象的安全状态进行全方位检查。

2. 分组检查

覆盖面大的地区性检查,可以按区域,也可以按行业或危险性质进行分组检查,以提高检查效率。

3. 重点检查

根据危险特征和危险发展趋势对重大危险源、重点隐患、重要场所进行的专门检查。可以采取分类管理的办法,确定重点,集中力量控制和解决突出的安全问题。

4. 重复检查

对于危险特征突出的重大危险源、隐患和重要场所的安全,由于其危险影响面大,作为重点检查对象,可以通过重复检查,防止隐患遗漏。重复检查也可以在一次检查结束后,在特定时间内返回再进行检查,以核查检查效果,即所谓"杀回马枪"。

5. 抽查

因检查人员和时间要求限制,对危险类型相似的检查对象,可以采取抽查的办法进行检查。抽查可以根据所掌握的安全信息确定重点,也可以随机抽查。

进行各种安全检查时,除查看系统管理和运行状态外,还要重点现场查证各种记录。检查时可以运用安全检查表逐项对照检查,以提高检查的针对性和有效性。检查结束后进行总结,将检查情况向被检查单位通报,并及时收集、归纳各种检查材料和检查记录,以形成完整的检查资料档案。

(二)安全检查的工作方法

安全检查工作方法可分为如下几种:

1. 安全检查工作"四步法"

(1)通过"观看"和"查找"捕捉信息。

观看:就是查看工程设计文件、作业规程、安全措施、责任制度、操作规程、现场作业情况、安全设施、工程质量等。

查找:就是凭专业技能和检测仪器,查找不安全因素,查找存在的事故隐患,查找事故预兆。

(2)通过分析、判断和检查甄别信息。

掌握情况(捕捉信息)之后,要对信息进行甄别。甄别信息也叫筛选信息,一般采用分析、判断和检查,凭经验、技能来分析判断,并作出结论。实际上就是把隐患和问题分类排队进行梳理,对那些安全威胁严重的隐患,一定要认真对待。

(3)通过下达安全问题(隐患)整改通知卡反馈信息。把整改通知卡送达隐患所在单位,限期整改。

(4)通过复查整改落实情况的方法,获得效果信息。对已按期整改的,原信息即消号;如复查发现未改的,则按隐患未改把此信息重新纳入反馈信息再次下达整改通知书,并对责任者进行处罚或帮教处理。需要特别强调的是,企业或单位要有明确的规定,对不按要求整改隐患的责任者要有具体的处罚规定,且处罚力度是累进式的。即第一次不整改的,要追究处罚,如果同一隐患第二次仍不整改,其处罚力度要重于第一次,依此累加,从制度上杜绝"老不改"现象。

2. 检查和服务相结合法

从安全工作实践来看,把监督检查和服务结合起来,合情又合理,有助于消除双方对立情绪,避免检查者高人一等、指手画脚,被查者被动应付、心里不服的情况出现。总的来讲,双方的目的和利益是一致的,而不是对立的。被查单位既是安全生产的主体,也是安全生产的受益者。监督和服务相结合就是"监中有帮,帮中有监,监帮结合",这也是搞好安全检查工作的重要方法之一。从事现场安全检查工作的安全检查员,更要做好服务工作。否则,现场人员会把你看成"外人",处处防着你,就很难开展检查工作。

在采用检查和服务相结合的方法时,一般要注意以下五个问题:

(1)深入现场,熟悉现场情况,分析现场的危险因素和容易发生的事故,掌握第一手材料。

(2)认真学习煤矿安全法规、煤矿安全管理知识和灾害防治技能。安全检查员只有具有真才实学与丰富的安全生产经验,遇事才能拿出解决问题的办法和措施,让群众感到你既能看准问题和隐患,又能提出解决办法和措施,是大家信得过、靠得住的安全检查员。

(3)积极协助被查单位搞好职工安全教育和安全技术培训工作,使广大职工牢固树立"安全第一"的思想,努力提高安全生产意识、自主保安意识和安全技术水平。

(4)及时收集并宣传安全生产经验,协助被查单位搞好安全管理,也就是为被查单位出主意想办法,共同搞好安全生产。

(5)督促、帮助被查单位推广应用安全生产管理新技术、新工艺和新设备。

七、安全检查与安全闭环管理

煤矿安全"闭环"管理的工作机制:安全检查发现隐患——做出隐患整改决定——制定隐患整改方案——按方案进行认真整改并反馈结果——复查——消除隐患。通过"闭环"管理,达到各煤矿发现的事故隐患都能得到及时有效的整改,把事故消灭在萌芽状态。可见,在闭环管理工作机制中,从发现隐患、监督整改、复查和消除隐患这些环节,都需要认真细致的安全检查,有发现不整改,隐患依旧;有整改,不复查,整改效果难以保证,只有在安全管理中通过安全跟踪检查、跟进检查,才能达到安全检查的根本目的,安全检查的目的不仅是发现隐患,而且是消除隐患于萌芽状态、防止隐患滋生事故,最终杜绝隐患发生。

"闭环"管理的工作要求:煤矿企业自查发现的隐患,由煤矿内部自主按"闭环"管理要求落实整改,并做好工作记录;各级监管监察部门检查发现的隐患,按照有检查就应有复查及下级对上级负责的要求,严格按"闭环"管理和程序落实整改:即各级监管监察部门每次检查下达执法文书后,各煤矿要在第二天制订有针对性的隐患整改方案并报送所属主管单位和检查部门,然后按方案认真抓好整改,到位后及时书面反馈整改结果;各乡镇和县监管局一方面要对自己发现的隐患进行复查,同时要结合每月的检查,对上级监管监察部门发现的隐患进行复查,有时间要求的按时反馈,无时间要求的每月底前将自查结果统一反馈到县监管局,由县监管局汇总后负责向上级监管监察部门反馈。

第四节　煤矿安全基础的检查

一、煤矿安全基础检查的意义

根据《安全生产法》、《中华人民共和国煤炭法》(以下简称《煤炭法》)、《矿山安全法》、《中华人民共和国职业病防治法》、《煤矿安全监察条例》、《安全生产许可证条例》、《工伤保险条例》、《特别规定》等一系列关于煤矿安全生产的法律法规,国家安全生产监督管理总局、国家煤矿安全监察局、国家发展和改革委员会、监察部、劳动和社会保障部、国务院国有资产监督管理委员会、中华全国总工会下发了《关于加强国有重点煤矿安全基础管理的指导意见》(安监总煤矿〔2006〕116号)和《关于加强小煤矿安全基础管理的指导意见》(安监总煤调〔2007〕95号)。

地方人民政府要落实安全监管的主体责任,切实加强本地区煤矿安全生产监管工作。煤矿安全基础管理监管的意义在于,通过加强煤矿安全基础管理的监管,使煤矿企业坚持"安全发展"的科学理念,认真贯彻"安全第一、预防为主、综合治理"的方针;坚持以人为本,始终把保护从业人员的生命安全和职业健康作为工作的出发点和立足点;坚持标本兼治、重在治本,重点遏制瓦斯、水害、火灾、顶板等重特大事故;建立健全自我约束机制,在完成煤矿瓦斯治理、整顿关闭两个攻坚战工作任务的同时,通过加强安全基础管理,力争到2010年达到煤矿安全生产条件明显改善,从业人员素质明显提高,生产安全事故明显下降,安全生产水平明显提升,实现《煤炭工业"十一五"规划》的要求。

二、国有重点煤矿安全基础管理检查的主要内容

(一)依法治矿,建立和完善安全管理机构和制度

1. 是否依法建立健全安全管理机构

煤矿的"一通三防"、煤与瓦斯突出矿井的防突、电气设备防爆、水文地质等安全管理工作必须明确专门人员负责。企业内部的安全管理机构实行派驻制。驻各矿安全管理机构由集团公司直接领导。

2. 是否建立和完善各项安全管理制度

企业应当依照有关规定,建立以下18项安全管理制度:安全生产责任制度;安全会议制度;安全目标管理制度;安全投入保障制度;安全质量标准化管理制度;安全教育与培训制度;事故隐患排查与整改制度;安全监督检查制度;安全技术审批制度;矿用设备器材使用管理制度;矿井主要灾害预防制度;事故应急救援制度;安全与经济利益挂钩制度;入井人员管理制度;安全举报制度;管理人员下井及带班制度;安全操作管理制度;企业认为需要制定的其他制度。

3. 是否依法依纪查处失职渎职和违法违纪行为

煤矿职工必须严格遵纪守法。煤矿企业负责人和各级管理人员必须严格履行法律赋予的安全管理职责。要建立并实施举报奖励制度。

(二)强化责任制,建立健全责任考核体系

1. 是否强化企业安全生产第一责任人的责任

企业法定代表人是安全生产的第一责任人。

2. 建立并严格落实各个岗位的安全责任制

必须建立各级管理人员、工程技术人员的安全生产责任制,职能部门的业务保安责任制和各工种的安全岗位责任制,明确企业各级管理人员和各个岗位的职工在安全生产中应负的职责,分级管理,层层落实。

3. 新建、改建、扩建矿井是否落实安全管理责任

建设项目要严格按照有关规定办理项目核准手续。建设项目的安全设施,必须与主体工程同时设计、同时施工、同时投入生产和使用。严禁盲目追求规模和速度,严禁边建设边生产。实施煤矿井下施工企业安全生产许可。严把建井队伍的资质等级关,杜绝井下工程转包,严禁资质证书出租、外借。

4. 改制、破产、重组矿井是否明确安全管理责任

破产重组的国有重点煤矿,按照管人、管事必须管安全的原则,由主管单位负责安全;收购兼并地方中小煤矿的,由收购单位负责安全。股份制煤矿由法定代表人(或实际控制人)负责安全;不论何种形式在安全管理上必须统一标准,必须明确责任单位和责任人。

(三)加强和改进安全技术管理

1. 是否健全以总工程师为核心的技术管理体系

总工程师对技术工作全面负责,对"一通三防"工作负技术管理责任。必须设立由总工程师直接管理的科研、设计、地测、生产技术、"一通三防"等技术部门和机构,负责落实技术管理工作。矿井开拓巷道布置,采掘部署,生产系统调整,技术规范、标准、措施的制定,新技术、新装备、新工艺推广应用等重大技术问题由总工程师负责决策。总工程师负责组织制定安全技术措施费用使用方案。采、掘、机、运、通、安监、地测等基层单位必须配备专职技术人员,负责现场安全技术措施的制定和实施。

2. 是否按要求加强现场技术管理

矿总工程师要定期组织对技术措施、作业规程、操作规程进行审批,增强针对性和可操作性。定期组织在用安全设备、仪器、仪表的检测检验。坚持单项工程编制专门措施。技术人员必须动态掌握施工环境的变化,及时对措施进行修改、补充。对巷道贯通、系统调整、排放瓦斯、盲巷管理、火区启封等重要技术工作,必须成立由总工程师负责的技术协调管理小组,加强现场协调指挥。要严格技术资料档案管理,准确、及时标注图纸资料,健全技术资料档案,对记载矿井开采情况和隐患的技术资料,以及周边小煤矿的开采技术资料要妥善保管。

3. 是否严格执行"一通三防"技术管理的有关规定

做好矿井瓦斯等级、煤尘爆炸性、自燃倾向性的鉴定报批工作。采煤工作面提高单产、增加采掘工作面数量,必须由集团公司总工程师组织技术论证,在通风系统可靠,瓦斯、火灾、煤尘防治技术有保障的前提下实施,严禁超通风能力生产。

4. 是否按要求加强矿井水患防治工作

要摸清矿区水文地质情况,定期组织对矿区及周边积水情况进行调查,加强预测预报。要完善有关水文图纸资料,公示技术预测结果,让职工清楚水情、水患,掌握防范措施。坚持"有疑必探、先探后掘"的原则,制定和完善防治水措施,配备足够的防治水装备,制订防治水应急预案,确保水患的有效防治。

(四)提高现场安全管理水平

1. 是否按照要求加强煤矿管理人员的现场指挥

强化集团公司、矿两级调度指挥系统,确保指挥畅通、及时、有力。对各级管理人员下井做出规定,集团公司党委书记、董事长、总经理每月下井不少于 3 次,安全生产系统领导每月下井不少于 6 次,其他领导每月下井不少于 3 次。煤矿党委书记、矿长每月下井不少于 10 次,安全生产系统领导每月下井不少于 15 次,其他领导每月下井不少于 6 次。煤矿每班必须至少有一名矿副总工程师以上管理人员带班下井,深入重点区域和关键环节,及时发现和消除隐患;区队管理人员必须与工人同上同下;生产系统管理人员重点巡回检查,抓住重点、抓住关键、抓住细节,盯住薄弱环节,消灭死角。强化夜班现场指挥。定期公布煤矿负责人和管理人员下井情况,接受群众监督。

2. 是否按照要求加强基层班组建设

重点加强区队、班组建设,把安全生产法律法规、方针政策和各项措施细化落实到班组。要提高班组长的素质,根据企业实际制定班组长任职标准,将班组长岗位工作经历纳入煤矿各级管理人员选拔的基本前提。建立以安全为核心的班组考核标准,规范班前活动程序,每班进行考核。煤矿企业集团每年召开安全生产班组建设工作会议。

3.是否严格按照规定的定编、定员、定额组织生产

严格正规循环作业,严禁违反定员标准组织生产。采掘一线逐步推行"四班六小时工作制",严格控制加班加点。严禁同一区域多单位违反程序作业,多头指挥。执行特殊岗位现场交接班制度,严禁交接班时两班人员在现场交叉作业。

4.是否按照要求加强设备管理

严把设备的安全准入关。定期对在用设备进行检修、维护、保养和检测,确保其安全有效。加快设备更新,严禁超期服役。禁止使用国家明令淘汰的机电设备。杜绝电气失爆。

5.煤矿"三违"行为是否得到有效制止

建立和完善井下人员岗位责任考核制度,所有作业人员必须严格执行作业规程、操作规程,履行岗位责任,遵守劳动纪律。要制订能够有效制止"三违"现象的处罚、教育规定,严肃查处"三违"行为。

(五)加大安全投入,治理整改隐患

1.安全费用的管理是否符合规定

提取的安全费用必须用于安全生产,重点突出"一通三防"和重大水患的防治,保证通风系统稳定可靠,瓦斯抽采设备和工艺先进,防火、防尘、监测监控系统完善有效,防治水工程、设备到位,推广先进适用的技术、装备和工艺。安全费用必须专款专用。对提取不足、挪用安全费用、投入不到位的行为,要追究责任。

2.是否认真排查、治理、整改安全隐患

对矿井隐患实行分级管理,定期排查、治理和报告。制定职工报告隐患的奖励办法。由矿长组织实施隐患排查活动,明确隐患整改的期限和质量要求。对发现的隐患要分类定级,制定措施,做到"项目、资金、设备材料、责任人、进度"五落实。对存在《特别规定》所列重大隐患的矿井必须停产整改,对3个月内2次或2次以上发现有重大隐患仍然进行生产的矿井,吊销该煤矿矿长的安全资格证,5年内不得重新核发。

(六)加强教育和培训,实行全员安全准入

1.是否按要求加强安全培训

煤矿企业和各生产矿井必须建立培训基地,满足安全生产管理对提升员工专业素质的要求。加强培训师资建设,规范培训教材。做到培训计划、机构、基地、费用、教材、人员、考核、档案、制度"九落实"。要建立培训档案,严格考核,不合格不准上岗,尤其要加强对农民工的培训。煤矿企业要定期组织开展岗位练兵和技术比武活动。

2.是否严格安全管理人员准入

新任命的煤矿矿长、副矿长、总工程师、安全监察处处长必须具有煤矿安全生产相关专业大专以上学历和从事煤矿井下工作3年以上的经历;矿长还必须具备生产(机电)、技术、安全等副职岗位2年以上的工作经历。煤矿科区级安全生产管理人员必须有煤矿安全生产相关专业中专以上学历和从事煤矿井下工作2年以上的经历,经正规培训,考核合格后方可担任。现任的上述管理人员不具备上述条件的,2年内必须调整到位。新毕业的大中专学生,至少应在生产一线锻炼1年以上,才能从事技术和管理工作。

3.是否按照要求进行劳动用工培训、管理,规范劳动用工行为

招用职工(包括招用农民工),必须按规定到当地劳动保障部门办理录用备案手续,完成就业前培训,与职工签订劳动合同。生产矿井井下禁止使用"包工队"。从事井下工作的新

工人必须接受技工学校至少 1 年的正规教育,经考试合格方可上岗。上岗后要与老工人签订至少一年一对一的师徒合同,发挥老工人的技术"传、帮、带"作用。煤矿特种作业人员必须具备初中以上文化程度,并经过符合资质条件的培训机构正规培训,考试合格后方可上岗。

（七）建立煤矿安全应急救援体系

各煤矿企业必须建立专职应急救援队伍,保证资金投入。要制定各类事故的应急救援预案,经常开展演练。要加强预案宣传和应急救援教育,公示应急救援流程,普及事故灾难预防、避险、报警、自救、互救知识。

三、小煤矿安全基础管理检查主要内容

（一）煤矿企业安全管理机制是否健全

1. 是否有完善的矿井安全管理人员的配置

矿井设立矿长,安全、生产、机电副矿长和技术负责人（技术副矿长,总工程师,下同）等安全管理人员必须具有煤矿安全生产相关专业中专（含中专）以上学历,从事煤矿安全生产相关工作 3 年以上的经历,其中矿长还必须具备安全生产技术、管理岗位 2 年以上的工作经历。生产、辅助单位要配齐具有相应安全生产管理资格的安全管理人员。

2. 是否有安全生产责任制

小煤矿必须明确企业法定代表人（包括煤矿的实际控制人,主要负责人,下同）、分管负责人、技术负责人、生产辅助单位、职能机构和各岗位人员承担的安全生产责任,把安全生产的责任逐级逐项分解,落实到各部门和各岗位人员,形成健全完善的安全生产责任制体系。

3. 是否明确企业法定代表人的责任

小煤矿企业法定代表人是安全生产第一责任者。负责全面贯彻执行安全生产法律法规和标准;组织制定落实安全生产各项规章制度和操作规程;健全安全管理机构,配齐安全管理人员,落实管理人员下井跟班制度;保证安全生产投入的有效实施;保障职工安全生产的合法权益,落实职工安全培训;组织安全检查,及时消除事故隐患;制订事故应急救援预案,及时报告和组织事故抢救;主动接受并积极配合安全生产执法检查,认真整改存在的问题;建立和维护企业安全生产诚信。

4. 是否建立安全监督检查制度

矿井设立专职安全管理机构,配备足够的专职安全管理人员。其中配备专职安全检查人员不少于 5 人,并确保每班都有专职安全检查人员在井下检查监督安全生产各项规章制度的落实情况。

5. 是否落实安全办公会议制度

小煤矿每周至少由煤矿企业法定代表人主持召开 1 次安全生产办公会议,专门研究解决安全生产中存在的问题。办公会议决定事项要明确责任,形成纪要,并在下次会议检查落实,留有记录。

（二）加强安全生产技术管理

1. 是否建立技术管理体系

企业法定代表人负责建立以技术负责人为首的技术管理体系,技术负责人对煤矿安全生产技术工作负责。矿井设立技术管理机构,配备采矿、通风、机电、地质及测量等专业技术

人员。技术人员必须具备中专以上学历。

2．是否加强技术基础工作

技术负责人负责制订矿井灾害预防计划，加强矿井灾害预防工作。要严格按照安全生产许可证实施办法的规定绘制矿井相关图纸，图纸要符合技术规范的要求并与实际相符，采掘工程平面图每半月要实测填图一次，并按有关规定及时向煤矿安全监管部门报送相关图纸。对矿井地质情况、开采情况、周边矿井采空区情况等要由技术人员定期进行分析，针对性地采取安全技术措施，并形成完整的技术基础资料。严禁超层越界开采。

3．是否确保矿井生产系统完善可靠

矿井和采区生产布局科学合理，采煤工作面采用正规壁式采煤方法，严禁巷道式采煤，确保系统完善，运行可靠。年产 6 万 t 及以下的矿井、年产 6 万 t 以上矿井的一个采区只准一个采煤工作面、两个掘进工作面同时生产。

4．是否按要求加强矿井"一通三防"的技术管理

技术负责人负责组织制定并落实"一通三防"专项措施，确保系统安全可靠。每旬组织 1 次对矿井全面测风，对采掘工作面和其他用风地点，应根据实际随时测风，严禁采掘工作面微风或无风作业。对风门、局部通风机等设施明确专人看管和维护。矿井必须安装瓦斯监控系统，并确保传感器安装符合规定，系统完好，监控有效。采掘工作面要配备专职瓦斯检查工，及时检查瓦斯、一氧化碳等有害气体情况，杜绝超限作业。煤与瓦斯突出煤层必须落实"四位一体"的防突措施，掘进工作面实现"三专两闭锁"。矿井按有关规定建立瓦斯抽放系统，并保证有效使用。开采自然发火煤层必须落实综合防灭火措施。所有矿井都要建立防尘系统，落实综合防尘措施。

5．是否按要求加强矿井水害防治的技术管理

严格执行"预测预报、有疑必探、先探后掘、先治后采"的水害防治十六字原则，落实"防、堵、疏、排、截"五项综合治理措施。受水威胁的矿井和区域必须建立探放水队伍，配齐探放水设备。技术负责人每季度组织一次对矿井的水情调查，查明矿井和采区水文地质条件，制定水害防治的专项措施。

6．煤矿安全生产技术问题是否得到及时解决

技术负责人每月组织一次技术分析会议，及时研究解决安全生产技术问题。重大安全隐患或技术难题，应聘请相关专家进行分析论证，采取有效措施，确保安全生产。经专家论证，矿井在技术上不能保证安全生产的，要立即停止生产。

（三）加强安全生产现场管理

1．是否落实企业法定代表人和管理人员下井带班制度

企业法定代表人每月下井不得少于 10 次，生产、安全、机电副矿长和技术负责人每月下井不得少于 15 次。井下每班必须确保至少有 1 名矿级管理人员在现场带班。带班人员要做到与工人同下同上，深入采掘工作面，抓安全生产重点环节，督促区队加强现场管理，把安全生产方针政策、法律法规和各项措施细化落实到区队和班组。

2．现场管理制度是否得到有效落实

煤矿要严格落实井口检身制度，严禁人员酒后或带火种下井。要建立各生产、辅助单位现场安全管理制度，单位安全管理人员和班组长必须坚持作业现场带班，加强现场检查和安全管理，严格按照安全规程、作业规程、操作规程组织生产，从严查处"三违"现象。现场存在

安全重大隐患时要立即停止作业,采取措施进行处理。存在险情时必须立即将人员撤出到安全地点,并及时上报。

3．是否按要求加强现场作业管理

每个采掘工作面开工前必须编制作业规程,制定安全技术措施,经煤矿技术负责人批准并向现场人员贯彻后认真执行,生产和辅助单位技术负责人负责组织安全技术措施的落实。对贯通巷道、排放瓦斯、处理自然发火、探放水等工作,煤矿技术负责人要到现场指挥和管理。

4．是否按要求加强现场的顶板管理

采煤工作面采用金属液压支护,2008年年底淘汰木支护,严禁无支护从事采掘活动。建立采掘工程质量班组验收标准和办法,严格当班的质量验收,及时解决存在的质量隐患和安全问题,确保采掘工作面支护优良和作业安全。

5．是否按要求加强矿井机电管理

建立设备定期查验、检测、维护、保养和检修制度,保证设备完好;杜绝电气设备失爆,严禁使用国家明令淘汰的机电设备;完善供电系统和规章制度,严格按规定实行双回路供电,定期检修供电线路、设备,保证矿井用电安全。

6．是否按要求加强爆破材料和爆破作业的管理

建立健全爆破材料安全管理制度和安全操作规程;爆破材料的储存、运输必须严格遵守《煤矿安全规程》的有关规定,严禁使用非矿用安全型炸药;保证矿井爆破材料"领、用、销"的数据记录真实、一致;煤矿井下爆破作业必须严格遵守《煤矿井下爆破作业安全规程》,坚持"一炮三检"(装药前、爆破前和爆破后分别检查现场瓦斯,瓦斯超限停止操作)和"三人连锁放炮"(班组长、瓦检员、专职爆破工三人共同认定后,才许爆破)制度。

7．是否达到安全质量标准化

建立矿井安全质量标准化管理制度,制定年度达标计划和考核标准,努力实现小煤矿采、掘、机、运、通等系统及地面设备设施的安全质量标准化。

8．是否落实职业危害的防治措施

配备作业场所职业危害检测和防护设备与装置,认真落实现场防治呼吸性粉尘、噪声、有毒有害气体的措施,切实改善井下作业环境;如实申报作业场所职业危害情况。按标准为职工免费配备必要的劳动保护用品,定期对从业人员进行职业健康检查。

(四)加强隐患排查的管理

1．是否建立安全生产投入长效机制

按有关规定提足用好安全生产费,维简、折旧等费用,保证隐患整改的资金投入。每年制订安全资金提取和使用计划,安全资金要设立专用账户,专款用于安全技术措施和隐患治理。对重大安全隐患治理要制订专门计划,落实资金,明确专人负责。

2．是否建立隐患排查整改制度

煤矿建立安全生产隐患排查制度,明确日常排查、定期排查和分级管理的任务、范围和责任。矿井每月至少组织一次全面的、以隐患排查为主要内容的安全大检查,生产辅助单位安全管理人员和班组长负责随时进行隐患排查。煤矿对查出的各类隐患要进行登记,落实整改措施和责任人员,限期进行整改。整改结束后,按规定由煤矿企业法定代表人或主管负责人组织进行验收。每季度向县级以上地方政府煤矿安全生产监管的部门提交隐患排查整

改书面报告。

3. 是否严格执行停产整顿、节日放假停产检修和复产验收工作

停产整顿的小煤矿要制订整改方案，明确整改内容、方法和安全技术措施，限期完成整改。节日停产放假或检修的矿井必须制定和采取保障安全的措施，恢复生产前，煤矿企业要制定具体的复产方案，落实安全保障措施，对员工要集中进行安全培训教育。煤矿整顿、整改完毕后要向政府相关部门申请验收，未经验收或验收不合格的煤矿不得恢复生产。

（五）加强建设项目的安全管理

1. 是否严格执行煤矿建设项目核准制度

新建、资源整合、技术改造矿井的生产规模，应符合煤矿建设项目产业政策。新建、改扩建煤矿项目，必须由项目单位提交项目申请报告，报有关投资主管部门核准后，方可建设。"十一五"时期，各地区一律停止核准（审批）30万t/年以下的煤矿新建项目。

2. 是否实施煤矿建设项目"三同时"制度

煤矿建设项目必须编制《安全专篇》，通过安全设施设计审查后组织施工。项目竣工后经验收合格并取得安全生产许可证等相关证照后方可投入生产，确保安全设施与主体工程同时设计、同时施工、同时投入生产和使用。

3. 是否按要求对建设项目进行安全监管

资源整合、基建和技术改造的矿井，必须按照设计进行施工；严禁资源整合期间突击生产，严禁基建过程中边施工边生产，严禁在改扩建区域进行生产。施工单位要制定安全施工措施，按照设计核准的建设工期组织施工，确保施工期间的安全。建设单位对煤矿建设施工安全负相应的管理责任。

（六）加强劳动组织和用工培训管理

1. 作业现场劳动组织管理是否符合规定

煤矿必须严格按煤炭生产许可证登记能力组织生产，实行科学的定额定员管理，严格控制入井人数。建立井下人员管理系统，对井下人员实行入井、升井登记制度，实时掌握井下人员情况。严禁超能力、超强度、超定员组织生产。杜绝两班交叉作业。

2. 是否严格执行井下从业人员准入标准

煤矿对招用的井下从业人员（包括农民工），必须按规定到当地劳动保障部门办理录用、备案手续，完成其就业前的培训，依法与从业人员签订劳动合同，依法参加工伤保险，并为井下作业人员办理意外伤害保险。严禁使用女职工和未成年工从事井下作业。

3. 是否杜绝了以包代管或层层转包

煤矿不得将井下采掘工作面和井巷维修作业进行劳务承包。煤矿实行整体承包生产经营后，未重新取得安全生产许可证和煤炭生产许可证的一律不得生产。煤矿违规将工程（业务）或经营权发包给不具备用工主体资格的组织或自然人，对该组织或自然人招用的劳动者，由具备用工主体资格的发包方承担用工主体责任。

4. 安全培训条件是否得到保证

煤矿要明确培训管理责任，制订教育培训计划，落实培训场地、经费、教材、教员及必要的实验仪器设备，确保按规定落实对职工的培训。自身不具备安全培训条件的小煤矿，必须与具备资质的培训基地签订教育培训协议委托培训。

5. 是否落实全员安全培训

煤矿对新招入矿的井下作业人员,必须进行不少于 72 学时的安全教育和培训,考核合格并在有经验的职工带领下实习满 4 个月后方可独立上岗作业。井下作业人员每年接受教育培训的时间不少于 20 学时。煤矿主要负责人、安全管理人员和特种作业人员必须经相关机构培训合格取得相应资格证后方可上岗工作。

(七)加强应急管理和事故处理

1. 是否按要求加强应急管理建设

煤矿要制订年度灾害预防和处理计划,并根据实施情况及时修改完善;编制事故应急预案,完善应急救援制度,并报给当地政府和相关机构;确定事故或紧急状态下的防范避灾、救灾措施和处置程序,配备必要的应急救援物资设备,定期组织培训和演习。

2. 应急救援能力是否具有保障

根据国家相关规定设立矿山救护队,配备救护装备;不具备单独设立救护队条件时,应当落实兼职救援人员,并与就近的救护队签订救护协议或联合建立矿山救护队,保证事故发生后能得到及时救援。

3. 是否严格落实事故报告和调查处理制度

发生生产安全事故后,煤矿企业负责人应按规定及时报告有关部门并积极组织抢险,不得迟报、谎报、瞒报和漏报,严禁发生事故后逃匿;支持和配合事故调查工作,不得提供伪证和虚假情况;按照"四不放过"原则,认真吸取事故教训,开展警示教育,制定并实施切实可行的整改和防范措施,避免类似事故再次发生。按规定及时存储或补齐安全生产风险抵押金,保障事故抢险、救灾和善后处理资金。

第五节 煤矿隐患的检查(排查)

为进一步贯彻《特别规定》和《国务院办公厅关于坚决整顿关闭不具备安全生产条件和非法煤矿的紧急通知》(国办发明电[2005]21 号)精神,国家安全生产监督管理总局和国家煤矿安全监察局对《特别规定》第八条第二款所列 15 种重大安全生产隐患进行了分解细化,制定了《煤矿重大安全生产隐患认定办法(试行)》。

重大事故隐患具有长期性,一旦引发事故,危害性特别巨大。重大事故隐患排查的原则有其特殊性:首先应及时采取有效的、针对性强的防范措施,以防止其引发事故。现场管理者责任心的强弱及其拥有的安全技术水平高低决定重大事故隐患是否带来危害。提高现场安全管理者的安全技术水平是及时防范重大事故隐患、不让其带来危害的关键,排查重大事故隐患要快速,做到资金、材料设备、技术措施落实到位,切不可有侥幸心理,切不可急功近利。

事故隐患排查的关键是抓现场管理。作业现场事故隐患排查应遵守的原则是:

(1)不安全不生产;

(2)事故隐患未彻底处理不生产;

(3)安全措施不落实不生产;

(4)生产过程中出现事故隐患时必须立即停止作业,进行事故隐患整改;

(5)交班时事故隐患未处理彻底,必须向下一个班交代清楚。

一、重大隐患认定及检查

（一）隐患排查："超能力、超强度或者超定员组织生产"

《煤矿重大安全生产隐患认定办法（试行）》中第三条"超能力、超强度或者超定员组织生产"，要求检查是否有下列情形之一：

（1）矿井全年产量超过矿井核定生产能力的；

（2）矿井月产量超过当月产量计划10%的；

（3）一个采区内同一煤层布置3个（含3个）以上回采工作面或5个（含5个）以上掘进工作面同时作业的；

（4）未按规定制定主要采掘设备、提升运输设备检修计划或者未按计划检修的；

（5）煤矿企业未制定井下劳动定员或者实际入井人数超过规定人数的。

（二）隐患排查："瓦斯超限作业"

《煤矿重大安全生产隐患认定办法（试行）》中第四条"瓦斯超限作业"，要求检查是否有下列情形之一：

（1）瓦斯检查员配备数量不足的；

（2）不按规定检查瓦斯，存在漏检、假检的；

（3）井下瓦斯超限后不采取措施继续作业的。

（三）隐患排查："煤与瓦斯突出矿井，未依照规定实施防突出措施"

《煤矿重大安全生产隐患认定办法（试行）》中第五条"煤与瓦斯突出矿井，未依照规定实施防突出措施"，要求检查是否有下列情形之一：

（1）未建立防治突出机构并配备相应专业人员的；

（2）未装备矿井安全监控系统和抽放瓦斯系统，未设置采区专用回风巷的；

（3）未进行区域突出危险性预测的；

（4）未采取防治突出措施的；

（5）未进行防治突出措施效果检验的；

（6）未采取安全防护措施的；

（7）未按规定配备防治突出装备和仪器的。

（四）隐患排查："高瓦斯矿井未建立瓦斯抽放系统和监控系统，或者瓦斯监控系统不能正常运行"

《煤矿重大安全生产隐患认定办法（试行）》中第六条"高瓦斯矿井未建立瓦斯抽放系统和监控系统，或者瓦斯监控系统不能正常运行"，要求检查是否有下列情形之一：

（1）1个采煤工作面的瓦斯涌出量大于5 m^3/min或1个掘进工作面瓦斯涌出量大于3 m^3/min，用通风方法解决瓦斯问题不合理而未建立抽放瓦斯系统的；

（2）矿井绝对瓦斯涌出量达到《煤矿安全规程》第一百四十五条第（二）项规定而未建立抽放瓦斯系统的；

（3）未配备专职人员对矿井安全监控系统进行管理、使用和维护的；

（4）传感器设置数量不足、安设位置不当、调校不及时，瓦斯超限后不能断电并发出声光报警的。

（五）隐患排查："通风系统不完善、不可靠"

《煤矿重大安全生产隐患认定办法（试行）》中第七条"通风系统不完善、不可靠"，要求检查是否有下列情形之一：

（1）矿井总风量不足的；

（2）主井、回风井同时出煤的；

（3）没有备用主要通风机或者两台主要通风机能力不匹配的；

（4）违反规定串联通风的；

（5）没有按正规设计形成通风系统的；

（6）采掘工作面等主要用风地点风量不足的；

（7）采区进（回）风巷未贯穿整个采区，或者虽贯穿整个采区但一段进风、一段回风的；

（8）风门、风桥、密闭等通风设施构筑质量不符合标准、设置不能满足通风安全需要的；

（9）煤巷、半煤岩巷和有瓦斯涌出的岩巷的掘进工作面未装备甲烷风电闭锁装置或者甲烷断电仪和风电闭锁装置的。

（六）隐患排查："有严重水患，未采取有效措施"

《煤矿重大安全生产隐患认定办法（试行）》中第八条"有严重水患，未采取有效措施"，要求检查是否有下列情形之一：

（1）未查明矿井水文地质条件和采空区、相邻矿井及废弃老窑积水等情况而组织生产的；

（2）矿井水文地质条件复杂没有配备防治水机构或人员，未按规定设置防治水设施和配备有关技术装备、仪器的；

（3）在有突水威胁区域进行采掘作业未按规定进行探放水的；

（4）擅自开采各种防隔水煤柱的；

（5）有明显透水征兆未撤出井下作业人员的。

（七）隐患排查："超层越界开采"

《煤矿重大安全生产隐患认定办法（试行）》中第九条"超层越界开采"，要求检查是否有下列情形之一：

（1）国土资源部门认定为超层越界的；

（2）超出采矿许可证规定开采煤层层位进行开采的；

（3）超出采矿许可证载明的坐标控制范围开采的；

（4）擅自开采保安煤柱的。

（八）隐患排查："有冲击地压危险，未采取有效措施"

《煤矿重大安全生产隐患认定办法（试行）》中第十条"有冲击地压危险，未采取有效措施"，要求检查是否有下列情形之一：

（1）有冲击地压危险的矿井未配备专业人员并编制专门设计的；

（2）未进行冲击地压预测预报，未采取有效防治措施的。

（九）隐患排查："自然发火严重，未采取有效措施"

《煤矿重大安全生产隐患认定办法（试行）》中第十一条"自然发火严重，未采取有效措施"，要求检查是否有下列情形之一：

（1）开采容易自燃和自燃的煤层时，未编制防止自然发火设计或者未按设计组织生产的；

(2) 高瓦斯矿井采用放顶煤采煤法采取措施后仍不能有效防治煤层自然发火的；

(3) 开采容易自燃和自燃煤层的矿井，未选定自然发火观测站或者观测点位置并建立监测系统、未建立自然发火预测预报制度，未按规定采取预防性灌浆或者全部充填、注惰性气体等措施的；

(4) 有自然发火征兆没有采取相应的安全防范措施并继续生产的；

(5) 开采容易自燃煤层未设置采区专用回风巷的。

(十) 隐患排查："使用明令禁止使用或者淘汰的设备、工艺"

《煤矿重大安全生产隐患认定办法(试行)》中第十二条"使用明令禁止使用或者淘汰的设备、工艺"，要求检查是否有下列情形之一：

(1) 被列入国家应予淘汰的煤矿机电设备和工艺目录的产品或工艺，超过规定期限仍在使用的。

(2) 突出矿井在 2006 年 1 月 6 日之前未采取安全措施使用架线式电机车或者在此之后仍继续使用架线式电机车的；

(3) 矿井提升人员的绞车、钢丝绳、提升容器、斜井人车等未取得煤矿矿用产品安全标志，未按规定进行定期检验的；

(4) 使用非阻燃皮带、非阻燃电缆，采区内电气设备未取得煤矿矿用产品安全标志的；

(5) 未按矿井瓦斯等级选用相应的煤矿许用炸药和雷管、未使用专用发爆器的；

(6) 采用不能保证 2 个畅通安全出口采煤工艺开采(三角煤、残留煤柱按规定开采者除外)的；

(7) 高瓦斯矿井、煤与瓦斯突出矿井、开采容易自燃和自燃煤层(薄煤层除外)矿井采用前进式采煤方法的。

(十一) 隐患排查："年产 6 万吨以上的煤矿没有双回路供电系统"

《煤矿重大安全生产隐患认定办法(试行)》中第十三条"年产 6 万吨以上的煤矿没有双回路供电系统"，要求检查是否有下列情形之一：

(1) 单回路供电的；

(2) 有两个回路但取自一个区域变电所同一母线端的。

(十二) 隐患排查："新建煤矿边建设边生产，煤矿改扩建期间，在改扩建的区域生产，或者在其他区域的生产超出安全设计规定的范围和规模"

《煤矿重大安全生产隐患认定办法(试行)》中第十四条"新建煤矿边建设边生产，煤矿改扩建期间，在改扩建的区域生产，或者在其他区域的生产超出安全设计规定的范围和规模"，要求检查是否有下列情形之一：

(1) 建设项目安全设施设计未经审查批准擅自组织施工的；

(2) 对批准的安全设施设计做出重大变更后未经再次审批并组织施工的；

(3) 改扩建矿井在改扩建区域生产的；

(4) 改扩建矿井在非改扩建区域超出安全设计规定范围和规模生产的；

(5) 建设项目安全设施未经竣工验收并批准而擅自组织生产的。

(十三) 隐患排查："煤矿实行整体承包生产经营后，未重新取得煤炭生产许可证和安全生产许可证，从事生产的，或者承包方再次转包的，以及煤矿将井下采掘工作面和井巷维修作业进行劳务承包"

《煤矿重大安全生产隐患认定办法(试行)》中第十五条"煤矿实行整体承包生产经营后,未重新取得煤炭生产许可证和安全生产许可证,从事生产的,或者承包方再次转包的,以及煤矿将井下采掘工作面和井巷维修作业进行劳务承包",要求检查是否有下列情形之一:

(1)生产经营单位将煤矿(矿井)承包或者出租给不具备安全生产条件或者相应资质的单位或者个人的;

(2)煤矿(矿井)实行承包(托管)但未签订安全生产管理协议或者载有双方安全责任与权力内容的承包合同进行生产的;

(3)承包方(承托方)未重新取得煤炭生产许可证和安全生产许可证进行生产的;

(4)承包方(承托方)再次转包的;

(5)煤矿将井下采掘工作面或者井巷维修作业对外承包的。

(十四)隐患排查:"煤矿改制期间,未明确安全生产责任人和安全管理机构,或者在完成改制后,未重新取得或者变更采矿许可证、安全生产许可证、煤炭生产许可证和营业执照"

《煤矿重大安全生产隐患认定办法(试行)》中第十六条"煤矿改制期间,未明确安全生产责任人和安全管理机构,或者在完成改制后,未重新取得或者变更采矿许可证、安全生产许可证、煤炭生产许可证和营业执照",要求检查是否有下列情形之一:

(1)煤矿改制期间,未明确安全生产责任人进行生产的;

(2)煤矿改制期间,未明确安全生产管理机构及其管理人员进行生产的;

(3)完成改制后,未重新取得或者变更采矿许可证、安全生产许可证、煤炭生产许可证、营业执照以及矿长资格证、矿长安全资格证进行生产的。

(十五)有其他重大安全生产隐患监管

《煤矿重大安全生产隐患认定办法(试行)》中第十七条"有其他重大安全生产隐患",是指省、自治区、直辖市人民政府负责煤矿安全生产监督管理的部门、煤矿安全监察机构,根据实际情况认定的可能造成重大事故的其他重大安全生产隐患。

二、隐患处理

1. 一般隐患处理

一般隐患指不会马上造成事故且不会造成较大事故的隐患,例如炸药箱破损、大巷照明不好、巷道个别地区变形严重等,这种隐患要按照"三定"(定时间、定措施、定责任人)进行限期整改。

2. 较大隐患处理

较大隐患指不会马上造成事故且不会造成重大事故的隐患,例如顶板支护不及时、盲巷管理不到位。

3. 紧急隐患处理

情况紧急,随时或马上就会造成事故的隐患,或者造成重大事故及以上的隐患。如停风后继续无风作业、作业现场有冒顶预兆、打眼钻孔出水、出现高温火或特殊味道等紧急情况。安监员、煤矿瓦检员要立即果断地把现场所有人员撤到安全地点,并尽快向矿调度室汇报。

安全检查是企业的上级及其生产经营部门,依照国家的法律法规,为减少安全事故的发生、降低事故造成的损失,结合生产的特点和要求,对生产经营场所和职工的生活居住场所的安全状况,进行预测可能发生事故的各种不安全因素,检查包括查思想、查制度、查纪律、查现场、查管理、查措施、查隐患等多项内容,其种类有经常性、专业性、定期性、季节性和临时性安全检查五大类。安全检查的基本方法有自检自查、交叉检查、抽查、辅助检查。

安全检查是一项综合性的安全管理措施,通过检查,可以达到相互学习,提高认识,了解情况,发现问题,排查隐患,增添措施,增强防范能力,总结经验,吸取教训,强化管理,促进生产,促进发展的目的。

几年来,尽管上级对安全检查的形式、内容和作用都做了严格的强调、要求,检查者本身亦对检查的方法和效果做了不少的完善和改进,但安全检查所要达到的效果总不是很明显,避重就轻。走马观花式的各类检查,总是不同程度地存在,以至安全检查的发现、督促、指导、警示作用没有得到应有的发挥。那么,应该怎样加强安全检查工作,提高检查效果呢?结合安全管理工作中的实践,安全检查工作需注意如下方面:

(1) 首先要明确安全检查的目的。

安全检查是建立良好的安全作业环境和秩序,保障企业经济建设持续、协调、稳定发展的重要手段之一。安全检查是手段,其目的在于发现不安全因素的存在状况,这是检查者首先要解决的思想认识问题。每次检查,要检查什么?通过检查要达到什么目的?产生什么样的效果?作为检查人员,应该先做到胸中有数。在安全检查中,常有这样一种情况,检查者和被检查者只知道要检查的大概内容,对参与的那次检查的目的、意义并不十分清楚,这样的结果是,时间久了,检查的次数多了,检查者习惯了,被检查者也松懈了、麻痹了、厌倦了。因此,每次检查之前,应采用开短会和现场动员会等方式,结合实际向检查者和被查者讲明检查的目的、意义,让每个参与者目的明确。

(2) 其次要明确检查的内容。

检查企业的安全生产防范保护管理是否贯彻了党和国家的安全生产保护方针政策和法规制度;是否建立健全了安全生产保护组织和安全生产责任制;是否将职工的安全与健康放在工作首位。检查企业生产作业现场环境及设备、物质的状态,检查企业作业环境及劳动条件、生产设备及相应的安全防护设施是否符合安全标准的要求。检查企业作业职工是否有不安全行为和不安全操作,如作业职工是否按相关工种安全操作规程操作,操作时的动作是否符合安全要求等。

(3) 要突出重点。

一般情况下,安全检查的时间和过程都比较短,如果泛泛而检,势必走马观花,以至漏检和误检。因此,对安全检查应当点面结合,突出重点。检查中应结合工作实际,主要应当突出人的行为,物的状态和安全工作的"软件"、"硬件"两个基本基础点。具体地说,即对有关安全生产和劳动保护法律、法规的宣传、学习和贯彻情况;对领导和部门对安全生产工作的重要指示、要求的贯彻落实和执行情况;重点对组织干部、职工对安全业务知识的学习、讨论、运用和推广情况;认真加强安全工作的日常管理,重点治"三违",反蛮干,定期开展安全生产日常检查和专项检查;坚持安全工作关口前移,重点针对安全生产隐患的排查、防范和治理、整顿情况进行检查。加强各类设备设施的保管和养护,重点针对生产劳动现场设备设施的管理、使用情况检查。认真做好安全工作的"软件"建设,重点对各项规章制度的制定、修改、执行情况检查。协调资金,重点加大对安全资金的投入,及时更新设备设施和对维检、技改资金的计划、统筹、安排、使用情况检查。

（4）要讲究方法。

安全检查要克服形式主义，安全生产中的形式主义有多种表现，有的满足于一般化要求，一般化号召，以文件来贯彻文件，以会议来落实会议，安全检查工作没有针对性；有的习惯于大轰大嗡，口号不断，花样不少，表面看声势很大，但不解决实际问题；有的甚至弄虚作假，为赢得上级满意，对查出的安全隐患，说假话，报喜不报忧。安全生产中的形式主义危害很大，它不仅使规章制度难以落实，安全管理流于形式，养痈遗患。那种"一问、二看、三谈、四查"的习惯做法，已很不适应实际工作的需要。

（5）要发现问题。

首先应从软件方面查找或发现问题。找出被查单位安全规章制度、标准化建设、规范化管理等方面存在的与上级的规定和实际工作不相适应的地方及问题；从劳动岗位上发现问题。找出被查单位或个人在劳动纪律、到岗到位、执行制度等方面存在的不足或问题；要在设备设施上发现问题，通过对被查单位现有设备维修、保养现状的检查，找出设备设施方面存在的隐患或问题；要在生产组织上发现问题；找出在工艺布置、人员安排、劳力使用、资源利用、环境保护和生产组织等一系列方面存在的不足或问题；从劳动现场及管理上查找或发现问题。通过对正在作业的现场抽查，查找或发现现场管理上存在的隐患或问题；从综合的调查分析中发现问题。对被查单位的生产安全、管理措施等方面的综合调查，分析该单位在某些方面存在的隐患或问题，并科学地掌握致险原因，危险程度，可能危害和应对措施。从科学的检测上查找或发现问题；另外运用既有的科学检测手段，对作业现场进行全方位的检测和解析，发现或判定某个系统存在的隐患或问题。从细心地观察和日积月累的工作经验中查找或发现问题。

（6）要提出意见。

对发现的隐患，检查人员应及时向被查单位、个人或业主提出正确的处置意见。主要是：首先要有预防意见，对一般问题或可能出现的隐患的预防措施、方案；其次是整改意见，对事故隐患或已经发生、出现的问题的整改措施；另外是巩固意见，为确保已整改的隐患不再发生而提出的保证措施；还有是发展意见，向被查单位提出的通过隐患整治而促进安全工作向前发展的方法、措施、重点；最后是综合意见，向被查单位提出劳力安排、生产组织、现场管理、资金投入、设备更新、科技运用、持续发展等方面的意见或建议。

（7）采取措施。

① 一般防范措施。对事故的隐患及可能发生的灾害所采取的防范措施。

② 特殊防范措施。针对事故隐患的现状、成因所采取的诸如停产整顿、全面检查、布局调整等标本兼治的措施。

③ 限期整改措施。针对已查明的隐患状况和缓急程度，要求被查单位定时间、定人员，在规定时间内必须对隐患加以处理、整改的措施。

第二章 掘进与支护安全检查

第一节 掘进工作面作业规程的检查

一、地质说明书检查

（1）标明待掘巷道区域附近的地质构造及瓦斯、水文等地质情况、煤岩层变化情况和产状要素。

（2）标明本区与相邻区域巷道和采空区的关系。

（3）有开采保护层时，必须划出保护层范围。

（4）平面图必须按比例绘制，图纸资料必须齐全，注明名称和标高。

（5）附图标出底板等高线。

二、掘进工作面设计内容检查

（1）工程说明：说明巷道用途、工程量、工期、巷道坡度、巷道类别、煤岩类别等，以及在施工中有特殊要求和需要重点说明的问题。

（2）巷道布置图：按比例绘制巷道布置图，绘出邻近巷道并注明名称、标高、地质构造及待掘巷道方位、长度，并标明指示方向；要穿过老塘、老巷时，应附掘进巷道剖面图，标明待掘巷道与老塘、老巷的几何关系；车场、硐室及特殊工程必须附有施工图，标出开帮点、转弯点、起坡点、平竖曲线等各种数据，施工图比例尺可按需要选取。

（3）巷道断面及支护：巷道断面要画图，并标明各部位尺寸（包括水沟），支护方式选择要有科学依据，架棚巷道要有侧视图，说明棚距及帮顶背板（刹、杆）的长度、数量、刹质等。

（4）爆破说明书的检查：是否光面爆破，画出炮眼的正视、侧视、俯视图，图内要标出炮眼的位置、深度、角度等，说明掏槽的方法、周边眼与设计轮廓的关系，说清炮眼排列、装药量、爆破顺序和炸药及雷管的选用。

（5）通风与防尘图：要画出通风系统图，说明巷道煤层瓦斯涌出量、发火期、煤尘爆炸指数、选用风量，说明防尘水的来源及防尘措施。

（6）施工设备与供电：说明选用的主要设备的型号、数量，画出供电系统图。

（7）运输方式：说明运输设备的型号，画出运输系统图。

（8）劳动组织和循环图表：只要主要工程的循环图表。

（9）安全技术组织措施的检查包括：

① 对掘进工作面开拉门施工时做出必要的规定。

② 安全措施要包括对工作面端头支护，对帮顶异常、石门揭煤、工作面过断层（或褶曲

构造)、旧巷、冒顶区、破碎带、松软岩层、采空区、老硐等的措施。在有煤与瓦斯突出煤层掘进时,要有专门措施。

③ 避灾路线。要注明当工作面发生火、水、瓦斯等灾害事故时的救人路线及主要注意事项,要有图和文字说明。

④ 贯通措施:凡施工巷道要贯通时,根据《煤矿安全规程》有关规定,结合施工中具体情况提出针对性措施。

(10) 作业规程检查:

按有关规定需要上报审批的作业规程及安全技术措施;采用和试验新工艺、新技术、新设备、新材料的掘进工作面作业规程;新上第一个综掘工作面(每新上一种新机型的第一个工作面)作业规程及供电设计。

(11) 作业规程贯彻制度的检查:

① 掘进工作面施工前,必须向施工人员贯彻作业规程和安全技术措施。贯彻要有记录,每次贯彻每个参加人都要在指定栏目内签字或盖章。

② 施工期超过 3 个月的掘进工作面,每 3 个月至少重新贯彻一次作业规程和安全技术措施。

第二节　巷道(硐室)掘进与支护的检查

一、一般检查

(1) 巷道和硐室掘进施工前,必须编制掘进作业规程,经技术负责人批准后,方可施工。

(2) 必须一次成巷,采用平行作业时,平巷不得由里往外进行支护;超过 10°的倾斜巷道,每段内不得由上向下进行永久支护(锚喷除外);在倾斜巷道中施工,应设有防止跑车和坠物的安全设施。

(3) 采用掘进和支护单行作业时,在前一段的永久支护尚未完成时,不得继续掘进。永久支护前端距掘进工作面的距离要符合作业规程的规定;在顶板压力特别大的地区或易风化、膨胀的软岩中,要采取短掘短砌(喷)法施工。

(4) 通过松软破碎地带的大断面巷道和硐室,独立施工的超前导硐,其长度必须在作业规程中明确规定。在特软岩层或破碎带中,采用两侧导硐法施工时,导硐长度不应超过 4 m。导硐的刷砌(喷)与掘进不得采用平行作业,如果采用平行作业时,必须设有满足人员出入及通风的安全出口。

(5) 在长距离巷道施工中,应设置躲避硐室。倾斜巷道每掘进 40 m(平巷根据施工需要)设躲避硐室,硐室深度不小于 2 m,不大于 5 m。

(6) 巷道掘进临时停工时,临时支护要紧跟工作面,并检查好巷道所有支护,保证复工时不至冒顶。

(7) 巷道掘进施工中,必须标设中线及腰线。用激光指示巷道掘进方向时,所用的中线、腰线点一般应不少于 3 个,点间距离以大于 30 m 为宜。用经纬仪标设直线巷道的方向时,在顶板上应至少悬挂 3 条垂线,其间距一般不小于 2 m,垂线距掘进工作面一般不宜大于 30 m。标设巷道的坡度时,每隔 20 m 左右设置三对腰线标桩,其间距一般不小于 2 m。

（8）巷道的掘进断面,不得小于设计规定。其局部超高和每侧的局部超宽,不应大于设计值的 150 mm（平均不应大于 75 mm）。

（9）掘进工作面与旧巷贯通时,贯通前由队长、组长到贯通地点检查,并将对方巷道内的设备、工具和电缆等加以可靠的保护或运出贯通地点。相距 10 m 贯通时,爆破前由班（组）长指派警戒人员到所有通向贯通地点的道口进行警戒,双方要规定好联系信号。距贯通点 5 m 时,开始打探眼。

（10）严格执行防尘措施,掘进工作面一律执行湿式打眼,装岩洒水,严禁干打眼。

二、掘进爆破检查

（1）凡煤、岩巷道掘进,要根据巷道规格、岩石性质编制循环爆破炮眼数目、位置、深度、装药量及爆破顺序、爆破距离等爆破说明书。

（2）掘进工作面打眼前,找净顶板两帮的浮石。最外圈炮眼位置必须与设计断面边界保持相当距离,一般为 100~250 mm。

（3）掘进工作面揭穿煤层时,距煤层 5 m 时打探眼,探清煤层和瓦斯涌出情况,探眼深度超前炮眼深度 800 mm 以上,探眼数量两个以上。如果发现瓦斯大量泄出或涌出异常时,及时报告矿调度人员。

（4）对岩石掘进巷道距贯通 20 m 时,要停止一头掘进（用爆破方法掘进时）。距贯通地点 5 m 时,开始打探眼,探眼深度要超前炮眼深度 0.6~0.8 m。

（5）工作面禁止装药与打眼平行作业,装药要指定专人负责,其他无关人员不准装药。炮眼装药后,剩余的空隙要全部用黄泥封满。

（6）爆破母线必须悬挂,不得与钢轨、管子、风筒、电缆、电线、信号线等金属物体靠近。爆破地点距工作面的距离必须符合作业规程的规定。

（7）爆破前,班组长要亲自布置警戒人员到警戒线和可能进入爆破地点的所有通路道口担任警戒。警戒处要有爆破的标志,如警戒牌、栏杆或红灯罩等。爆破时必须执行"一炮三检"制、"三人连锁放炮"制和瓦检员不在爆破工不准爆破制。

（8）爆破后,爆破工和班组长必须待炮烟排出后再进入工作面检查顶板、支架、瓦斯、煤尘、瞎炮、残炮等情况,如果有危险必须立即排除,之后,作业人员方准进入工作面作业。工作面爆破后发现残炮时,禁止用铁器掏残炮或用风扫残炮。

（9）掘进工作面禁止放糊炮。

三、巷道支护检查

1. 架棚支护检查

（1）工作面临时支架和永久支架必须使用好前探铁刹杆护顶,前探距离不得超过一架棚距,后面要别在两架棚梁上。锚喷巷道要采用吊环前探梁端头临时支护,严禁空顶作业。

（2）临时支护距工作面的距离,应根据岩层条件,一般不大于 2 m,锚喷巷道不小于 3~4 m,软岩层应紧跟工作面。

（3）倾斜巷道的棚子,必须保持足够的迎山角,每隔 10 m 两帮各打 2~4 个托钩,棚子间用铁丝连好,以防棚子推倒。

（4）斜巷掘进工作面上方要设牢固的安全挡板。距工作面上方 20 m 处,要设安全栏遮挡。

(5) 棚腿斜度不得超过设计规定的±2°。棚腿两端之差,不应超过设计规定的40 mm (规定沿矿层倾斜者例外)。梁腿结合处,应无前缺(吊唇)、后穿和错牙现象。水沟一侧的柱窝应深入水沟底板,另一侧应低于巷道底板50 mm(坚硬岩石)～150 mm(软岩石)。

(6) 两棚腿间距不得超过设计规定的±100 mm。在煤与软岩石上柱腿增加底垫(木鞋),其长、宽度不得小于200 mm。

(7) 棚梁垂直于巷道中心线,梁端间距不得超过100 mm(拐弯处以规定外的倒间距为准)。支架应垂直于底板,前倾后仰不应超过40 mm,倾斜巷道棚腿应向正倾斜,但不应超过50 mm,木棚背板的长度,应大于棚距300 mm。

2. 砌碹支护检查

(1) 基础砌碹前,必须清理浮矸直至实底,并不得有流水或有害砌筑质量的积水。基础的挖深局部不得浅于设计规定的50 mm,砌好的基础面,局部不低于设计规定的50 mm,在松散岩(煤)段砌筑基础时,应作成台阶,每一台阶长度不宜小于10 m。

(2) 砌碹支碹胎前,应对中心、腰线进行检查,支碹胎后必须进行校正,符合规定,准许砌碹,中心线与砌墙两侧模板外缘的间距(巷道净宽)不得小于设计的规定值,也不得大于设计规定值30 mm。

(3) 碹胎应按中心腰线架设,碹胎拱线不得小于设计规定,也不得大于设计规定的30 mm;同一架碹胎的左右两边拱基点应在同一水平面上,其高低差不得超过10 mm。碹胎架放后,必须呈一平面,并与巷道中心线垂直;木碗胎的间距1 m,金属碹胎的间距按模板的长度与强度确定,不宜超过2 m,否则中间应加设辅助支撑或拉杆,碹胎强度应有不小于3倍的安全系数;木板拼缝必须平整、严密,相邻两块模板表面的高低差和缝隙不超过3 mm。倾斜巷中碹胎应迎向巷道倾斜方向的正方2°,碹胎间应设支撑拉条;碹的下弦,不得用作工作台的支撑。

(4) 倾斜巷道砌碹、砌墙时,料石(砌块)要与底板平行,但倾角大于30°时,则应水平放置。在起拱线处,必须用三角砌块或混凝土找齐。封拱时,应同时由两侧起拱线向中心对封,最后封顶的料石应位于正中。各块料石必须拧紧,不得"干砌料面"。料石面一律竖着使用。灰缝规定:横缝为15～20 mm,竖缝为20～25 mm。料石压茬为断面的1/3～1/2,不得有重缝,灰缝砂浆要饱满,不得有干缝、瞎缝。

(5) 砌碹用的碹胎,使用前要进行检查挑选,每架碹胎组立完后,至少要打3个压顶楔子,跨度超过5 m的巷道砌碹拱时,碹内必须打上顶子,防止碹胎变形或塌落。

(6) 翻碹应先检查施工地点前后巷道的顶板压力情况和棚子质量情况,并将翻棚附近的棚子进行加固,斜巷要打好顶子或补齐劲木,用铁丝连好。

(7) 砌碹体与岩帮之间的空隙必须充填严实,碹顶与岩帮之间的空隙,其高度或宽度不超过0.8 m时,宜采用砂浆及毛石回填。自然垮落的高度超过1 m以上时,应先砌筑0.8 m厚的缓冲层,空隙部分用压隙或其他材料充填接顶。

(8) 砌碹翻棚空顶距:顶板岩石坚硬、无浮石时,最大不超过5 m,一般为2 m;顶板压力大,浮石较多时,每次只准翻1架砌1 m。翻棚后要进行找顶,顶板不好时,要采取临时挑顶办法护顶。

(9) 大断面巷道施工必须架设牢固的脚手架,脚手架上面不准存放过多的材料。脚手架上面有人工作时,禁止在脚手架下面进行其他工作。

(10) 在交叉点施工时,牛鼻子与其背后岩层间的空隙必须用混凝土充填严实,如空隙超过 250 mm,允许用坚硬的毛石充填并用砂浆灌碹。

3. 锚喷支护检查

(1) 锚杆的方向要与岩层面或主要裂隙面垂直,当岩层与裂隙面不明显时,可与周边轮廓垂直。

(2) 锚杆眼的直径、深度、间距及布置形式,要符合设计要求。

(3) 间距允许偏差不得超过 200 mm,深度允许偏差。

(4) 一般金属锚杆不得超过±50 mm,树脂锚杆不得大于 5 mm。

(5) 锚杆安装前,要先用压风清煤,托板应紧贴岩石,接触不严时,必须用水泥砂浆填实,不准用木材、石块等材料垫上。

(6) 固结锚杆的注浆要饱满;木锚杆外楔安装方向应与托板顺纹垂直。

(7) 砂浆终凝或树脂固化前不得碰撞杆体;钢筋网要随岩石铺设,间隙不应小于 30 mm。

(8) 钢筋网与锚杆要连接绑扎牢靠;在松软、膨胀性岩层中进行锚喷支护时,喷射前不得用水冲洗岩石。

(9) 锚喷作业应紧跟掘进工作面,爆破后应立即喷一层混凝土临时支护,厚度不应小于 50 mm;在过断层、破碎带、冒顶区进行锚喷支护时应打超前锚杆护顶。

(10) 在围岩有淋水、滴水的情况下,锚喷作业前要先做好防治水工作。

(11) 喷浆、喷射混凝土的强度、厚度及锚杆的锚固力要符合设计要求。

(12) 立井井筒净半径,有提升设备的,不得小于设计规定值,无提升设备的不得小于设计规定值 50 mm,不应大于设计规定值 150 mm。

(13) 巷道硐室净宽,中线至任何一帮的距离,主要运输巷道和机电硐室不得小于设计规定值,其他巷道和硐室不得小于设计规定值 50 mm,不应大于设计规定值 150 mm。净高、腰线上、下均不得小于设计规定值 30 mm,不得大于设计规定值 150 mm。

(14) 锚杆的间距、深度与规格要符合质量验收标准,锚杆端部不宜露出喷层表面。

四、冲击地压煤层中掘进安全检查

(1) 冲击危险区内的掘进,必须始终在保护带内进行,保护带的宽度一般为 3.5 倍巷道高度。

(2) 煤层应力高度集中时,必须进行解危处理,否则不得进行掘进工作。

(3) 避免在支承压力峰值区掘进巷道,必要时应采取卸压措施并经矿总工程师批准。

(4) 避免双巷同时掘进,必须双巷同时掘进时,两工作面的前后错距不得小于 50 m。

(5) 相向掘进的巷道相距 30 m 时,必须停止一个头掘进。停掘的巷道要加固,继续掘进的巷道除加强支护外,冲击地压危险严重时,还必须采取解危措施。

五、突出危险煤层中掘进检查

(1) 在突出危险煤层中掘进时,必须在作业规程编制中有防突措施的内容,严禁按非突出煤层管理。

（2）严禁在突出危险煤层的顶分层中掘进和布置巷道。在突出煤层的顶、底板围岩中掘进和布置巷道时，必须保持一定的岩柱，不得随意穿破岩柱，揭开岩盖。

（3）在突出危险煤层中掘进必须按照设计并测量的中心和腰线进行施工，不得任意拐弯和抬高，以免产生应力集中。

（4）在突出危险煤层中掘进，严禁使用风镐落煤和用风钻打眼。

（5）必须采用长距离爆破的作业方式。爆破地点必须在工作面入风侧，距工作面的距离不小于 300 m。

（6）煤层或顶、底板松软时，采用"做半面、背半面"的施工方法。

（7）上山掘进面同上部平巷贯通前，平巷必须超前贯通位置。

（8）在突出危险煤层的同一水平、同煤层，在集中应力影响范围内，禁止布置两个工作面相向掘进。经过实际考察，确认在集中应力影响范围外，允许在同一水平、同一煤层中布置两个工作面相向掘进，正常情况下，两个工作面的距离不得小于 15 m；遇到地质构造带、煤的变质带以及应力集中带（点）等，两个工作面的距离不得小于 30 m。

（9）在突出危险煤层爆破时，必须实行一次装药一次起爆，只允许使用瞬发雷管和毫秒雷管。毫秒雷管不准跳段使用，最后一段的延期时间不得超过 130 ms。严禁使用延期雷管。

（10）在突出危险煤层中掘进时，必须保证支架的质量，加密棚距，保证梁和腿的规格，严禁空帮空顶。

（11）在突出危险煤层中掘进时，所有作业人员必须随身携带隔离式自救器。工作面的掘进组长、队长、爆破工必须携带便携式瓦斯警报器，随时检查工作面的瓦斯变化情况，在工作面进风巷道内，必须设有直通矿调度的电话。

（12）在突出危险煤层掘进工作面，必须安设瓦斯监测装置，在工作面 5 m 内和回风侧，必须安设监测头，瓦斯监测装置经常保证完好状态，灵敏准确。

（13）在突出危险煤层内掘进时，每间隔 50 m 掘一避难硐室，净断面不小于 5 m²，长度不小于 4 m，内设压风管路，经常供应压缩空气并有手轮随时可以开闭。

（14）掘进工作面与煤层巷道交叉贯通前，被贯通的煤层巷道必须超过贯通位置，其超前距不得小于 5 m，并且贯通点周围 10 m 内的巷道应加强支护。在掘进工作面与被贯通巷道距离小于 60 m 的作业期间，被贯通巷道内不得安排作业，并保持正常通风，且在爆破时不得有人。

（15）突出煤层的任何区域的任何工作面进行揭煤和采掘作业前，必须采取安全防护措施。突出矿井的入井人员必须随身携带隔离式自救器。

（16）所有突出煤层外的掘进巷道（包括钻场等）距离突出煤层的最小法向距离小于 10 m 时（在地质构造破坏带小于 20 m 时），必须边探边掘，确保最小法向距离不小于 5 m。

（17）在同一突出煤层正在采掘的工作面应力集中范围内，不得安排其他工作面进行回采或者掘进。

（18）突出煤层的掘进工作面应当避开邻近煤层采煤工作面的应力集中范围。

（19）在突出煤层中，专职爆破工必须固定在同一工作面工作。

第三节 巷道维修的检查

一、顶板检查

（1）凡裸岩巷道完好的顶板，不得任意破坏。

（2）巷道顶板完好，整体性强，岩质密实的静压巷道中棚距最大为 1.2 m（特别坚硬时不架棚）。顶板破碎、有活石的静压巷道或无活石的动压巷道棚距最大为 1.2 m。

（3）翻棚时必须由班组长和安全员进行敲帮问顶。

（4）撬落活石应从顶板完整的地方开始，以保证工作人员的安全。撬落空顶大块活石之前，要将附近的设备、电缆、管子等维护好。在撬落活石时，一人操作，另一人在后面当好安全监视哨，禁止行人通往撬顶危险区。

（5）巷道顶板完好，岩质坚硬，整体性强，节理与层理不发育的静压巷道，可以采取锚杆支护。锚杆眼的布置（顶眼、帮眼、深度等），可根据施工地点具体情况在作业规程中规定。

（6）在打锚杆眼前，必须先找落浮石，然后开机钻眼，有棚巷道打锚杆要翻 1 架打 1 m，或先打眼后翻棚。

（7）在突出煤层的煤巷中安装、更换、维修或回收支架时，必须采取预防煤体垮落而引起突出的措施。

二、支架检查

（1）拆换支架一定从顶板好的地点开始，不得大拆大换。在拆换顺序上要先检查顶板，把易落的大块岩石维护好后，松动楔子，使支架减压后进行翻棚，翻棚前要加固工作地点的支架，遇到顶板破碎时，应提前挑顶，事后翻棚。

（2）凡独头巷道，一定从外向里拆换，不得由里向外进行。贯通巷道要顺风逐架拆换。

（3）倾斜巷道拆换支架，要由上而下进行拆换，在拆换前必须将下面支架增加劲木和打好顶柱，防止支架推倒。

（4）拆换棚时，在一架未完成之前，不得中止工作，应该连续进行，如果不能连续进行施工，每次工作结束后，必须接顶封帮，确保安全。

（5）对头巷道维修拆换，在两头相距 5 m 时，要停止一头作业，以免造成压力集中发生冒顶。

（6）拆换支架时，一定要在施工前，安全可靠地保护施工地点的设备、电缆、电线、管路等，并盖好水沟。

（7）拆换支架时，一定要打牢固的脚手架，禁止用管子和矿车当脚手架。

（8）上下山拆换支架前要在距工作地点下面 5～10 m 处，分别设 2～3 处挡板，防止滑落岩石打伤下面的工作人员或检查人员。

（9）拆换支架遇有棚顶上有木垛时，要先用长杆托好木垛后再翻棚。

三、开帮破砌碹检查

（1）开帮长度可根据顶板和两帮岩石性质确定，一般较好岩石，每次开帮长度不超过

3 m(用爆破开帮),顶板压力大活石多时,禁止采用爆破开帮。

(2)爆破开帮时,爆破前要将周围设备保护好,对刚砌筑的碹要覆盖好,然后开始爆破。

(3)破碹时用风镐必须边破边背好帮顶。采取爆破破碹时,眼深不能穿透碹壁。

(4)砌碹立胎时要找好中心、腰线,立胎要找正,做到平、直并打好压顶楔。

(5)如使用料石砌碹必须用三行板砌碹胎或铁碹胎,大断面超过 5 m 宽时,巷道要打中心顶柱。

四、推、装、卸及其他作业的检查

(1)推车过弯道、风门、道岔、下坡道等地点时,一律要进行安全喊话。

(2)卸车时先打眼后卸料,卸重物要喊号,两人以上抬卸时,要搭配合适。

(3)在独头巷道或顶部有高冒处施工前,要先找有关检查人员检查。

(4)爆破时,在装药前,首先检查周围设备维护情况和 20 m 以内瓦斯情况,安全后方可爆破。

第三章 采煤工作面安全检查

第一节 一般检查内容

采区开采前必须按照生产布局合理的要求编制采区设计,并严格按照采区设计组织施工。

一个采区内同一煤层的一翼最多只能布置 1 个采煤工作面和 2 个掘进工作面同时作业。

一个采区内同一煤层双翼开采或多煤层开采的,该采区最多只能布置 2 个采煤工作面和 4 个掘进工作面同时作业。

采煤工作面所有安全出口与巷道连接处超前压力影响范围内必须加强支护,且加强支护的巷道长度不得小于 20 m;综合机械化采煤工作面,此范围内的巷道高度不得低于 1.8 m,其他采煤工作面,此范围内的巷道高度不得低于 1.6 m。安全出口和与之相连接的巷道必须设专人维护,发生支架断梁折柱、巷道底鼓变形时,必须及时更换、清挖。

采煤工作面安全检查的程序和内容包括:职工队伍的素质,生产技术管理,采煤工作面现场管理,设备使用维护管理,安全基础建设与管理;采区生产地质资料,采区和采煤工作面设计,采煤工作面作业规程,矿井生产接续图表,生产环节的布置,规章制度的贯彻执行;企业地测部门对采煤工作面开工的意见、采煤工作面验收标准及验收报告、采煤工作面设计图纸。

第二节 采煤工作面作业规程的检查

一、采煤工作面作业规程检查

采煤工作面作业规程规定了采煤巷道布置、采煤工作面生产系统、设备选型及布置、采煤工艺、循环方式、作业形式和劳动组织,规定了必要的安全制度和安全技术措施,提出了应达到的工程质量标准和技术经济效果,因此,作业规程是实现采煤工作面正规循环作业、加强采煤生产技术管理的基本文件,必须认真编制、审批、贯彻、执行。

采煤工作面作业规程的编制内容有以下几个方面:

(1) 概况。包括工作面位置,开采范围(走向长度及倾斜长度),与相邻煤层及已采区的关系,工作面与地面的相对位置及建筑物、河流、湖泊、铁路等的关系等。

(2) 地质情况,根据采煤工作面地质说明书简述以下内容:

① 煤层赋存条件(走向、倾斜及倾角),煤层总厚、各层厚度,煤的硬度、灰分,夹石层厚

度、容重；

② 围岩性质及对采煤的影响；

③ 地质构造情况（断层、褶曲、火成岩侵入、陷落柱等）；

④ 瓦斯、煤尘爆炸性和自燃倾向性；

⑤ 水文地质情况；

⑥ 地质储量及可采储量。

（3）采煤方法及采区巷道布置。其包括以下内容：

① 采煤方法名称；

② 采区巷道布置及生产系统，采区巷道布置平面图（或层面图、立面图）（1：1 000 或1：2 000）。

（4）破煤工艺。

编制的炮采工作面爆破说明书的主要内容：

① 炮眼布置：布置方式、炮眼规格、炮眼布置图（三视图）；

② 炸药消耗量，即每循环炸药消耗量；

③ 爆破方式，即一次爆破眼数及炸药量、爆破方法及器材；

④ 爆破技术、爆破安全技术组织措施。

机采工作面应说明采煤机的型号，截割方式（单向或双向采煤），采煤机的进刀方式及合理截深的确定。

（5）顶板控制设计。

编制的采煤工作面顶板控制和支护说明书：

① 煤层伪顶、直接顶、基本顶和底板的岩性特征，回采时的围岩特征；

② 采煤工作面矿压显现规律（同煤层相邻工作面或邻近开采的同一煤层工作面）为顶板控制方法及选择的根据；

③ 坚硬顶板的放顶卸压方式；

④ 工作面的最小及最大控顶距，放顶步距；

⑤ 工作面支架、临时支护、切顶支架、上下出口和上下缺口的支护结构、支护间距及液压支架的型号；

⑥ 初次来压、周期来压时的特殊支护措施；

⑦ 支柱在采煤工作面的安设方法和排列方式；

⑧ 回柱方法、回柱工艺以及支护复用的规定；

⑨ 人工强制放顶的方法和规定；

⑩ 上下平巷的回撤及距工作面滞后距离的规定；

⑪ 备用支护材料数量及存放地点；

⑫ 综采工作面液压支架的工作方式、移步方式、采煤与移架的距离；

⑬ 急倾斜煤层开采或特殊采煤法有关支护工作的规定。

⑭ 工程图部分应表明以下内容：柱或石垛带的位置及其尺寸，顶板控制方法以及采煤和运煤的设备；最小控顶距、最大控顶距、采煤机各班开始位置及平行工序之间的相对距离；支架的结构和尺寸，支柱及木垛沿走向、倾斜向的间距，机炮道宽度；允许空顶的面积，上下出口和上下缺口的支架，安设临时和正式支架的顺序及特殊支护。

⑮ 条带充填规格、质量要求、码矸时的安全措施。

（6）采区运输能力及动力供应。其主要包括以下内容：

① 采区运输、供电、照明、通风及压风系统和设备的安装位置示意图；

② 采区煤仓,贮料场设置地点、规格,使用安全要求等；

③ 工作面主要运输设备的型号、台数、能力等。

（7）采区通风与排水。其包括以下内容：

① 采区风量的确定,通风系统和设施情况；

② 灌浆灭火与抽放瓦斯管理系统情况,瓦斯及煤尘管理措施。

（8）劳动组织、循环作业与技术经济指标。其主要包括以下内容：

① 劳动组织形式、劳动力配备及工人出勤图表；

② 循环方式、作业方式及正规循环作业图；

③ 主要技术经济指标表。

（9）安全制度。其包括以下内容：

① 工作面交接班制；

② 敲帮问顶制；

③ 工程质量验收制；

④ 巷道维护修理制；

⑤ 机电设备维修保养制；

⑥ 瓦斯煤尘管理制度；

⑦ 爆破管理制度等。

（10）安全技术措施。其包括以下内容：

① 机械设备的安全操作措施；

② 支、回柱或移架措施；

③ 初次放顶、正常放顶和收尾放顶、托伪顶开采及过老空、破碎带和断层的措施；

④ 防止冒顶,防止爆破崩倒支架措施；

⑤ 综合防尘措施；

⑥ 避灾路线等。

二、采煤工作面作业规程的审批、贯彻与执行检查

1. 编制采煤工作面作业规程的依据

（1）《煤矿安全规程》和安全质量标准中有关采煤工作面工程质量标准的内容；

（2）地测科（人员）提供的采煤工作面地质说明书；

（3）技术部门提供的采区设计和其他有关的设计文件；

（4）计划部门提供的采煤工作面主要技术经济指标；

（5）邻近采区、同一煤层回采的开采实践经验；

（6）通风、运输、机电、煤质、劳动工资、物资供应、安全等部门提供的有关该工作面的采煤设备,通风、排水、运输、供电、劳动组织,器材供应、煤质及安全等方面的资料。

2. 编制采煤工作面作业规程的步骤

（1）搜集并熟悉有关编制采煤工作面作业规程的地质资料、设计文件、各部门提供的原始资料和回采技术经验总结；

(2) 深入现场,熟悉作业规程要编制内容的现场实际情况；

(3) 走访有实践经验的工程技术人员和老工人,征求意见,交换个人的看法和意见；

(4) 由采煤区(队)技术人员在采面投产前编制出作业规程。凡与该工作面生产安全有关的规定和措施,必须写全、写细、写具体。文字部分应简明、通俗易懂,工程图应清晰准确；

(5) 回采作业规程编出后,要征求老工人与有关科室的意见,然后按顺序送交区(队)长、生产技术科、矿总工程师,国有重点煤矿(集团)矿、集团安监局(处)审批；小煤矿应将编制好的作业规程报送县安监局、乡安监局(站)。

3. 采煤工作面作业规程的贯彻、执行和修改

(1) 采煤工作面作业规程必须在采煤工作面投产前由采煤区(队)技术人员负责贯彻。贯彻范围包括区(队)长在内的本采煤工作面的全部人员。对轮休和请假人员必须在另行贯彻后才可下井生产。

(2) 采煤工作面作业规程贯彻后,该工作面所有工作人员必须认真执行作业规程的各项规定。在执行中,采煤工作面的地质或生产条件同作业规程不符时,必须及时修改作业规程或补报安全技术措施。修改的作业规程或安全技术措施,必须再按程序进行审批,审批后仍应由技术员分三班在使用新规程及措施前向工人传达贯彻。

(3) 对审批后的作业规程或一般安全技术措施,必须在施工中认真贯彻实施。

(4) 采煤工作面结束后,作业规程即行作废,对新开工的工作面必须另行编制作业规程。

第三节　普采及炮采工作面安全检查

一、采面布置检查

(1) 是否采用正规壁式开采。

(2) 小煤矿采煤工作面数目:6万 t 及以下的矿井,单翼开采只能由 1 个采煤工作面 2 个掘进工作面生产,其他矿井 1 个采区内组织 1 个采煤工作面和 2 个掘进工作面生产。

(3) 极薄煤层采煤工作面:采高必须保证支护后净高不小于 0.6 m,炮采工作面长度不大于 80 m;机采工作面长度不大于 100 m,且不与其他采掘工作面串联。

(4) 采煤工作面作业规程符合采煤工作面实际情况。

二、采面爆破作业检查

(1) 爆破器材及其储运管理是否符合规定。检查炮眼的排列、角度、深度对工作面支护的影响。确保不致崩倒支柱,不破坏顶板,不造成冒顶或片帮。

(2) 检查炮泥。没有封泥的炮眼严禁爆破,炮泥必须装满,不准装空心炮,严禁用煤粉、块状材料或其他可燃性材料做炮眼封泥,应用水炮泥封眼,水炮泥外剩余部分必须用黏土填满封实。

(3) 检查装药。装药时,应清除炮眼内的煤粉或岩粉,药卷不得冲撞和捣实,炮眼内的各药卷必须彼此密接。装药量的多少,以实现爆破装煤,顶板震动小,悬顶面积小,顶板易控

制为原则。

(4) 检查爆破和验炮。爆破前后设警戒,警戒点距离采煤工作面不能小于 70～100 m,爆破时认真执行"一炮三检"制和"三人连锁放炮"制;爆破过程中出现有煤炮、顶板来压、崩倒支架等情况时,要停止爆破,进行处理,爆破后必须巡视爆破地点,认真进行敲帮问顶,检查顶板支架、瞎炮、残爆等情况,并进行处理。

(5) 爆破后应清除顶板残留的伞檐,便于支柱接顶严密。伞檐长度超过 1 m 的最大突出部分,薄煤层不超过 150 mm,中厚以上煤层不超过 200 mm;伞檐长度在 1 m 以下的,伞檐最大突出部分薄煤层不超过 200 mm,中厚以上煤层不超过 250 mm。

(6) 一次爆破的长度应根据顶板情况和输送机能力确定,爆破的长度过长会直接增加顶板压力,甚至出现冒顶。顶板破碎或遇断层带的应一次少放或采取留煤垛间隔爆破。

(7) 因地质条件变化或顶板破碎,采用留垛间隔爆破的工作面,相邻两垛贯通爆破时顶板压力最大,贯通距离应在作业规程中明确规定,严禁在工作面两端三角点处贯通。

三、采面顶板控制检查

1. 工作面支护

(1) 采煤工作面采用单体液压支柱支护,采厚不足 0.8 m 的采煤工作面,采用单体液压支柱确有困难的,经过县级以上部门组织专家认证,可以不淘汰木支柱。

(2) 使用木支柱的工作面,作业规程中必须明确木支柱的材质、规格、质量,单体液压支柱的数目足够(备用 10%),实现编号、编卡管理,严格执行检修制度。

(3) 采煤工作面必须按作业规程的规定及时支护,严禁空顶作业。

(4) 所有支架必须架设牢固,并有防倒柱措施。严禁在浮煤或浮矸上架设支架。支柱迎山、棚梁、背板、柱帽、柱鞋、柱窝等符合作业规程规定。

(5) 单体液压支柱的初撑力:柱径为 100 mm 的不得小于 90 kN,柱径为 80 mm 的不得小于 60 kN。对于软岩条件下初撑力确实达不到要求的,在制定措施、满足安全的条件下,必须经企业技术负责人审批。

(6) 采面支护要打成直线,其偏差不超过±100 mm。排距、柱距要按作业规程规定,其偏差柱距不大于 100 mm,排距不超过±100 mm。无缺柱、折柱或失修、失效支柱,顶梁要架设牢固并铰接使用。

(7) 工作面控顶范围内顶板下沉量每米采高不大于 100 mm。

2. 特殊支架检查

(1) 托梁和木垛的个数、位置、规格和材料符合作业规程要求。

(2) 密集支柱打成直线,柱子偏差不大于±100 mm。数量齐全,打紧打牢,顶端无重楔,下端在实底上,软底要穿鞋。

(3) 充填带的个数、长度、宽度符合作业规程要求,带内无空洞、浮煤和木料,充填带要接顶严密。

(4) 遇地质变化的特殊地段要有相应的补充措施,并全面实施。

(5) 工作面机头要特殊支护(如四对八梁,采高 1 m 以下煤层可用板棚),要数量足、质量好,按程序移动和操作。

(6) 倾角在 15°以上的工作面要有支架防倒措施。

3. 安全出口检查

（1）采煤工作面所有安全出口与巷道连接处超前压力影响范围内必须加强支护，且加强支护的巷道长度不得小于 20 m；支架完整无缺，巷道净高不低于 1.6 m，有 0.7 m 宽的人行道。

（2）工作面前 10 m 范围，必须加强支护，支架完整无缺。

（3）设备、材料及时运走或堆放整齐，保证行人、通风、运输畅通。

（4）下出口在下平巷超前工作面 6～8 m 使用托梁悬臂支架。在一般顶板条件下，沿平巷梁靠上帮 1/3 处应设单排支护。托梁悬臂支架的顶梁要垂直承托原平巷棚子的棚梁，接触处应严密。

（5）上安全出口的支护方式和要求与下出口基本相同，但上平巷的超前支架采用双排托梁悬臂支护，并分别打在平巷棚梁上下帮的 1/3 处。

4. 机巷和风巷检查

（1）巷道净高和净宽不小于原设计值 300 mm，拱形支架时其不小于 400 mm。

（2）支架完整无断梁折柱。拱形支架卡子、螺丝、垫板齐全。

（3）巷道无积水、矸石、废材料堆积。待运物料码放整齐，电缆、管线及轨道铺设符合要求，行人侧宽度不少于 0.8 m。

四、支护材料的检查

（1）单体液压支柱必须编号管理，使用 8 个月必须进行升井试压，工作面结束后必须经试压合格方能继续使用。不同性能的支柱不准混用。

（2）为防止单体液压支柱内工作液流失，支柱要站立存放，卸载手柄经常处于关闭位置。搬运时，支柱要收缩到最小高度，不准任意摔扔。

（3）支设支柱前，必须检查零件是否齐全，柱体有无弯曲、凹陷，不合格的支柱不准使用。

（4）不准用锤、镐等硬物直接敲打、撞击柱体和三用阀；回撤支柱，必须悬挂牢靠的挡矸帘，防止顶梁和大块矸石碰砸支柱。

（5）要按作业规程规定的柱距、排距支设支柱，迎山角度合适，顶柱顶盖与顶梁接合严密，架设牢固，不准单爪承载。中厚煤层和倾斜及以上煤层工作面的人行道两排支柱要使用绳子连接拴牢，以防失效，支柱歪倒伤人。

（6）工作面初次放顶前，必须采取相应的技术措施，以增加支柱的稳定性和防止压坏支柱。

（7）工作面闲置与回撤的支柱必须竖放，不准倒放或平放在底板上，严禁使用支柱移溜子。

（8）如果发生支柱压死时，要先打好临时支柱，然后用挑顶卧底的方法回撤，不准用炮崩或用机械强行回撤。

（9）外注式支柱升柱前，必须用注液枪冲洗阀嘴，回柱时必须使用专用手把，严禁使用其他工具代替。

（10）外注式支柱工作面必须配备有足够的注液枪，每 20～30 m 装备一支为宜，上下平巷（顺槽）处要适当加密，用完后的注液枪应及时悬挂在支柱的手把体上，不得随地乱放。

（11）内注式支柱的注油工作，要固定专人负责，按规定的液压油牌号，严格过滤，定期注油，保持支柱内的正常油量。

（12）工作面必须有 10％左右的备用支柱，整齐竖放在工作面附近安全、干燥、清洁的地点。

五、采空区处理的检查

（1）放倒、撤净放顶线以外的支架，信号柱要砍口，控顶距离不能超过作业规程的规定，撤回的柱、梁要码放整齐或运走，有可以通行的人行道。

（2）戗柱、戗棚、挡矸帘要符合作业规程规定的要求。

（3）悬顶距离超过作业规程规定的最大值，顶板仍不冒落的，要进行强制放顶。

（4）回柱绞车和滑轮要安装牢固，使用时不摇摆，大绳钩头、绳套、信号和保护装置等设施完好齐全。

（5）开采初期的回柱放顶，应检查工作面所需空间的三个通道（包括机道、人行道和材料道）的畅通，检查工作面控顶方式的执行情况，以及最后排密集支柱是否按规定打成直线并有安全出口。

（6）工作面结束时回柱放顶，应检查最后所剩 3 排支柱的质量。

（7）断层下的回柱放顶，应检查断层的形状、位置、涉及的范围和采取的安全措施。

（8）坚硬顶板的强制放顶，应检查打眼方式、炸药量的规定和瓦斯管理措施。

（9）无密集支柱的放顶，应检查工作面最小空顶距和支柱的密度及规定的备用支柱的数量，当采高较大时，应检查放顶或内侧的斜撑支柱的稳定性。

（10）基本顶来压前应增大支护密度，提高工作面支架的总支撑力，避免工作面冒顶事故。

（11）在无密集支柱放顶的工作面，来压前应沿放顶方向增设 1～2 排密集支柱或丛柱，以加强基本支架的支撑力并隔离采空区。

（12）支柱与放顶平行作业时，两者间距大于 15 m。人工分段放顶，段距大于 15 m。为增强支柱的稳定性，应增设木垛，靠采空区一排支柱架设一梁三柱的斜撑棚子，在工作面内增设一梁三柱或抬棚。

（13）支柱要整齐，迎山要有力。支柱迎山有力，不出现连续 3 根以上支柱迎山角过大或退山现象。采煤机割煤后应及时支护，遇有片帮危险时，应及时支设贴帮柱。

第四节　综采工作面的检查

一、液压支架检查

（1）支架要排列成一条直线，其偏差不超过±50 mm。支架不得歪斜，支架中心距按作业规程要求，偏差不得超过±100 mm。

（2）支架立柱应垂直于煤层顶、底板，否则会使立柱的支撑力降低，甚至发生漏顶和倒架事故。不超高，与顶板接触严密，迎山有力，不许空顶。如有空顶必须立即处理。架内无浮煤、浮矸堆积。这是因为支架设在浮煤、浮矸上，将会大大降低支架的实际支撑能力，增大支柱的可缩性,延长支架初撑增阻阶段的时间,导致顶板下沉量增大,造成顶板离层破碎,甚至台阶式下沉,把支柱压死。

(3)注意及时清除掉支架顶梁上冒落的坚硬岩块,否则升架后就可能造成压力集中而破坏顶板。在倾斜煤层中,支架的推移顺序由下而上,否则当支架卸载后,其冒落矸石就可能窜进下方支架,造成移架困难和影响人身安全。

(4)支架若有倾倒、下滑现象,除了要安装好防倒、防滑设备外,可采用将工作面调一个外侧偏角或带负荷移架的办法防止其下滑。

(5)移架时必须保持支架间的中心距相等。如中心距不正确,又不及时调整,则可能发生漏顶,顶梁端部互相干扰,发生挤架、卡架、软管拉长、拉断等事故。

(6)对有机械加长段的液压支架,当煤层厚度增大,支架立柱的液压行程不够用时,不能用在顶梁上加木块的办法接顶,而应装上机械加长段。煤层变薄,如支柱的行程只剩下约15 cm时,就应取下加长段。

(7)当支架撑紧时,要注意使顶梁和顶板紧密接触,这样能使顶梁上的压力分布均匀。如果有局部冒顶或顶板有台阶时,应采取在顶梁上架木垛或垫木板等措施。否则,支架将会持续几个循环都可能处于不正常的工作状态。

对于双框式和三框式支架,如果顶梁和顶板没有紧密接触,在移架时作为固定的框架还会发生松动。为了增加支柱的稳定性并能均匀传递顶板压力,对底板也同样要进行平整。

(8)移架时,移架区内不得有人工作或停留,也不可强行穿越。若支撑或支架前排柱和后排柱之间是人行道,支架后的挡矸帘可增加人行道的安全性,因此,不能任意将其拆掉。

(9)各支架的移架步距要相等,前探梁至煤壁要有一定距离,一般为200 mm左右,以防采煤机割前探梁。在顶板特别破碎时,前探梁也可直推到煤壁,当采煤机割到此处时要注意调整滚筒的高度,严防割前探梁。

(10)工作面停产时,不得随意升降支架。移架应尽可能一次移好,勿使支架前后窜动,频繁升降。

(11)移架时顶梁和前探梁要少降,一般在15~20 cm之间。顶板破碎时还应使顶梁与顶板不脱离接触带轻负荷前移(即带压移架或擦顶移架)。

(12)在清除支架顶梁上的浮矸时,应使用工具,并且采取先降后柱、再降前柱的办法,以使矸石沿顶梁滑向采空区。

(13)对于有防片帮机构的液压支架(如掩护支架),在正常情况下应使用护帮机构。护帮机构应在采煤机滚筒截到其前5 m时回收。收护帮机构时还要防止片帮煤砸人。

(14)对支架之间的空隙要背严,以防止顶板漏矸和采空区矸石窜入支架底座。

二、端头支护检查

(1)加强端头支护,防止冒顶事故的发生。一旦冒顶,必须在顶梁上打木垛接顶。

(2)在倾角超过15°时,排头支架必须用千斤顶与四号或五号支架连接,将千斤顶一头固定在排头支架的顶梁上,另一头固定在四号或五号支架的底座上,并经常保持拉紧状态。

(3)使用好侧护板装置,要有正确压力和操作方法,保证支架稳定性和完整的防矸性能,在相邻支架的顶梁下不得错开,以防咬架。

(4)在倾角大于17°的工作面下部端头需架设木垛支撑第一架防止下倒。排头支架一且要倒,应立即扶正,否则不准生产。

(5)上、下安全出口 20 m 范围内必须设专人维护,做到畅通无阻。为适应工作面推进速度,安全出口在超前压力以外不少于 5 m 处更换木棚,实行超前支护。

(6)超前支护作业前,应详细检查顶板及两帮煤壁的支架情况。根据所需空间,其替梁长度、方法、材料必须在作业规程中明确规定。

(7)上、下端头支护不准落后和超前,要与工作面支架成一直线。

三、工作面两巷检查

(1)工作面移交生产前,两巷最小的净断面尺寸必须符合安全规程规定,确保安全生产。

(2)两巷的维修管理应有专职人员负责,其维修措施应在作业规程中明确规定。

(3)回收拱形支架和梯形支架要有专人指挥,专人监护,并保护电缆、水管不受损坏。每回收一架,要立即把顶刹好,以防矸石掉落。

(4)回替棚应由里向外依次进行,在维修现场有空顶时,必须留有专人进行监护。

(5)对两巷使用的单体液压支柱,要注意自动卸载现象的发生,以防倾倒撞伤人员。

(6)机巷维修和替棚,要注意胶带输送机、刮板输送机的开动,防止事故的发生。

(7)两巷必须保持无积水、无杂物、无浮煤、无浮矸,支护完整可靠,不得妨碍行人和移动设备。

四、过断层的检查

支架过断层时顶板比较破碎,要特别注意加强维护。工作面断层区域内可以采用隔一架移一架的方式移架,根据不同情况采用管理破碎顶板的方法来管理断层区域顶板。当顶板特别破碎时,应随采煤机前滚筒割煤立即移架。过断层的具体规定有以下几条:

(1)依据断层的形状、性质、围岩情况等,决定是否强行通过。凡是决定强行通过的断层,必须经矿总工程师批准,并有确保设备不受损坏的措施。

(2)卧底下坡角度不得超过 8°～10°,上坡不得超过 15°。

(3)接近断层时,尽量缩小断层面,并制定防止破碎带冒落及支架防倒的措施。

(4)严格控制采高,严格控制工程质量。断层带处应与整个工作面同时平行推进,不得滞后。

(5)当断层带附近煤壁严重片帮,顶板暴露面大时,应采取超前支护措施。

(6)过断层时必须根据具体情况,改变支护方式,并制定安全措施。

五、过老巷的检查

由于老巷周围的岩层已有不同程度的变形和破坏,工作面通过时压力增大,顶板难以维护,如不及时采取有效措施,必将造成重大顶板事故。过老巷的具体规定有以下几条:

(1)对年久失修已不通风的老巷,首先检查通风瓦斯情况,先按《煤矿安全规程》规定排放瓦斯,然后进行巷道修复。

(2)不论通过平行于工作面还是垂直于工作面的老巷,均需提前 30～50 m 进行维护,避免通过时造成支架压死。

（3）工作面过老巷时，要提前修复旧巷，在巷道内架设一梁二柱或一梁三柱的抬棚，一定要避免整个工作面同时通过老巷。

（4）老巷的位置与工作面平行时，应提前将工作面调整成伪斜，使工作面与老巷间形成一个三角带，由进风侧分段逐步通过。液压支架接触老巷抬棚时，可先摘去一根棚腿，让液压支架顶梁托住棚梁。

（5）老巷位置与工作面垂直时，通过前应在老巷中打好木垛，工作面通过时再将木垛撤出。如顶板破碎不允许撤掉木垛，可让滚筒切割木垛通过；如老巷支架上方有冒顶时，必须用木料填实。

（6）通过穿层石门时应加强维护。在顶板中的一段石门和底板中的一段石门，必须用木垛填实、稳固。

（7）当空巷位于工作面底顶板时或工作面斜交（溜煤井、斜石门等）时，同样应用木垛填实。

六、片帮冒顶的检查

综合机械化采煤工作面，尤其是使用掩护式液压支架的工作面，由于受超前集中压力的影响，煤壁片帮严重，必须加以防治。具体规定如下：

（1）采高在 3 m 以上的工作面，支架必须设有防片帮的装置并坚持使用好，片帮严重时，要及时拉架。

（2）倾斜采煤时，采煤机一定要使用好调斜装置，使其工作面保持垂直方向。

（3）割煤后应尽快移架，及时维护新暴露出来的顶板，不论顶板好坏，禁止全工作面割完后才拉架。

（4）采煤机割煤后，要追机移架，移架后护帮装置及时支护，防止煤壁片帮。有伸缩梁的支架，要及时伸出伸缩梁，防止冒顶事故发生。

（5）在已发生片帮的地段，要停止割煤，立即采取措施，加强端面支护，防止因片帮增加端面空顶面积而发生冒顶。

（6）已发生冒顶处封顶的，要首先处理松动岩（煤）块及不安全因素，打上临时支护，然后再进行封顶工作。封顶过程中，班队长要到现场组织指挥。

第五节　急倾斜煤层采煤工作面安全检查

一、柔性掩护支架工作面安全检查

（1）工作面倾角（伪斜布置的俯伪角）不超过作业规程规定值的 $\pm 3°$。

（2）工作面顶板暴露面积沿工作面 2 m 长的范围内局部空顶面积不大于 $0.5 \, m^2$，否则必须支护接顶。

（3）架端至煤壁顶板冒落高度不大于 200 mm，否则，必须接顶。

（4）溜煤、行人小眼内支护、断面必须符合作业规程规定。

（5）工作面支架成直线，严禁皱架、圈架。

（6）支架要牢固，钢绳要紧捻、无断绳，钢丝绳根数符合设计规定，配件必须整齐、牢固、有效,架距均匀。

(7) 控架支柱、接架柱间距符合规程规定,偏差不大于±300 mm。

(8) 支架角度符合作业规程规定,不仰架,不趴架,不啃底。

(9) 工作面上、下安全出口断面符合作业规程要求,上安全出口必须要挖地沟,下安全出口的支护必须安全、可靠,要有行人梯子。

(10) 工作面上、下出口的两巷超前支护:距煤壁 10 m 范围内打双排柱,10～20 m 范围内打单排柱。

(11) 工作面运输巷和回风巷(上、下平巷)自工作面煤壁超前 20 m 范围内支架完整无缺,高度不低于 1.6 m,有 0.7 m 宽人行道。

(12) 支架安装长度、垫层厚度、地沟深度均符合作业规程要求,超前支架长度符合作业规程要求。

(13) 风道铁棚回收滞后安架端头不超过 2 架棚。

(14) 工作面尾架长度要符合作业规程规定。

(15) 安装支架时,钢丝绳搭接长度不小于 1.5 m,绳卡符合作业规程规定。

(16) 煤壁成直线,支架走到位,并按作业规程规定的倾角均匀下放。

(17) 煤壁无伞檐。

(18) 机、风巷净高不低于 1.8 m(超前支护段为 1.6 m)。

(19) 支柱完整无断梁折柱,拱形支架卡缆、螺栓、垫板齐全。无空帮空顶,刹杆齐全、牢固。架间撑木(或拉杆)齐全。

二、俯伪斜走向长壁采煤法工作面

(1) 工作面控顶范围内,顶底板移近量(按采高)不大于 100 mm/m。

(2) 工作面顶板不出现台阶下沉(初压和周压除外)。

(3) 炮道梁端至煤壁顶板冒落高度不大于 200mm。当冒落高度超过时,要采取接实顶板措施。

(4) 不准随意留顶煤开采,必须留顶煤、托夹矸开采时,必须有专项批准的措施。

(5) 工作面支柱要打成直线,其偏差不大于±100 mm(局部变化地区可加柱),柱距偏差不大于±100 mm,排距偏差不大于±100 mm。

(6) 分段密集打成直线,工作面上部两道分段密集矸石垫层厚度不小于 1 m,其余分段密集符合作业规程规定。

(7) 分段密集长度、间距符合作业规程规定,其偏差不大于±0.5 m(局部变化区可加密)。

(8) 使用铰接顶梁支护,要保持顶梁铰接,铰接率大于 70%,不得出现连续三架不铰接顶梁(地质构造除外);炮道要配足水平楔。

(9) 底板松软时,支柱要穿鞋,钻底量不大于 200 mm。

(10) 工作面上、下安全出口长度、宽度、高度符合作业规程规定。

(11) 工作面上、下安全出口特殊支护符合作业规程规定。

(12) 上、下平巷至煤壁线 20 m 范围内必须用金属支柱和铰接梁(长钢梁)进行超前加强支护,距煤壁 10 m 范围内打双排柱,10～20 m 范围内打单排柱;且支架完整无缺,高度不小于 1.6 m(近距离煤层联合开采或二次使用巷道高度不小于 1.4 m),有 0.7 m 宽人行道。

(13) 超前支柱及临时支柱初撑力不小于 50 kN。

(14) 控顶距符合作业规程规定,回风平巷与工作面放顶线放齐。

(15) 用全部陷落法管理顶板,局部悬顶和冒落高度不充分(不大于 2 m×5)时,用丛柱加强支护,超过的要进行强制放顶。特殊条件下不能强制放顶时,要有加强支护可靠措施和矿压观测资料及监测手段。

(16) 切顶线支柱数量齐全,挡矸有效。特殊支护(戗柱、戗棚)符合作业规程要求。

(17) 煤壁平直,伞檐长度超过 1 m 时,其最大突出部分:薄煤层不大于 200 mm,中厚以上煤层不大于 250 mm;伞檐长度小于 1 m 时,其最大突出部分:薄煤层不大于 250 mm,中厚以上煤层不大于 300 mm。对超过规定的伞檐,必须有贴帮支护。

(18) 炮采工作面使用单体、摩擦支柱和铰接顶梁支护时及时挂梁,破碎顶板要掏窝挂梁,悬壁梁到位,端面距不大于 300 mm。由于顶板不平整,挂不上梁的,必须采取临时支护。

(19) 靠煤壁点柱按作业规程要求架设及时、齐全。

(20) 炮道内顶梁水平楔数量齐全(每梁一个),用小链与梁连挂,有冲击地压工作面选用防飞水平楔。

(21) 工作面倾角大于 15°时,靠煤壁的两排支柱和分段密集要有防倒措施。

(22) 分段密集的爬山角不小于作业规程规定

第六节　冲击地(矿)压采煤工作面的检查

冲击地(矿)压是井巷或工作面周围的煤岩体,由于内部变形而产生的一种以突然、急剧、猛烈的破坏为特征的动力现象,它是矿山压力的一种特殊显现形式。简单而言,冲击地(矿)压就是井下煤岩体突然的、爆炸式的破坏。发生时常伴有巨大的声响和强烈的震动,又称为煤炮、煤爆、岩爆、岩崩、闷墩、板炮等。

《煤矿安全规程》规定开采有冲击地(矿)压煤层的矿井,都应有专人负责防治冲击地(矿)压的工作;开采有冲击地(矿)压危险煤层的工作人员,都必须接受冲击地(矿)压基本知识的教育,熟悉发生冲击地(矿)压的原因、条件和征兆以及应急措施。

一、冲击地(矿)压的特点

(1) 一般无明显的前兆,难于事先准确确定发生的时间、地点和强度。

(2) 发生过程短暂,犹如爆破一样,有巨大声响和强烈震动,电机车等重型设备被移动,人员被弹起摔倒,支柱摧毁,震动波及范围可达几公里到几十公里。地面有地震的感觉。

(3) 破坏性很大。有时顶板瞬间明显下沉;有时底板突然开裂鼓起,甚至接顶;有时大量煤炭被挤出或抛出,把巷道和工作面堵塞;有时支架被摧垮,造成冒顶伤人事故。

二、冲击地(矿)压防范措施的检查

(1) 开采有冲击地(矿)压的煤层群时,开拓巷道布置应有利于保护层的开采。

(2) 划分采区时,避免形成应力集中的"孤岛"煤柱和不规则的开采边界。

（3）应尽量采用长壁开采和全部冒落法管理顶板。

（4）避免在集中压力区布置井巷，尽量将基本巷道布置在岩中。

（5）避免形成由塑性煤体包围情况和集中压力带。

（6）避免邻近采煤工作面相向推进，杜绝应力叠加。

（7）在有断层和采空区的条件下，应尽量采取由断层或采空区开始的回采程序。

（8）应尽量采用宽幅推进。

（9）回采线应尽量呈直线，且有规律地按正常回采速度推进。

（10）多煤层开采时，上、下煤层工作面应有合理的错距。

（11）工作面支架应有足够的支护强度。

（12）在进行了地应力测量的地区，应根据地应力测量结果布置井巷工程位置，并采用合理的几何形状。

（13）在地质构造上，应尽量避免构造应力的有害影响，避免向宽缓向斜轴部采掘。

三、开采保护层的检查

（1）保护层最好为无冲击倾向煤层，至少应为弱冲击倾向煤层。

（2）保护层应优先采用冒落法开采，其厚度一般不应小于 $1.5 \sim 2.0$ m。采用下方保护层法时，保护层与被保护层间距一般不应小于 5 倍保护层采高，且不得大于 $50 \sim 70$ m；采用上保护层法时，此距离一般不大于 $30 \sim 50$ m。

（3）保护层应开采干净。

（4）保护层的保护作用随时间增加而减弱。采用冒落法时从保护层采完时算起，有效保护期一般为 3 年，采用充填法时为 2 年。

第四章　矿井通风系统的安全检查

第一节　矿井通风系统检查程序

安全检查人员深入现场检查矿井通风工作,除按有关依据执行之外,还必须有一个程序,即先检查什么,后检查什么。按程序检查不但可以避免漏项,而且还能对一个矿井的通风工作做出真实的评价。矿井通风灾害不同,其检查的程序也就不同。因此,根据不同灾害编制不同的检查程序。矿井通风系统现场检查,按图 4-1 所示程序进行。应按标明的数字符号顺序进行程序检查,应先检查矿井通风系统图,主要是对整个矿井有一个全面了解,以便适应检查现场的需要。

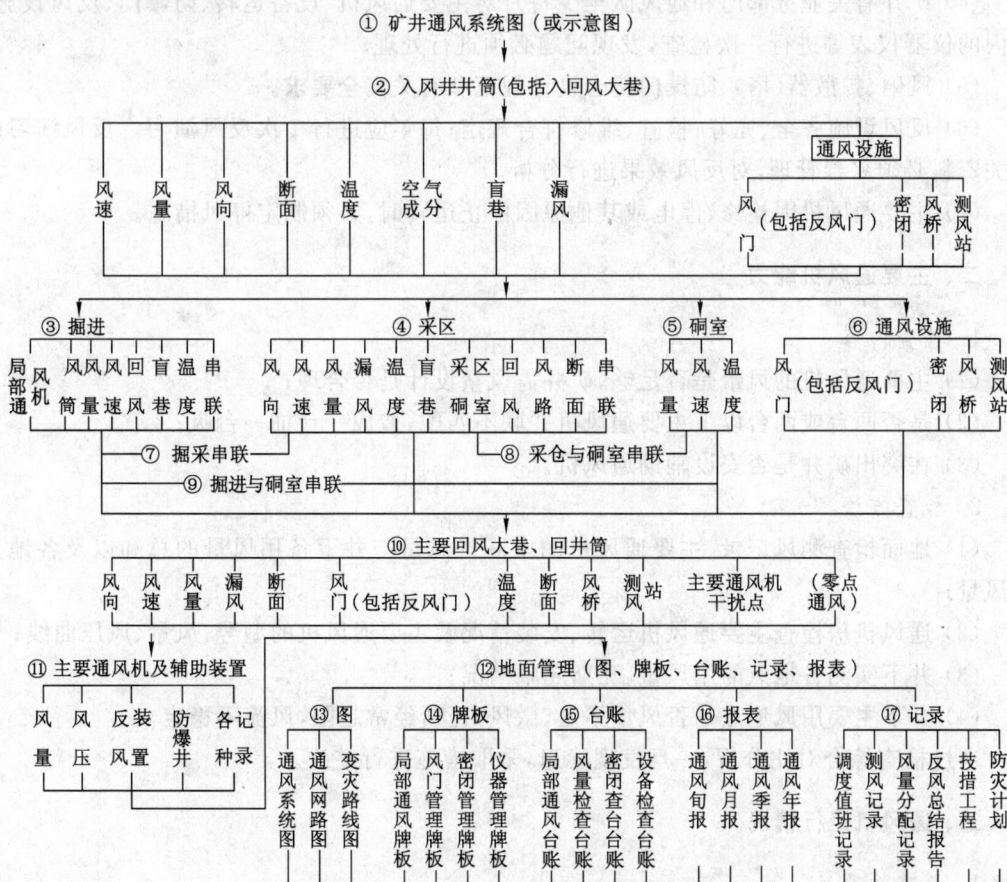

图 4-1　矿井通风系统现场检查

第二节 矿井主要通风机检查

矿井通风系统中瓦斯、煤尘、自然发火各方面灾害既有它的独立性,又有它的内涵关系,在现场检查中,可按独立系统进行,但要考虑它的内在联系因素。我国煤矿通风系统中存在的问题是:矿井通风系统不健全;主要通风机能力小;主要通风机的运行效率低;驱动通风机的电机额定功率过大,电机效率低;通风阻力大,阻力分布不合理。因此必须加强矿井通风系统的检查。

一、主要通风机安装

(1)主要通风机必须安装水柱计、电流表、电压表、轴承温度计、通讯电话;并有反风操作系统图。

(2)司机岗位责任制和操作规程。司机经过培训,持证上岗。

(3)新安装的主要通风机投入使用前和改造老风机投入使用前,必须进行 1 次通风机性能测定和试运转工作,以后每 5 年至少进行 1 次性能测定。安全保护检测装置完善,动作灵敏。运行工况记录填写符合要求。技术资料完整。

(4)矿井有关业务部门和通风队至少每月对主要通风机、设备运转、防爆门、反风设施、室内的仪器仪表等进行一次检查,发现问题必须进行处理。

(5)风硐、扩散器(塔)、防爆门符合设计规范和有关安全要求。

(6)反风设施齐全、完好;检查、维修符合规定;每年应进行 1 次反风演习。反风演习的相关资料必须妥善管理,对反风效果进行分析。

(7)主要通风机因检修、停电或其他原因停止运转时,必须制定停风措施。

二、主要通风机能力

1. 检查内容

(1)主要通风机的风量是否足够,矿井需风量设计是否合理;

(2)是否两台或两台以上主要通风机并联不匹配,造成一台抽一台吸;

(3)在突出矿井是否安设辅助通风机。

2. 检查方法

(1)地面检查测风记录、主要通风机的实际排风量与井下备用风量的总和以及各地点用风量;

(2)通风机房检查主要通风机运转、安装情况及主要通风机的型号、风量、风压曲线;

(3)井下实测各地点的用风量、瓦斯超限情况;

(4)井下主要用风地点是否风量不足、微风,瓦斯经常超限,风流不稳定。

通过检查综合对比分析,一旦发现隐患,采取措施进行整改。

三、通风机运行情况

1. 检查的项目

(1)是否考虑自然通风影响;

（2）是否局部通风机群当主要通风机；

（3）主要通风机是否实现独立双电源；

（4）主要通风机经常停、开,无管理制度；

（5）通风机正负压、风量变化。

2. 检查方法

（1）直接到现场检查正负压表,用风表测量风速,用负（正）压、风量值在通风机特性曲线上找工况点；

（2）检查司机记录；

（3）听通风机运转声音；

（4）检查电压输入表及功率表、功率因数表。

第三节 矿井通风管理的检查

一、矿井通风系统管理的检查

（1）改变通风系统时（包括一翼或一个水平、一个采区）,必须编制通风设计及安全措施,并按规定报批审核。

（2）掘进巷道同其他巷道贯通时,必须按《煤矿安全规程》（以下简称《规程》）的规定,制定安全措施。

（3）每月至少进行一次通风隐患排查,召开一次通风例会。

（4）至少每月填绘一次通风系统图。通风系统一旦有变,应及时填绘通风系统图。

二、分区通风的检查

（1）采掘工作面和采区变电所应实行独立通风。

（2）通风系统中有没有不符合《规程》规定的串联通风、扩散通风、采空区通风（排瓦斯巷道不在此限）和采煤工作面利用局部通风机通风（非壁式采煤法,残采回收煤柱,地质构造复杂块段和水采,经批准的不在此限,但需制定专门的安全技术措施）。

（3）有煤（岩）与瓦斯（二氧化碳）突出危险的采煤工作面不得采用下行通风。

（4）有煤（岩）与瓦斯（二氧化碳）突出危险、高瓦斯（包括低瓦斯矿井的高瓦斯区域）、开采容易自燃煤层、煤层群联合开采的采区必须至少设一条专用回风巷。煤（岩）与瓦斯（二氧化碳）突出危险的矿井的专用回风巷不能兼做行人巷道。

三、矿井需风量计算的检查

（1）采掘工作面和硐室的供风量符合规定。矿井内用风地点风速符合相关规定。

（2）矿井每月必须编制矿井配风计划,矿井测风报表应妥善保存备查。

（3）矿井每月 25 日前必须向上一级主管部门上报通风月报,矿井测风报表应妥善保存备查。

（4）矿井有效风量率不低于 87%。矿井外部漏风率符合规定。

四、矿井总回风巷检查

（1）矿井总回风巷及采区回风巷保持畅通；

（2）回风巷失修率不高于7％，严重失修率不高于3％；

（3）主要进、回风巷道实际断面不能小于设计断面的2/3；

（4）矿井必须每月下达巷道维修计划，并有巷道维修计划完成情况和巷道维修质量验收资料备查。

五、测风和风量调节检查

（1）矿井总风量调节符合规定要求或有措施。矿井局部风量调节有调节情况记录。

（2）测风制度。

① 每10天进行一次全面测风，应根据实际需要随时测风，并有测风记录及牌板；

② 总进、回风巷和主要进、回风巷必须建立正规测风站；

③ 用风地点测试，符合《测风工操作规程》规定。

六、井下不合理的通风检查

1. 不合理通风检查

（1）不符合规定的串联通风，下行通风；

（2）角联通风、不稳定风流；

（3）风流短路，风流反向；

（4）无风或微风；

（5）循环风；

（6）采空区（老塘）通风；

（7）扩散通风；

（8）长距离通风；

（9）前进式开采使采空区漏风。

2. 检查方法

（1）地面检查通风系统图，查看图中新水平开拓掘进与采区风流流向的关系，准备区与采区风流流向的关系；

（2）查阅矿井通风报表，计算掘进用风量，当计算风量超过报表风量时，可能是由于串联通风造成的；

（3）检查串联通风；

（4）井下各用风地点及网路系统中应该检查掘进之间、掘进与采区或硐室之间的风流流向；

（5）检查不稳定风流是否存在于角联网路之中，或打开风门造成风流短路，产生风流不稳定、风流反向、无风；

（6）两台主要通风机的干扰点或有一台主要通风机在不稳定区域运转，都可能造成风流不稳定、风流反向、无风。

第四节　采掘工作面通风系统检查

一、掘进工作面局部通风检查

1. 局部通风设计检查

（1）矿井开拓或准备采区时，在设计中必须根据该处全风压供风量和瓦斯涌出量编制通风设计；

（2）掘进巷道的通风方式、局部通风机和风筒的安装和使用等应在作业规程中明确规定。

2. 掘进巷道必须采用矿井全风压通风或局部通风机通风

（1）煤巷、半煤岩巷和有瓦斯涌出的岩巷掘进通风方式应采用压入式，不得采用抽出式（压气、水力引射器不受此限）；

（2）如果采用混合式通风，必须制定安全措施；

（3）瓦斯喷出区域和煤（岩）与瓦斯（二氧化碳）突出煤层的掘进通风方式必须采用压入式；

（4）井下任何用风地点如采用局部抽出式通风，必须制定专门的安全技术措施。

3. 局部通风机选择及安装的检查

（1）掘进作业规程必须有专门的通风设计，局部通风机的选择必须有计算依据，风筒的材质、直径选择符合要求；

（2）每个独立的掘进工作面实际需风量，应按瓦斯或二氧化碳涌出量、炸药用量、局部通风机实际需风量，人数和风速等规定分别进行计算，并取其中最大值，作为风机选型的依据；

（3）保证供风量充足，工作面和回风流瓦斯不超限，巷道中风速符合规定；

（4）压入式局部通风机和启动装置必须安装在进风巷道中，距掘进巷道回风口不得小于 10 m；

（5）全风压供给该处的风量必须大于局部通风机的吸入风量，不产生循环风；

（6）局部通风机安装地点到回风口间的巷道中的最低风速必须符合规定；

（7）矿井必须建立局部通风机安装使用台账；

（8）局部通风机的设备要齐全，吸风口有风罩和整流器，高压部位（包括电缆接线盒）有衬垫（不漏风），通风机必须吊挂或垫高，离地面高度大于 0.3 m。5.5 kW 以上的局部通风机应装消音器（低噪声局部通风机和除尘风机除外）。

4. 风筒检查

（1）风筒直径和风机能力相匹配；

（2）必须采用抗静电、阻燃风筒；

（3）风筒吊挂平直；

（4）接头正确、严密、无破口（临时风筒除外），风筒拐弯处要设弯头或缓慢拐弯，异径风筒接头要用过渡节，先大后小；

（5）风筒口到掘进工作面的距离以及混合式通风的局部通风机和风筒的安设，应在作业规程中明确规定。

(6) 风筒接头严密(手距接头处 0.1 m 处感不到漏风)、无破口(末端 20 m 除外),无反接头,软质风筒接头要反压边,硬质风筒接头要加垫,上紧螺钉。

5. 局部通风机管理检查

(1) 局部通风机必须由指定人员(专职瓦检员、爆破工或安全员兼管亦可)负责管理局部通风机。

(2) 不得无计划停风,有计划停风的必须有专项停风安全措施,并实行挂牌管理,保证正常运转。

(3) 使用局部通风机通风的掘进工作面,不得停风;因检修、停电等原因停风时,必须撤出人员,切断电源。恢复通风前,必须依照《煤矿安全规程》规定检查瓦斯。

(4) 严禁使用 3 台以上(含 3 台)的局部通风机同时向 1 个掘进工作面供风;不得使用 1 台局部通风机同时向 2 个及以上作业的掘进工作面供风。

(5) 两台局部通风机同时向一个掘进工作面供风的,两台局部通风机必须同时与工作面电源联锁,当任何一台发生故障停止运转时,必须立即切断工作面电源。

6. 局部通风机供电检查

(1) 高瓦斯矿井、煤(岩)与瓦斯(二氧化碳)突出矿井、低瓦斯矿井中高瓦斯区的煤巷、半煤岩巷和有瓦斯涌出的岩巷掘进工作面正常工作的局部通风机必须配备安装同等能力的备用局部通风机,并能自动切换。正常工作的局部通风机必须采用"三专"(专用开关、专用电缆、专用变压器)供电,专用变压器最多可向 4 套不同掘进工作面的局部通风机供电;备用局部通风机电源必须取自同时带电的另一电源,当正常工作的局部通风机发生故障时,备用局部通风机能自动启动,保持掘进工作面正常通风。

(2) 其他掘进工作面和通风地点正常工作的局部通风机可不配备安装备用局部通风机,但正常工作的局部通风机必须采用"三专"供电;或正常工作的局部通风机配备安装一台同等能力的备用局部通风机,并能自动切换。正常工作的局部通风机和备用局部通风机的电源必须取自同时带电的不同母线段的相互独立的电源,保证正常工作的局部通风机发生故障时备用局部通风机能正常工作。

(3) 正常工作的和备用的局部通风机均失电停止运转后,当电源恢复时,正常工作的局部通风机和备用局部通风机均不得自行启动,必须人工开启局部通风机。

(4) 使用局部通风机供风的地点必须实行风电闭锁,保证当正常工作的局部通风机停止运转或停风后能切断停风区内全部非本质安全型电气设备的电源。正常工作的局部通风机发生故障而切换到备用局部通风机工作时,该局部通风机通风范围内所有人员应停止工作、排除故障;待故障被排除,恢复到正常工作的局部通风后方可恢复工作。使用 2 台局部通风机同时供风的,2 台局部通风机都必须同时实现风电闭锁。

二、采区(工作面)通风系统的检查

(1) 一个采区(工作面)通风系统是否合理,主要看配风量是否合理,风量是否够用。

(2) 采区通风系统的合理性与风路有关系。检查是否违反《煤矿安全规程》的串联通风规定。

(3) 采区(工作面)无独立通风时,是否用局部通风机通风;采区是否无专门的回风道,即上、下山将一段作进风道,另一段作回风道。

(4)采煤工作面回风中的瓦斯浓度是否超过1%、二氧化碳浓度是否超过1.5%。有煤与瓦斯(二氧化碳)突出的采煤工作面严禁采用下行风。

(5)采区的漏风要严格控制,不得有明显进入采空区的漏风。

(6)采区内(工作面)有风门控制,能进行风量调节。

(7)采区内的角联通风系统比较稳定,无反向风、微风出现。

(8)检查采区巷道、采面的检查风速时直接用中速风表和低速风表测定。

第五节　通风设施检查

一、矿井反风设施检查

(1)检查项目:反风门的位置、数量、质量;反风门装置灵活可靠;反风演习及操作情况;反风演习报告内容:反风时间,操作时间,反风前后的风流方向,反风量,反风率,反风前后井下的瓦斯变化,主要进风大巷、车场出现灾害的可能性。

(2)检查方法:检查司机对反风设备操作情况记录,检查井下的反风门,检查每年的反风演习总结报告。

二、永久密闭检查

(1)用不燃性材料建筑,严密不漏风(手触无感觉,耳听无声音),墙体厚度不小于0.5 m。应建立密闭施工、质检、验收台账。

(2)密闭前无瓦斯积聚。

(3)密闭前5 m内无杂物、积水和淤泥。

(4)密闭前5 m内支架完好,无片帮、冒顶。

(5)密闭周边要掏槽,见硬底硬帮与煤岩接实,并抹有不小于0.1 m的裙边。

(6)密闭内有水的要设反水池或反水管;自然发火煤层的采空区密闭要设观测孔、措施孔,孔口封堵严密。

(7)密闭前要设栅栏、警标、说明牌板和检查牌(入、排风之间的挡风墙除外)。

(8)墙面平整(1 m内凸凹不大于10 mm,料石勾缝除外);无裂缝、重缝和空缝。

三、永久风门检查

(1)每组风门不少于两道,通车风门间距不小于一列车长度,行人风门间距不小于5 m。矿井和采区进、回风之间及防突区域,每组风门应同时设反向风门,其数量不少于两道。

(2)风门能自动关闭,正向风门要装有闭锁装置,两道风门不能同时打开。

(3)门框要包边沿口,有垫衬,四周接触严密(以不透光为准,通车门底坎除外),门扇平整不漏风,门扇与门框不歪扭。

(4)风门墙体要用不燃性材料建筑,厚度不小于0.5 m,严密不漏风。

(5)墙体周边要掏槽,或见硬顶、硬帮并与煤岩接实,墙面平整无裂缝、重缝和空缝。

(6)风门水沟要设反水池或挡风帘,防突区域通车风门要设底坎,电缆、管线孔要堵严。

（7）风门处巷道支护良好，无杂物、积水、淤泥。

四、永久调节风窗检查

（1）用不燃性材料建筑，且调节风窗的调节位置要设在门墙的上方，并能调节。

（2）设调节窗的墙体要掏槽，或周边见实帮、实底，设在风门上的调节窗，其风门不漏风。

（3）风窗前后 5 m 内巷道支架良好，无杂物、积水、淤泥。

五、永久风桥检查

（1）采用不燃性材料建筑。

（2）桥面平整不漏风（手触感觉不到漏风为准）。

（3）风桥前后 5 m 范围内巷道支护良好，无杂物、淤泥、积水。

（4）风桥通风断面不小于巷道断面的 4/5，成光滑曲线线形，坡度小于 30°。

（5）风桥两端接口严密，四周见实帮、实底。

（6）风桥上下不准设风门。

六、临时密闭检查

（1）密闭设在顶、帮良好处，无片帮、冒顶，密闭前 5 m 内无杂物、积水、淤泥，巷道支护完好。

（2）密闭四周接触严密。木板密闭应采用鱼鳞式搭接，密闭面要用灰、泥满抹或勾缝，不漏风。

（3）密闭前要设栅栏、警标和检查牌，密闭前无瓦斯积聚。

七、临时风门检查

（1）每组风门不少于两道，通车风门间距不小于一列车长度，行人风门间距不小于 5 m。

（2）风门要设在顶、帮良好处，前后 5 m 内支护完好，无杂物、积水、淤泥。

（3）门墙四周接触严密。木板墙要鱼鳞式搭接，墙面要用灰、泥满抹或勾缝。

（4）门框要包边沿口，四周接触严密；门扇平整不漏风，门扇与门框接触严密。

（5）防突区域通车风门必须设底坎、挡风帘（运输机道风门也需设挡风帘）。

第五章　瓦斯、煤尘、火防治的检查

第一节　矿井安全监控系统检查的程序

矿井安全监控系统检查程序按图 5-1 进行。矿井瓦斯系统图（地面）包括②、③、④三项，主要是加强对一个矿的全面了解；在煤与瓦斯突出项目检查中，不论是区域性措施还是

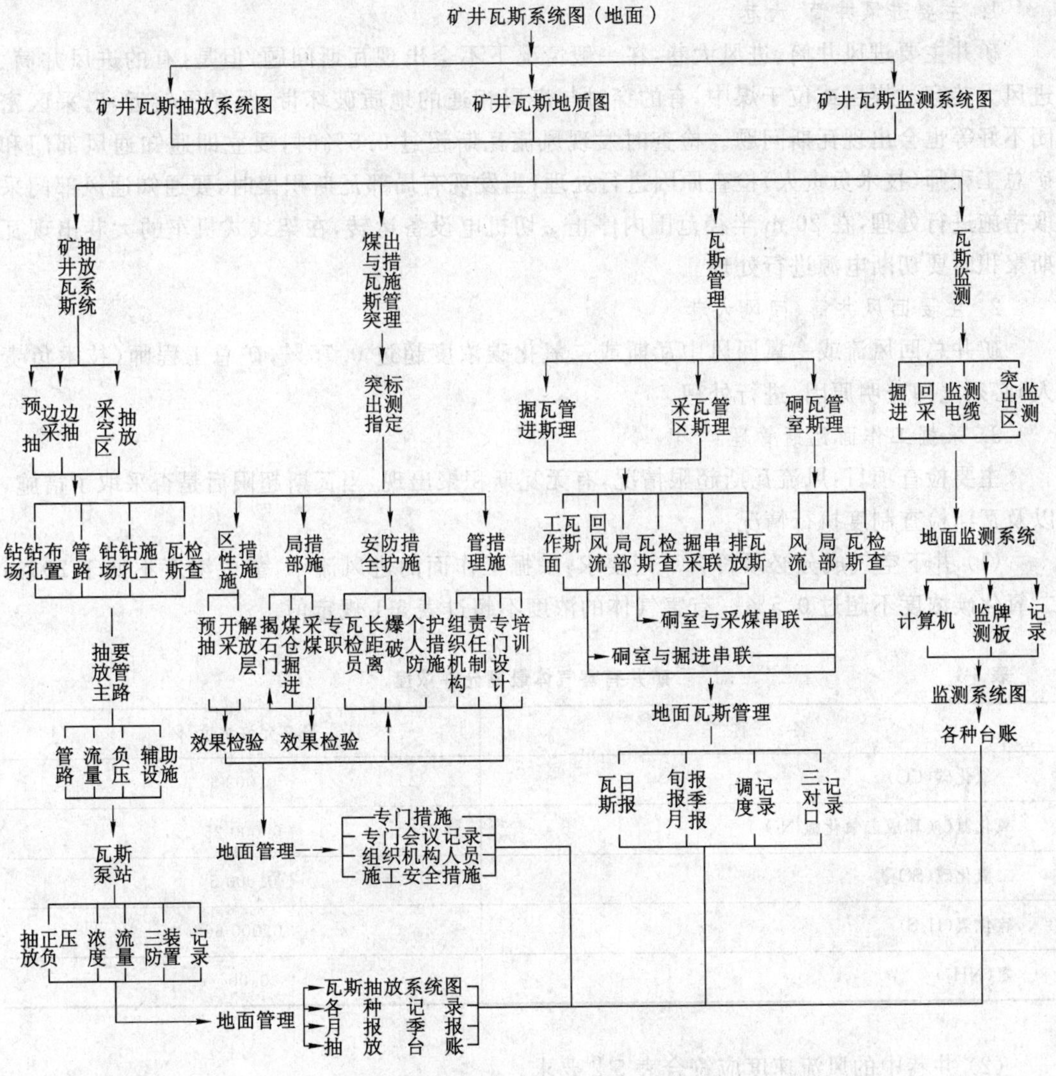

图 5-1　瓦斯监控系统检查的程序

局部措施都必须进行效果检验。

（1）由矿山企业提供监控系统图（在通风系统基础图上绘制）。图中必须标明巷道名称、通风设施、风流类别；采掘工作面、传感器、监控仪（分站）、断电器、被控开关的型号及其位置和断电范围等，根据系统图选点或全面检查。

（2）入井前由检查人员或矿山企业随同监测电工佩戴电工工具（包括专用工具），配备1部完好的便携式甲烷报警仪或光学甲烷检定器，有条件的矿井尽量使用标准气样，甲烷浓度为1%或1.5%均可。

第二节　矿井安全监控系统检查要点

一、矿井瓦斯管理的检查重点

1. 主要进风井筒、大巷

矿井主要进风井筒、进风大巷，在一般情况下不会出现瓦斯问题，但是，有的进风井筒、进风大巷穿过煤层或位于煤中，有的穿过与煤层相通的地质破坏带，距煤层较近，已采区密闭不好等也会出现瓦斯问题。检查时发现风流瓦斯超过0.5%时，要立即通知通风部门和矿总工程师（技术负责人）检查原因进行处理；当发现有局部瓦斯积聚时，要通知通风部门采取措施进行处理，在20 m半径范围内停止一切机电设备运转，在架线式机车的大巷出现瓦斯聚积时要切断电源进行处理。

2. 主要回风井筒、回风大巷

矿井总回风流或一翼回风中瓦斯或二氧化碳浓度超过0.75%，矿总工程师（技术负责人）必须立即查明原因，进行处理。

3. 采掘工作面瓦斯管理

主要检查项目：风流瓦斯超限情况，有无瓦斯积聚出现，当瓦斯超限后是否采取了措施，以及瓦斯检查制度执行情况。

（1）井下空气成分必须符合下列要求：采掘工作面的进风流中，氧气浓度不低于20%，二氧化碳浓度不超过0.5%。有害气体的浓度不超过表5-1规定值。

表5-1　　　　　　　　　　　　　　　　矿井有害气体最高允许浓度

名　　称	最高允许浓度/%
一氧化碳（CO）	0.002 4
氧化氮（换算成二氧化氮 NO_2）	0.000 25
二氧化硫（SO_2）	0.000 5
硫化氢（H_2S）	0.000 66
氨（NH_3）	0.004

（2）井巷中的风流速度应符合表5-2要求。

表 5-2 井巷中的允许风流速度

井巷名称	允许风速/m·s⁻¹	
	最低	最高
无提升设备的风井和风硐		15
专为升降物料的井筒		12
风桥		10
升降人员和物料的井筒		8
主要进、回风巷		8
架线电机车巷道	1.0	8
运输机巷,采区进、回风巷	0.25	6
采煤工作面,掘进中的煤巷和半煤岩巷	0.25	4
掘进中的岩巷	0.15	4
其他通风行人巷道	0.15	

设有梯子间的井筒或修理中的井筒,风速不得超过 8 m/s;梯子间四周经封闭后,井筒中的最高允许风速可按表 5-2 规定执行。

无瓦斯涌出的架线电机车巷道中的最低风速可低于表 5-2 的规定值,但不得低于 0.5 m/s。

综合机械化采煤工作面,在采取煤层注水和采煤机喷雾降尘等措施后,其最大风速可高于表 5-2 的规定值,但不得超过 5 m/s。

(3) 进风井口以下的空气温度(干球温度,下同)必须在 2 ℃以上。

生产矿井采掘工作面空气温度不得超过 26 ℃,机电设备硐室的空气温度不得超过 30 ℃;当空气温度超过规定时,必须缩短超温地点工作人员的工作时间,并给予高温保健待遇。

采掘工作面的空气温度超过 30 ℃、机电设备硐室的空气温度超过 34 ℃时,必须停止作业。

新建、改扩建矿井设计时,必须进行矿井风温预测计算,超温地点必须有制冷降温设计,配齐降温设施。

(4) 煤矿企业应根据具体条件制定风量计算方法,至少每 5 年修订 1 次。

(5) 采区回风巷、采掘工作面回风巷风流中瓦斯浓度超过 1.0%或二氧化碳浓度超过 1.5%时,必须停止工作,撤出人员,采取措施,进行处理。

(6) 采掘工作面及其他作业地点风流中瓦斯浓度达到 1.0%时,必须停止用电钻打眼;爆破地点附近 20 m 以内风流中瓦斯浓度达到 1.0%时,严禁爆破。

(7) 采掘工作面及其他作业地点风流中、电动机或其开关安设地点附近 20 m 以内风流中的瓦斯浓度达到 1.5%时,必须停止工作,切断电源,撤出人员,进行处理。

(8) 采掘工作面及其他巷道内,体积大于 0.5 m³ 的空间内积聚的瓦斯浓度达到 2.0%时,附近 20 m 内必须停止工作,撤出人员,切断电源,进行处理。

(9) 对因瓦斯浓度超过规定被切断电源的电气设备,必须在瓦斯浓度降到 1.0%以下时,方可通电开动。

4. 检查传感器

传感器的设置地点、数量是否符合要求，甲烷传感器报警浓度、断电浓度、复电浓度和断电范围是否符合要求，安全监控设备的功能是否齐全，矿井监测系统管理制度是否完善。检查时深入现场直接检查，若发现有上述问题，立即通知矿方进行整改。

5. 瓦斯治理工作的管理

（1）瓦斯抽放系统图。预抽区、边抽区、采空区抽放、管路布置、抽放方式、瓦斯泵房布置等在图上标明。

（2）瓦斯监控系统图。检查传感器布置、电缆、接线盒、计算机。

（3）瓦斯抽放台账。检查预抽区的钻场钻孔、边采区的钻场钻孔、采空区抽放点数。

（4）防突管理。检查突出区域、组织领导、专门会议记录、专门措施、施工安全措施。

（5）瓦斯管理。检查瓦斯日报、调度记录、三对口记录、瓦斯排放措施、瓦斯排放记录。在检查时要对照地面的各种台账、记录井下现场实测数据。

（6）矿井必须从采掘生产管理上采取措施，防止瓦斯积聚；当发生瓦斯积聚时，必须及时处理。

矿井必须有因停电和检修而使主要通风机停止运转或通风系统遭到破坏以后恢复通风、排除瓦斯和送电的安全措施。恢复正常通风后，所有受到停风影响的地点，都必须经过通风、瓦斯检查人员检查，证实无危险后，方可恢复工作。所有安装电动机及其开关的地点附近 20 m 的巷道内，都必须检查瓦斯，只有瓦斯浓度符合本规程规定时，方可开启。

临时停工的地点，不得停风；否则必须切断电源，设置栅栏，揭示警标，禁止人员进入，并向矿调度室报告。停工区内瓦斯或二氧化碳浓度达到 3.0% 或其他有害气体浓度超过规定不能立即处理时，必须在 24 h 内封闭完毕。

恢复已封闭的停工区或采掘工作接近这些地点时，必须事先排出其中积聚的瓦斯。排瓦斯工作必须制定安全技术措施。

严禁在停风或瓦斯超限的区域内作业。

（7）局部通风机因故停止运转，在恢复通风前，必须首先检查瓦斯，只有停风区中最高瓦斯浓度不超过 1.0% 和最高二氧化碳浓度不超过 1.5%，且符合开启局部通风机的条件时，方可人工开启局部通风机，恢复正常通风。

（8）停风区中瓦斯浓度超过 1.0% 或二氧化碳浓度超过 1.5%，最高瓦斯浓度和二氧化碳浓度不超过 3.0% 时，必须采取安全措施，控制风流排放瓦斯。

停风区中瓦斯浓度或二氧化碳浓度超过 3.0% 时，必须制定安全排瓦斯措施，报矿技术负责人批准。

在排放瓦斯过程中，排出的瓦斯与全风压风流混合处的瓦斯和二氧化碳浓度都不得超过 1.5%，且采区回风系统内必须停电撤人，其他地点的停电撤人范围应在措施中明确规定。只有恢复通风的巷道风流中瓦斯浓度不超过 1.0% 和二氧化碳浓度不超过 1.5% 时，方可人工恢复局部通风机供风巷道内电气设备的供电和采区回风系统内的供电。

二、煤矿安全监测监控管理

（1）矿井是否按省级煤炭行业管理部门批准的矿井瓦斯等级装备安全监控系统或甲烷风电闭锁装置或断电仪。瓦斯等级鉴定结果可由煤矿企业提供或调阅安全监察机构备案资料。

（2）现场检查是否按要求安装甲烷传感器、监控仪以及局部通风机开停、馈电监测等监控设备，是否按要求正确安装。瓦斯超限严禁切断局部通风机电源。

（3）使用调校好的光学瓦斯仪或便携甲烷报警仪或校准气样对照甲烷传感器的误差值。

（4）使用校准气样或调节甲烷传感器模拟报警浓度、断电浓度和复电浓度，测试报警、断电、复电限值、断电范围、馈电状态。同时检查断电后是否自动恢复送电。瓦斯超限断电，严禁开关自动送电。

（5）监控设备铭牌的防爆标志是否符合要求，安全监控设备必须是本安型或隔爆兼本安型，或其他防爆复合型。输入、输出信号是否是本质安全型。

（6）监控仪（分站）电源是否按防爆合格证的要求配接关联设备（传感器、断电器等），不同厂家的产品尤其应注意。

（7）监控设备外壳防护等级是否符合要求，外壳是否完好，检查其防水和防外物性能。

（8）监控设备之间是否采用专用阻燃电缆，可查验购货时资质证明，或取样检测等。

（9）传感器、分站、断电器停电或发生故障时是否可以切断被控电源。检查其故障闭锁功能是否起作用。

（10）将局部通风机停风或将风速传感器置于无风或微风区，检查掘进巷道内电气设备是否断电，同时观察恢复正常通风时是否自动复电（局部通风机恢复正常通风后，严禁开关自动向掘进工作面送电；不得用在局部通风机开关负荷侧直接连接电气设备的办法代替风电闭锁），检查风电闭锁是否正常工作。

（11）矿井电网停电时是否能保证不低于 2 h 的停电延测性能，可在入井前或入井时先切断电网电源，或在地面抽样检查。

（12）使地面主机停电或切断与地面微机通讯，用校准气样或调节甲烷传感器模拟超过断电门限情况，观察甲烷风电闭锁和甲烷断电仪的功能。

（13）查看技术资料是否齐全，尤其是设计安装、报表打印、故障处理等方面的资料。监控日报除打印模拟量数值外，还必须打印开关量传感器的工作状态，特别是局部通风机运行、馈电监测，同时打印出故障时信号中断次数和时间，分值模拟量数据必须取其最大值。通过馈电监测判断甲烷超限、局部通风机停风后，被控区是否切断电源。通过查阅中心站的运行记录，监察系统发生报警、断电、故障等信息的处理情况。监控日报必须报送矿长和技术负责人审阅。

（14）《规程》第一百四十九条中规定的矿长、矿技术负责人、通风区队长、工程技术人员、流动的电钳工等主要管理人员是否佩戴便携甲烷检测仪，检查是否落实。检查高瓦斯或突出矿井的采煤工作面的上隅角是否安放便携甲烷报警仪。

第三节　矿井瓦斯抽采系统检查要点

矿井瓦斯系统的现场检查内容包括瓦斯抽放、煤与瓦斯突出、瓦斯管理和瓦斯监测四项。

一、抽放系统建立的合理性

（1）矿井是否需要建立瓦斯抽放系统，必须要根据《煤矿安全规程》第一百四十五条规定来确定。

（2）抽采设计是否正规，抽采方法是否实用有效；

（3）瓦斯是否被利用，利用方式是否合理、可靠。

二、抽掘采关系的检查

（1）检查预抽区抽放瓦斯与采煤、掘进的关系，即所谓的抽采比关系。

（2）确定抽掘采关系时，是否考虑了每个采区的可采量、生产能力、开采时间、准备时间、抽放时间、抽出率多种因素，根据实际情况推算。

（3）在检查中要遵循已抽放后的保护的煤量一定要大于年产量，否则就是抽放不充分。在开采时，要采取边采边抽或其他安全措施。

三、抽采方法检查

（1）对有多种瓦斯涌出源、瓦斯分布范围广、煤层透气性差、煤层赋存条件复杂的矿井应采用开采层、邻近层、采空区并行的综合抽采方法以及钻孔抽、巷道抽的多种抽采工艺。

（2）对于开采煤层群矿井的邻近层卸压抽采，可设置专用瓦斯抽采巷道。专用瓦斯抽采巷道的位置、数量应能满足选用的抽采方法的要求，达到良好的抽采效果。

（3）开采层瓦斯抽采方法：

① 煤层透气性较好，应采用本层预抽方法，一般优先考虑沿煤层布孔方式。

② 透气性较差，分层开采的煤层，应采用边采边抽的卸压抽放方法。

③ 单一低透气性高瓦斯煤层，可选用密集网格钻孔、水力割缝、水力压裂、物理化学等方法强化抽采。

④ 存在煤与瓦斯突出危险的煤层，应优先选择穿层网格布孔方式。

⑤ 煤巷掘进瓦斯涌出量较大的煤层，应采用先抽后掘的抽采方式。

（4）邻近层瓦斯抽采方法可按下列要求选择：

① 开采近距离煤层群，应采用从工作面巷道向邻近层打垂直或斜交穿层钻孔抽采瓦斯的方法。

② 层间距较大的倾斜、急倾斜煤层群，可采用从开采层顶（底）板岩石巷道打钻孔抽采瓦斯的方法。

③ 当邻近层或围岩瓦斯涌出量较大时，可在工作面回风侧沿开采层顶（底）板布置水平长钻孔（或高位钻孔）抽采邻近层瓦斯。

（5）采空区瓦斯抽采应符合下列要求：

① 老采空区应选用全封闭式抽放方法。

② 现采空区可根据煤层赋存条件和巷道布置情况，采用顶（底）板钻孔、埋管法等抽采方法，并应采取措施，提高瓦斯抽采浓度。

③ 对有自燃发火倾向的煤层抽采瓦斯，必须采取预防煤层自燃的措施。经常检测 CO 浓度和气体温度等有关参数，发现有自然发火征兆时，要立即采取措施。

④ 在厚煤层或煤层群开采时,可选用"高抽巷"的抽采方法或选择大直径(300～500 mm)顶(底)板水平长钻孔抽采瓦斯。

⑤ 若围岩瓦斯涌出量大,以及溶洞、裂隙带储存有高压瓦斯时,应采取围岩瓦斯抽采措施。

⑥ 煤层埋藏较浅(一般 600 m 以内)、瓦斯含量较高、地面施工钻孔条件较好的厚煤层或煤层群,可采用地面钻孔抽采瓦斯的方法。

⑦ 煤与瓦斯突出矿井开采保护层时,必须同时抽采被保护层的瓦斯。

四、钻场及钻孔检查

1. 钻场布置的要求

(1) 钻场的布置应使其保证免受采动影响,避开地质构造带,便于维护,利于封孔。

(2) 尽量利用现有的开拓、准备和回采巷道布置钻场。

(3) 大直径钻孔(300～500 mm)或"高抽巷"应布置在上覆岩层裂隙带内;走向高抽巷宜布置在工作面偏回风平巷侧 1/3 工作面长度处。

2. 钻孔布置的要求

(1) 钻孔开孔部分要圆而光滑,以便于封孔。钻孔施工中不得出现三角孔、偏孔、台阶等变形孔。

(2) 对开采层预抽煤层瓦斯,应按钻孔抽采半径确定合理的钻孔间距,并尽量增大钻孔的见煤长度。

(3) 采空区高位钻孔抽采,应将钻孔打到采煤工作面顶板冒落后形成的裂隙带内,并避开冒落带。

(4) 边采边抽钻孔的方向应与开采推进方向相迎(交叉钻孔除外),以避免采动首先破坏孔口或钻场。

(5) 矿井技术人员应根据矿井的实际生产情况和瓦斯状况,对抽采钻孔布置方式及相应技术参数定期进行总结、调整、修正。

3. 钻孔布置的检查

(1) 采空区进行瓦斯抽采的钻孔或埋管应布置在采空区回风侧。

(2) 穿层钻孔的方向应尽可能正交或斜交煤层层理。

(3) 钻场内的钻孔个数由试验得出,顺层钻孔一般以 3～5 个孔为宜;穿层钻孔一般以6～9 个孔为宜。

(4) 穿层钻孔的终孔位置,应穿过煤层顶(底)板 0.5 m。

(5) 单一煤层吨煤抽采钻孔工程量应大于 0.12 m,煤层群吨煤抽采钻孔工程量应大于 0.10 m。突出危险煤层的突出危险区吨煤抽采钻孔工程量不得低于 0.12 m。

(6) 抽采钻孔严格按设计参数进行施工,其方位角和倾角误差不超过±2°,开孔位置误差不超过±50 mm。

(7) 开采层的顺煤层钻孔,当煤厚在 2 m 以下时可布置单排钻孔,当煤厚在 2 m 以上时应布置双排钻孔。

① 石门(井筒)揭煤工作面控制范围应根据煤层的实际突出危险程度确定,但必须控制到巷道轮廓线外 8 m 以上(煤层倾角＞8°时,底部或下帮为 5 m)及工作面前方 15 m 以上。

② 煤巷掘进工作面控制范围：巷道轮廓线外 8 m 以上（煤层倾角＞8°时，底部或下帮 5 m）及工作面前方 10 m 以上。

③ 采煤工作面控制范围：工作面前方 20 m 以上。

五、封孔检查

（1）封孔方法的选择应根据抽采方法及孔口所处煤（岩）层位、岩性、构造等因素综合确定，因地制宜地选用新方法、新工艺。

（2）封孔材料可选用膨胀水泥、聚氨酯等新型材料。在钻孔所处围岩条件较好的情况下，亦可选用水泥砂浆或其他封孔材料。严禁采用黄泥封孔。

（3）封孔长度要求：

① 孔口段围岩条件好、构造简单、孔口负压中等时，封孔长度一般不低于 6 m。

② 孔口段围岩裂隙较发育或孔口负压较高时，封孔长度一般不低于 8 m。

③ 在煤壁开孔的钻孔，封孔长度一般不低于 10 m。

（4）采用地面钻孔抽采瓦斯时，抽采结束后应全孔封实。

（5）泵站检查：包括地面泵房建筑、雷电防护装置、瓦斯泵及附属设备、电气设备仪表防爆、电话、检测仪表、安全装置、抽放浓度等。

六、抽采泵站检查

（一）移动抽采泵站

（1）移动抽采泵站应设置在抽采瓦斯地点附近的新鲜风流中。抽出的瓦斯必须引排到地面、总回风道或分区回风道；已建永久抽采系统的矿井，移动泵站抽采的瓦斯可送至矿井抽采系统的管道内，但必须使矿井抽采系统的瓦斯浓度符合有关规定。

（2）移动抽采泵供水水源必须保证要连续、稳定。若采用机械供水，则至少保证有两套同等能力的供水系统；若采用静压供水，抽采泵供水压力不得小于 1.5 kg/cm² 。循环水池及高位静压水池的储水量不得小于抽采泵 8 个小时的耗水量。

（3）移动抽采泵的正压端必须安设气水分离器和防回火、防爆炸作用的安全装置，供水系统必须设置缺水断电保护装置。

（4）在移动抽采泵站内设置矿井监控系统的甲烷传感器，当瓦斯浓度超过 0.5% 时实现报警、断电。甲烷传感器分别设置在泵站回风口和抽采泵排水口，并经常检查和进行断电试验，确保断电仪能正常发挥作用。

（5）移动抽采泵站抽采的瓦斯排至回风巷时，在排瓦斯管路出口处必须设置栅栏、悬挂警戒牌。栅栏设置的位置是上风侧距管路出口 5 m，下风侧距管路出口 30 m。其排出的瓦斯浓度必须在两栅栏间混合到该巷规程允许的浓度范围以内。并在回风侧栅栏处设置矿井监控系统，当瓦斯浓度超限时甲烷传感器实现报警、断电，并立即按《煤矿安全规程》有关规定进行处理。两栅栏间禁止人员通行和任何作业。

（6）在移动抽采泵负压端的管道上必须安设瓦斯抽采参数监测装置，实时监测抽采管道内瓦斯抽采的各种参数。

（二）地面固定抽采泵站

（1）地面固定抽采泵站建设的原则：

① 泵房必须用不燃性材料建筑。其距矿井井口和主要建筑物不得小于 50 m,抽放泵房周围 50 m 范围内无其他主要建筑物、民房、架空高压电线等。

② 在泵房周围 20 m 设立围墙或栅栏,严禁明火。不得有易燃、易爆物品。

③ 抽放瓦斯泵及其附属设备,至少应有 1 套备用。

④ 地面泵房内电气设备、照明和其他电气仪表都应采用矿用防爆型。

⑤ 泵房必须有直通矿调度室的电话和检测管道瓦斯浓度、流量、压力等参数的仪表或自动监测系统。

⑥ 抽采泵站是具有爆炸危险的甲类厂房,泵房顶部设置透气窗,设计门窗作为泄压面积,泄压面积与厂房体积比值(m^2/m^3)应在 0.05～0.22 之间。

(2) 在抽采站房顶设置避雷针,并引下接地,防雷设施应符合第一类防雷建筑物防直击雷措施要求。

(3) 瓦斯抽采泵房内所有设备的金属外壳都应接地,金属走线架、水管等金属物必须接地;瓦斯抽采管路在井口处设置不少于 2 处良好的集中接地装置;瓦斯抽采泵供电采用四芯电缆,其中一芯接地。

(4) 瓦斯抽采泵的供水应采用清洁水(pH 值 6～8),供水压力 80～147 kPa,供水量大于抽采泵的耗水量。

(5) 瓦斯抽采泵房附近,设半地下式钢筋混凝土低位水池一座,并选适当位置设高位水池一座,高低位水池容量应大于抽采泵 8 小时耗水量。站内设置排水沟,与低位水池相通。在泵房中安装循环水泵 2 套(其中 1 套备用),当水池中的水量不足抽采泵 6 小时用水量时必须及时补足水量。

(6) 在泵站周围种植速生、高大、树冠丰满的树种,设置绿化带,降低噪声和净化空气。

七、井下管路检查

(1) 采用高压胶管将抽采钻孔导管与钻场汇流管紧密连接,做到密闭不漏气,高压胶管不能拐 120°以下的急弯;汇流管与钻场瓦斯管连接,然后钻场瓦斯管与巷道中的分区瓦斯抽采支管连接。

(2) 瓦斯抽采管路通常敷设在不经常运输的巷道(如回风巷道)中,抽采管路通过的巷道应曲线段少、距离短。瓦斯管道为金属管材时,必须进行防腐处理,表面着彩色以示区别;为其他材质管道时,必须与其他管路有明显的区别标志。

(3) 当抽采管路设于主要运输巷内时,在人行道侧其架设高度不应小于 1.8 m,并固定在巷道壁上,与巷道壁的距离应满足安装检修要求,瓦斯抽采管件的外缘距巷道壁不宜小于0.1 m。

(4) 抽采管路分岔处应设置控制阀门,阀门规格应与安装地点的管径相匹配。

(5) 主管上的阀门应设置在井下主要分区点,确保每点进行拆、安管路时,不影响其他区域的正常抽采。

(6) 抽放管路应吊挂平直,拐弯处设弯头,不拐急弯,保持一定的流水坡度(一般为0.3%)。

(7) 抽采管路跨越巷道时应设置门框架。门框架设置安全要求是不得影响抽采、行车和行人。

（8）抽采管的接头、接口要紧密不漏气，用法兰盘连接的管路必须加垫圈，且垫圈的厚度宜不小于 5 mm。

（9）水平巷道中安设的管路，必须设管子架，管子架距离不大于 5 m，并把接好的管子用卡子等设施固定在架上。管路距离巷道底板不小于 300 mm。

（10）在倾斜巷道中安设的管路，应采用防滑装置（或管卡）将管子固定在巷道支架或巷道壁上。管卡间距根据巷道倾角而定，巷道倾角 $\alpha \leqslant 30°$ 时，间距一般为 15～20 m；巷道倾角 $\alpha \geqslant 30°$ 时，间距一般为 10～15 m；当沿竖井敷设抽采管路时，应将管道固定在罐道梁上或专用管架上。

（11）严禁瓦斯抽采管路与电缆同侧敷设。

（12）新安装或更换的管路要进行漏气实验，漏气管路不能使用。拆除或更换管路时，必须把计划拆除的管路与在用的管路用闸阀或闸门隔开，待计划拆除管路内的瓦斯排放完毕后方可动工拆除。

（13）当采用专用管道井敷设瓦斯抽采管路时，专用管道井的直径应比管道外径尺寸大 200 mm 以上。

（14）抽采主管、干管及其与钻场连接处应装设瓦斯检测和计量装置。

八、地面管路检查

地面敷设的瓦斯抽采管路及附属设施除符合井下管路的有关要求外，尚需符合下列要求：

（1）冬季寒冷地区应采取防冻措施。

（2）不宜沿车辆来往繁忙的主要交通干线敷设。

（3）不允许与自来水管、供热管、下水道管、动力电缆、照明电缆和电话线缆等敷设于一个地沟内。

（4）距建筑物的距离大于 5 m，距动力电缆大于 1 m，距水管和排水沟大于 1.5 m，距铁路大于 4 m，距木电线杆大于 2 m。

九、瓦斯抽采系统检查方法

1. 瓦斯抽放主要管路的检查

（1）检查项目包括主要管路施工计划、管路管径、管路布置、管路防触电和防砸措施、管路放水装置、管路测孔；

（2）在现场检查时，要对照瓦斯抽放系统图并深入井下检查，发现问题及时通知有关部门进行行整改；

（3）在瓦斯主要管路检查中，会出现的主要问题有水堵塞瓦斯管路，造成抽放区、抽放钻场、钻孔出现正压，严重的造成大量瓦斯涌出；

（4）瓦斯管被砸坏，进入空气，造成抽放浓度降低，这也是非常严重的，一旦浓度降低到爆炸界限范围内，遇火就会发生事故，因此，这种情况要认真追查，落实到人员进行处罚。

2. 瓦斯抽放区、抽放钻场、钻孔的检查

（1）一个矿井瓦斯抽放区可分为预抽区、边采边抽区及采空区。因此，在检查时可分开进行。

（2）预抽区的钻场、钻孔及管路的检查内容有：钻场距离、钻孔布置、抽放负压、钻场与钻孔的施工管理。钻场、钻孔之间的距离可根据抽放的影响半径来确定，一般说来钻场距离在影响半径之内为好，但也不是越近越好，可根据矿井实际情况而定。

（3）边采（掘）边抽的现场检查内容：边采（掘）边抽专门设计、边抽率、钻场密度、钻孔抽放负压、钻孔开孔位置、封孔方法、封孔深度、专用钻场。检查时发现问题要及时整改，尤其是要避免边抽钻场钻孔出现正压和瓦斯大量涌出及抽放瓦斯管路堵塞。

（4）采空区抽放瓦斯的现场检查包括：抽放点密闭、反水池、灌浆管、阀门、观测孔、流量计（或流量孔）、水柱计和放水装置。在检查时主要检查漏气和孔内温度，当温度高时，要及时通知有关人员灌浆注水，以防采空区着火。

十、抽采管理的检查

（一）组织机构

（1）进行瓦斯抽采的矿井应设立瓦斯抽采的专门机构，配备专业施工队伍，负责钻孔施工、管路安装、瓦斯参数测定、管路维护等工作。抽采队伍人数基本配置不得少于 10 人，其中：负责人 1 人，技术员 1 人，抽采泵司机 3 人，瓦斯抽采检测工 2 人，钻工、钳工、管工共 3 人。

（2）抽采队负责人、技术员作为煤矿安全管理人员，应经有相应资质和培训能力的煤矿安全培训机构进行专门的安全业务培训，并取得安全工作资格证书，方能上岗；抽采泵司机、施钻工、瓦斯抽采检测工作为煤矿特种作业人员，必须经有相应资质的煤矿安全培训机构进行培训，并取得特种作业人员资格证后，才能上岗。

（3）矿井必须配备专业技术人员负责瓦斯抽采日常管理，总结、分析、研究和改进抽采技术方案以及组织新技术推广方面的工作。

（4）矿井瓦斯抽采工作由矿总工程师或技术责任人负全面技术责任。应定期检查、平衡瓦斯抽采工作，解决所需设备、器材和资金；负责组织编制、审批、实施、检查抽采瓦斯工作长远规划、年度计划和安全技术措施，保证瓦斯抽采工作面的正常衔接，做到"掘、抽、采"平衡。

（5）瓦斯抽采所需要的费用、材料和设备等，必须列入财务、供应计划和生产作业计划予以保证。

（二）管理制度

（1）瓦斯抽采矿井必须建立健全各工种岗位责任制、各工种安全生产责任制、各工种操作规程、抽放工程施工管理制度、钻孔钻场检查管理制度、抽采工程质量验收制度等管理制度。

（2）抽采泵站的各类管理制度及操作规程必须上墙。

（3）图纸和技术资料：

① 瓦斯抽采系统图；

② 泵站平面与管网（包括阀门、安全装备、检测仪表等）布置图；

③ 抽采钻场及钻孔布置图；

④ 泵站供电系统图。

⑤ 钻孔施工记录；

⑥ 抽采参数测定记录；

⑦ 泵房值班记录、交接班记录、抽采泵开停记录、泵房出入人员登记记录、抽采设备检修记录、抽采泵站安全检查记录等；

⑧ 抽采工程质量检查记录。

（4）瓦斯抽采矿井应有下列报表：

① 抽采工程年、季、月报表；

② 抽采参数检测年、季、月、旬（日）报表。

（5）抽采瓦斯矿井应有下列台账：

① 抽采设备台账；

② 抽采工程台账；

③ 抽采量台账。

（6）瓦斯抽采矿井应有下列报告：

① 矿井和采区抽采工程设计文件及单位工程竣工报告；

② 瓦斯抽采总结与分析报告。

（7）加强瓦斯抽采参数（抽采瓦斯流量，瓦斯浓度，抽采负压、正压，温度，单孔负压，单孔瓦斯浓度，单孔瓦斯流量等）的测定，泵房内各种抽采参数每小时测定记录 1 次，井下干管、支管及钻孔每天测定记录一次，每旬应对整个抽采系统测定记录一个循环。

（8）严格瓦斯抽采工程施工质量，所有瓦斯抽采工程都须按技术质量标准进行验收，不合设计标准的要重新施工直到合格为止。

（9）瓦斯抽采矿井每月应组织 1 次抽采工作检查和评定。

（10）瓦斯抽采量的计量检测器具必须采用符合国家标准的计量器具，并定期进行检校。

（11）所有钻场、钻孔应实行挂牌管理。原始记录板应填写钻孔施工时间、孔数、倾角、钻孔长度（煤层、岩层、合计）、孔径（开孔、终孔）、封孔长度、封孔材料等。检查牌板填写钻场内外瓦斯检查情况、瓦斯抽采参数检测情况、检查时间、检查人员等。

（12）每天必须由专人对抽采系统巡回检查一次，并对抽采管路进行排放水工作。对漏气、水堵或其他安全隐患要立即处理。

第四节　矿井防尘系统现场检查程序

一、防尘系统检查的程序

矿井防尘系统现场检查程序，按图 5-2 进行。有的矿井防尘主管路是从进风井筒安设，有的是从回风井筒安设，检查时依具体情况而定；注水［包括打钻注水，其内容有钻场钻孔的布置，是预注还是边采（掘）边注］、注水时间、注水压力、封孔质量等细微的项目在程序图中没有列出，将在后面检查项目内叙述。

二、防尘系统检查的要点

（1）矿井的煤尘爆炸性：建设矿井、矿井延伸的新水平必须对所有煤层的煤尘爆炸性进

① 矿井防尘系统图（地面）——→ ② 防尘主要管路 ——→ ③ 入风大巷防尘设施

④ 净化通风喷雾　　　　⑤ 大巷积尘　　　　⑥ 转载点喷雾

⑤ 大巷积尘：定期洗扫　白化巷道　积尘厚度

⑦ 掘进　　　　　　　　　　　　　　　⑩ 采煤

⑧ 岩掘　　　　⑨ 煤掘

⑧ 岩掘：爆破喷雾　管路及辅设施　路辅设施　喷雾洒水　积尘洗扫　湿式打眼

⑨ 煤掘：管路及辅设施　路辅设施　喷雾洒水　积尘洗扫　水打眼　水炮泥　刮板输送机喷洒水　注水　隔爆设施

⑩ 采煤：管路及辅设施　路辅设施　注水　积尘清扫　喷雾洒水　水打眼　水炮泥　测尘　隔雾设施

矿井防尘系统图　注水台账　清扫台账　月季报　测尘报表　工程计划完成情况

⑪ 回风巷：管路　积尘清扫　测尘 ——→ ⑫ 蓄水池及辅助设施 ——→ 水量　水质 ——→ ⑬ 地面图台账

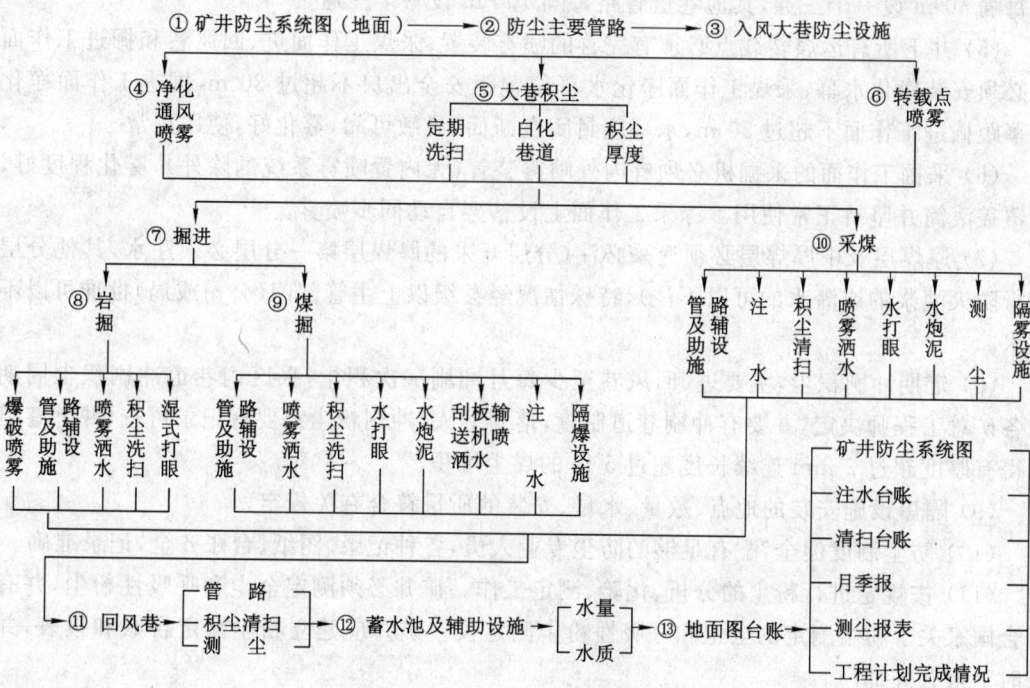

图 5-2　矿井防尘系统现场检查程序图

行鉴定。

（2）矿井必须建立完善的防尘供水系统：

① 主要运输巷、带式输送机斜井与平巷、上山与下山、采区运输巷与回风巷、采煤工作面运输巷与回风巷、掘井巷道、煤仓放煤口、溜煤眼放煤口、卸载点等地点都必须敷设防尘供水管路，并安设支管和阀门；

② 井下所有煤仓和溜煤眼都应保持一定的存煤，不得放空；

③ 溜煤眼不得兼作风眼使用。

（3）对产生煤（岩）尘的地点应采取防尘措施：

① 采煤工作面回风巷安设风流净化水幕；

② 井下煤仓放煤口、溜煤眼放煤口、运输机转载点和卸载点，必须安设喷雾装置或除尘器，作业时进行喷雾降尘或用除尘器除尘；

③ 掘进井巷和硐室时，必须采取湿式钻眼、冲洗井巷帮、水泡泥、爆破喷雾、装岩（煤）洒水和净化风流等综合防尘措施；

④ 采煤工作面应采取煤层注水防尘措施（符合有关规定不宜注水的除外）；

⑤ 炮采工作面应采取湿式打眼，使用水炮泥，爆破前后应冲洗煤壁，爆破时应喷雾降尘，出煤时洒水；

⑥ 采掘机械及破碎机作业的防尘必须符合有关规定。

（4）矿井胶带斜井、运输大巷，采区回风巷道、胶带运输巷，运输上（下）山，采煤工作面回风平巷，掘进巷道，溜煤眼、翻车机、输送机转载点等处均要设置防尘管路。胶带井（巷）管路每隔 50 m 设一个三通,其他巷道管路每隔 100 m 设一个三通。

(5)井下所有运煤转载点必须有完善的喷雾装置;采煤工作面进、回风巷和掘进工作面都必须安装净化水幕,采煤工作面净化水幕位置距安全出口不超过 30 m,掘进工作面净化水幕距掘进工作面不超过 50 m,水幕应封闭全断面,灵敏可靠,雾化好,使用正常。

(6)采掘工作面的采掘机必须有内外喷雾装置(无内置喷雾系统的除外),雾化程度好,能覆盖滚筒并坚持正常使用。综采工作面上设移架自动同步喷雾。

(7)厚煤层及中厚煤层必须逢采必注(分层开采的厚煤层第一分层必须注水,其他分层实行防火灌浆的或灌水的可以不注),特殊情况经县级以上主管部门(公司或局)批准可以不注水。

(8)定期冲刷积尘,主要进、回风巷至少每月冲刷一次积尘,采区内巷道冲刷积尘周期由各矿总工程师决定,并要有冲刷巷道制度,落实到人,冲刷粉尘都要有记录可查,井下巷道不得有厚度超过 2 mm 连续长度超过 5 m 的煤尘堆积。

(9)隔爆设施安装的地点、数量、水量、安装的质量符合有关规定。

(10)防尘制度健全,配有足够的防尘专业人员,各种记录、图纸、台账齐全,记录准确。

(11)按规定进行粉尘的分析、化验、测定工作。矿井必须测定全尘和呼吸性粉尘,并有符合国家关于粉尘测定的全尘和呼吸性粉尘测定仪。矿井应建立粉尘测定台账和报表,并按时上报有关部门。

第五节　矿井防灭火系统的检查要点

一、矿井防灭火系统现场检查程序

矿井防灭火系统现场检查程序按图 5-3 进行。图 5-3 中把全矿矿井防灭火分成两部分来检查,第一部分是外因火灾,第二部分是矿井自然发火(内因火灾);由于在内、外因火灾中各矿技术措施采用的方法不同,本图只列出了主要的项目,阻化剂防灭火、炉烟灭火等没有列出。

二、防灭火系统检查要点

1. 防灭火管理的检查

(1)生产和在建矿井必须制定井上下防火措施,并且要明确建立矿井防灭火责任制度,加强领导,严格管理,防止和杜绝矿井火灾。

(2)井口房和通风机房 20 m 内不得有烟火或用火炉取暖。井下和井口房内不得从事电焊、气焊和喷灯焊接等工作。

(3)井下使用的汽油、煤油和变压器油必须装入盖严的铁桶内,由专人押运送至使用地点,剩余的上述油品必须运回地面,严禁在井下存放。井下使用的润滑油、棉纱、布头和纸等,必须存放在盖严的铁桶内,用过的上述物品也必须放在盖严的铁桶内,并由专人定期送到地面处理,不得乱放乱扔。严禁将剩油、废油泼洒在井巷和硐室内。

(4)井下爆炸材料库、机电设备硐室、检修硐室、材料库、井底车场、使用带式输送机或液力偶合器的巷道以及采掘工作面附近的巷道中,应备有灭火器材,其数量、规格和存放地

① 矿井防灭火系统图及措施（地面）

② 外因火灾专门措施　　　③ 自然发火防治系统图　④ 煤的自燃倾向值

⑤ 地面防火　　⑥ 井下防火　　⑦ 采掘井巷布置　　⑧ 高温火点　　⑨ 内外火灾

⑤ 地面防火：
- 木料场矸石山炉灰场距进风井的距离、方向、位置
- 井口井口房建筑材料
- 井口通风机房瓦斯泵站防火铁门
- 防灭设设备材料 烟火

⑥ 井下防火：
- 火施设备材料
- 井筒(平硐)井底车场及连接处支护
- 带式运输机材料及防火措施
- 井下电焊及管理
- 井下硐室防火
- 消库消防
- 消防车
- 主要大巷井底车场的火灾处理　直接灭火　反风

⑦ 采掘井巷布置：
- 巷道布置
- 开采方式
- 煤柱
- 漏风

⑧ 高温火点：煤巷　采区内　其他巷道
技术性措施：
- 高温火点检查
- 气体分析
- 预防性灌浆 ⑩
- 均压防灭火
- 氮气(液氮)防灭火
- 黄河矸泥沙其他石他

⑨ 内外火灾：
- 火灾处理　直接局部灭火反风
- 火区管理　封闭密闭均压
- 火区启封　检查　专门条件措施

⑬ 地面专门措施及资料设备材料

⑭ 地面管理：
- 矿井防灭火系统图
- 气体分析预报
- 氮气系统图
- 束管监测系统
- 各种台账
- 措施

⑪ 主管灌浆管路　氮气管路
⑫ 地面设施　地面设施：
- 黄泥池　砂子井　取土(砂)场　水源　辅助设施
- 束管监测　管路

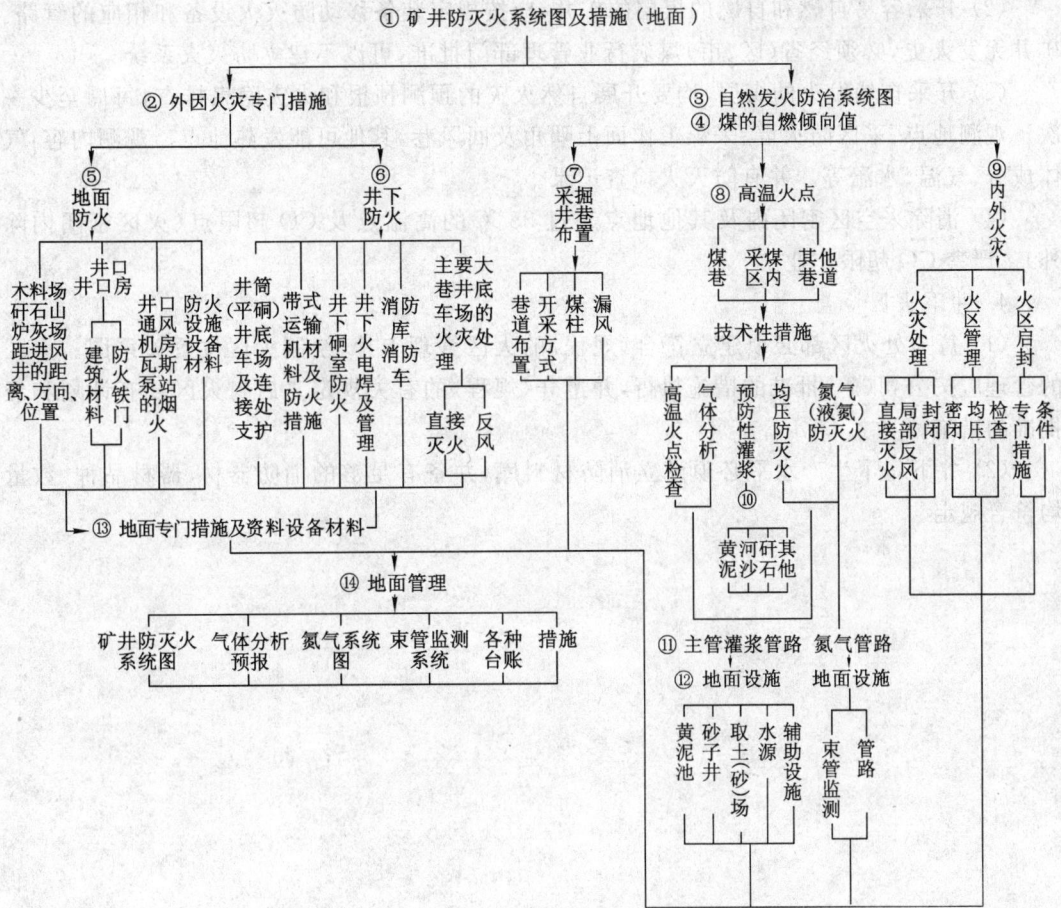

图 5-3　矿井防灭火系统现场检查程序图

点,应在灾害预防和处理计划中确定。井下工作人员必须熟悉灭火器材的使用方法,并熟悉本职工作区域内灭火器材的存放地点。

（5）采煤工作面回采结束后,必须在 45 天内撤出一切设备、材料,并进行永久性封闭。封闭的墙体厚度、刻槽深度、气密性符合要求。

2. 井下消防系统检查

（1）矿井必须设地面消防水池和井下消防管路系统。

（2）水池容量 $V \geqslant 200 \ \mathrm{m}^3$,管路敷设符合要求。

（3）井筒、平硐与各水平的连接处,井底车场,井下机电硐室,主要巷道内带式输送机机头前后各 20 m 内用不燃性材料支护。

3. 煤的自然发火检查

（1）必须制定自然发火的预测预报制度和防治自然发火的专门措施;采掘作业规程必须有防止自然发火的专门措施,开采容易自燃和自燃的煤层(薄煤层除外),采煤工作面必须用后退式开采。建立防灭火"人、材、物"的消耗台账,分析总结煤层自然发火的经验教训,提出防范措施。

（2）开采容易自燃和自燃的煤层的矿井，应按规定装备移动防灭火设备和相应的管路。矿井无发火史，必须经省（区、市）煤炭行业管理部门批准，可以不建立防灭火系统

（3）开采自然发火的煤层，均要开展自然火灾的预测预报和火灾隐患排查，每周至少一次。观测地点：采区防火墙、采煤工作面上隅角及回风巷，其他可能发热地点。观测内容：气体成分、气温、水温等。并有防灭火检查记录。

（4）消除采空区密闭内及其他地点超过35 ℃的高温点及CO超限点（火区密闭内除外）。严禁CO超限作业。

4.井下火区检查

（1）每一处火区都必须建立符合《规程》的火区管理卡片，绘制火区位置关系图。火区的管理应按公司（矿）批准的措施执行，并遵守《规程》的有关规定。启封火区要有计划和经批准的措施。

（2）井下每个生产水平必须设立消防材料库，并备有足够的消防器材，器材品种、数量均符合规定。

第六章　矿井煤与瓦斯突出防治的检查

第一节　一 般 检 查

（1）突出矿井应设置专业防突队伍；编制突出事故应急预案。

（2）突出矿井或煤层的鉴定。经有资质的单位鉴定，报省煤炭行业管理部门审批，并报省级煤矿安全监察机构备案。

（3）突出矿井的新水平、新采区必须编制防治突出煤层防突专项设计。

（4）矿井必须将防突、瓦斯抽采与采掘计划一并编制，达到"三区（段）配套两超前"，确保"抽、掘、采"平衡。四个煤量满足安全生产的要求，抽采达标煤量必须大于回采煤量。

（5）主要运输、主要进（回）风巷及采区上（下）山等主要巷道道应布置在岩层或非突出煤层中；同一煤层同一区段不得布置2个工作面相向回采或掘进。

（6）核定生产能力在6万t以上的具有突出的小煤矿，各采区的同一煤层只准布置1个采面、2个掘进头同时生产。

（7）突出危险煤层的采煤工作面严禁采用非正规采煤法；采煤和掘进工作面严禁使用风镐作业或手镐作业。

（8）突出矿井必须编制瓦斯地质图，图中应标明采掘进度、被保护范围，地质构造、煤层赋存条件，瓦斯参数等。

（9）建立突出基本情况调查表，突出记录卡片，突出汇总表及突出总结资料，并上报有关部门。

第二节　突出矿井安全生产基本条件检查

（1）突出矿井的矿长、安全生产副矿长和矿井总工程师或技术负责人具备上岗资格。

（2）矿井应设置安全监管机构配置专职安全人员，年生产能力9万t及以下的不少于3人，9万t以上的不少于5人。

（3）突出矿井应设置防突机构，建立健全防突管理制度和各级岗位责任制。配备专业技术员和专业预测预报人员。

（4）每个矿井必须至少有2个通达地面的安全出口，2个出口之间的距离不得小于30 m。

（5）突出矿井应采用对角式通风或分区式通风。通风系统必须独立、可靠。

（6）突出矿井生产采区必须有专用回风巷，采区进、回风巷必须贯穿整个采区，严禁一段进风，一段回风。

（7）所有矿井必须装备矿井安全监控系统。矿井安全监控系统的安装、使用必须符合相关规定的要求。

（8）煤与瓦斯突出矿井和开采有煤与瓦斯突出危险煤层的矿井都必须建立地面固定瓦斯抽采系统。

第三节　突出矿井通风系统检查

（1）矿井必须安装 2 套同等能力的主要通风机。通风机必须实行没有"T"接其他负荷的双回路双电源供电。

（2）矿井必须有完整独立的通风系统。两个及以上独立生产的矿井不允许有共用的主要通风机、进（回）风井和通风巷道。

（3）生产水平和采区必须实行分区通风。采掘工作面应为独立通风。开采有瓦斯喷出或突出煤层时，严禁任何 2 个工作面之间串联通风。采煤工作面不得采用下行通风。

（4）突出危险煤层掘进工作面的局部通风机必须采用"三专两闭锁"与双风机双回路电源供电，并能自动切换。

（5）开采突出煤层时，采掘工作面的回风侧不得设置调节风门、调节风窗等增大通风阻力的通风设施。

（6）矿井必须建立测风制度，每 10 天进行 1 次全面测风。测风点必须有记录牌板；采掘工作面和其他用风地点的有效风量必须满足安全生产的需要。

第四节　突出矿井安全监控系统检查

（1）矿井安全监控中心站主机不少于 2 台，1 台备用；系统必须有断电、馈电状态监测、报警、显示、储存和打印功能。

（2）中心站应实现双回路电源供电，并配备不少于 2 小时再线式不间断电源；系统必须具有防雷电保护。

（3）监控设备的电源必须取自被控开关电源侧；检修与监控设备相关联的电气设备而停止监控系统运行时，必须制定安全措施。

（4）监控设备每月必须调试 1 次；每 7 天用校准气样和空气样对甲烷传感器调校 1 次；每 10 天对瓦斯电闭锁和风电闭锁功能进行试验一次。

（5）突出矿井采煤工作面必须在工作面和回风巷设置甲烷传感器；煤及半煤巷掘进工作面必须在工作面和回风流中设置甲烷传感器。

（6）地面中心站应有培训合格的人 24 h 值班，监视各种信息；填写运行日志，打印监测日报表；报矿长、技术负责人审阅、签字。

（7）主要通风机和局部通风机必须设置开、停传感器；突出煤层掘进工作面每次爆破前必须查看监视风机是否正常运转。

第五节　突出矿井瓦斯抽采系统检查

(1) 瓦斯抽采系统必须实施双回路供电,泵房内的电气设备、照明等应采用矿用防爆型,并有直通调度室的电话。

(2) 建立瓦斯抽放参数监控系统。泵站必须有培训合格的专人 24 h 值班,监测检查瓦斯浓度、流量、负压、温度等参数。

(3) 突出矿井采煤工作面应执行先抽后采或边采边抽;掘进工作面执行边掘边抽或先抽后掘的抽放方法。

(4) 突出煤层抽采钻孔控制范围:

① 石门巷道轮廓线外 8 m 以上(煤层倾角 $\alpha > 8°$ 时,底部或下帮 5 m),钻孔穿透煤层顶(底)板 0.5 m 以上。若不能穿透煤层全厚,控制到工作面前方 15 m。

② 煤或半煤巷道轮廓线外 8 m 以上(煤层倾角 $\alpha > 8°$ 时,底部或下帮 5 m)及工作面前方 10 m 以上。

③ 采煤工作面前方 20 m 以上。

(5) 突出危险煤层的采掘工作面作业前,应将煤层瓦斯含量降到 8 m³/t 或煤层瓦斯压力降到 0.74 MPa 以下。

(6) 矿井应以工作面为单元建立瓦斯抽采台账,预测采掘工作面的预抽率和抽出率及采面投产或掘进开工的时间。

第六节　区域防突措施检查

(1) 矿井应执行开拓前、开拓后预测。开拓前预测有突出危险区的所有揭煤作业,必须采取区域综合防突措施;预测无突出危险区的所有揭煤作业,应采取局部综合防突措施。

(2) 开拓后区域预测为突出危险区的煤层,必须采取区域防突措施并进行措施效果检验;预测为无突出危险区的煤层,所有采掘作业,必须采用工作面预测方法进行区域验证。

(3) 采掘头面在进入预测无突出危险区时必须采用工作面预测方法进行区域验证:

① 工作面进入该区域立即进行至少 2 次区域验证,以后工作面每推进 10～50 m 至少进行 2 次区域验证。

② 在地质构造带应连续进行区域验证。

③ 煤巷掘进必须用不少于 10 m 的前探钻孔或物探措施,探测地质构造观察突出预兆。

(4) 开采突出煤层的矿井必须严格执行开采保护层或预抽煤层瓦斯的区域防突措施。

开采保护层时,应编制保护层开采设计(设计中应有:走向、倾向保护范围,保护层与被保护层最大、最小层间距),同时抽采被保护层瓦斯;开采近距离保护层时,应有防止卸压瓦斯涌入保护层工作面或误穿突出煤层的措施。

(5) 突出煤层预抽煤层瓦斯后,必须对预抽防突效果进行检验。采用预抽率防突指标时,必须采用工作面预测方法对预抽防突效果进行经常性复验。

(6) 采用直接测定残余瓦斯压力或残余瓦斯含量进行预抽区域措施效果检验时,应符合下列规定:

① 采面斜长不大于 120 m 时,沿推进方向每隔 30～50 m 检测一次,沿工作面倾斜方向至少布置 2 个检测试验点;

② 煤巷掘进条带穿层钻孔预抽时每间隔 30～50 m、顺层钻孔预抽时每间隔 20～30 m 至少布置 1 个检测试验点;

③ 石门揭煤穿层钻孔在预抽区域的上部、中部和两侧各布置 1 个检测试验点。

(7) 采用间接计算残余瓦斯含量进行预抽区域措施效果检验时,应符合下列规定:

① 预抽区域内钻孔间距、预抽时间差别较大时,应分别划分评价单元计算检验指标。

② 预抽钻孔控制边缘外侧为未采动煤体时,在钻孔控制边缘外侧适当扩大评价计算范围。但检验结果仅适用于钻孔控制范围内。

(8) 突出煤层开采必须坚持区域防突措施先行、局部防突措施补充的原则。突出煤层掘进条带和采煤工作面必须在区域防突措施的保护下进行作业。

第七节　局部防突措施检查

(1) 突出煤层的所有采掘工作面都必须执行突出危险性预测,预测方法应符合下列要求:

① 石门(立井、斜井)揭煤预测应采用综合指标法、钻屑瓦斯解吸指标法或其他经试验证实有效的方法。

② 煤巷掘进工作面应采用钻屑指标法、复合指标法或 R 指标法进行预测或其他经试验证实有效的方法。

(2) 预测点的布置应符合下列要求:

① 石门(立井、斜井)揭煤应在工作面向煤层的适当位置至少打 3 个钻孔。测定煤层瓦斯压力或各煤层的综合瓦斯压力及钻屑瓦斯解吸指标。

② 近水平、缓倾斜煤层掘进工作面应向前方煤体至少打 3 个钻孔;倾斜、急倾斜煤层掘进工作面至少打 2 个钻孔。钻孔应布置在软分层中,1 个在巷道中部,其余钻孔应控制到巷道轮廓线外 2～4 m。

(3) 现场预测及煤与瓦斯突出危险性评判:

① 现场预测时应全面观察工作面煤层厚度、软分层厚度,层、节理变化;矿山压力显现等,并有记录。

② 收集工作面瓦斯涌出量变化,井上下对照图、瓦斯地质图,探测工作面前方的地质构造等相关资料,采用预测指标结合其他多元信息综合分析评判工作面的突出危险性。

(4) 矿井必须编制斜井、石门(包括断层)揭穿突出煤层的专项防突设计和煤巷掘进以及采煤工作面的专项防突设计。

(5) 石门揭煤原则上采用预抽瓦斯、排放钻孔、金属骨架等措施;实施措施时工作面与突出煤层的最小法线距离:预抽瓦斯、排放钻孔 5 m,金属骨架 2 m。

(6) 煤巷掘进工作面原则上采用超前预抽煤层瓦斯和超前钻孔卸压排放;若采用其他措施时必须经验证有效后,方可采用。

(7) 采煤工作面可采用超前排放钻孔、预抽瓦斯、水力疏松或经试验证实有效的其他防突措施。

（8）石门和其他揭煤工作面应采用钻屑瓦斯解吸法进行措施效果检验。但采用钻孔法检验时，钻孔个数不少于 5 个，石门的上、中、下部和两侧各 1 个。

（9）煤及半煤巷措施效果检验应采用钻屑指标法、R 指标法或复合指标法。检验孔数不少于 3 个，深度应小于或等于措施孔。

（10）采煤工作面措施效果检验原则上采用煤巷措施效果检验方法进行检验。沿工作面每隔 10～15 m 布置 1 个检验孔，检验孔的深度应小于等于措施孔深。

第八节　安全防护措施检查

（1）有突出煤层的采区应设置至少满足 15 人的采区避难所。设置向外开启的隔离门，硐室的高、宽和面积应满足要求。硐室内应有水源和压风自救器、隔离式自救器以及直通矿井调度室的电话。

（2）突出煤层石门揭煤和煤或半煤巷掘进头进风侧，必须设置至少 2 道牢固可靠的反向风门。风门间距不得小于 4 m。

（3）掘进工作面进风侧风筒穿过风门墙垛的孔洞必须设置逆止门，且质量符合要求。

（4）突出煤层掘工作面应设置避难所或压风自救系统。长度超过 500 m 的掘进巷道内，必须设置工作面避难所，其容积应满足工作面最大人数避难的要求。其他要求同采区避难所。

（5）井巷揭穿突出煤层或炮掘炮采工作面必须采取远距离爆破安全防护措施。安全防护措施应包括：爆破地点、停电范围、撤人和警戒范围以及避灾线路等。

（6）突出矿井井下作业人员都必须佩戴隔离式自救器。

第九节　煤与瓦斯突出管理制度检查

（1）突出矿井必须建立各级管理人员防突安全生产责任制和各工种的岗位防突责任制，特别是防突人员的岗位责任制。

（2）矿井应制定通风各要害工种操作规程。突出矿井必须制定煤与瓦斯突出预测预报工和钻机司机的操作规程。

（3）突出矿井至少应建立健全通风系统管理、瓦斯抽采管理、监测监控系统管理、防突管理等办法以及瓦斯检查、巷道贯通、隐患排查整改、矿井临时停电停风等管理制度。

（4）必须建立"四个专项设计"即水平、采区（区域）、采掘工作面防突专项设计审批管理制度，采掘工作面防突专项措施审批、培训、考试、贯彻执行等管理制度。

（5）突出矿井应建立新水平、新采区移交生产前防突专项验收、突出煤层采煤工作面投产前和采掘工作面开工前的验收制度。

（6）煤与瓦斯突出采掘工作面预测预报报告单的审批、采掘工作面进度收尺以及安全屏障控制等管理制度。

（7）突出煤层采掘工作面防突专项检查和定期综合分析会议制度。

（8）矿井必须建立突出事故原因分析，制定防范措施和应急救援措施以及突出事故处理等管理制度。

第七章　矿井水防治系统检查

第一节　地面防治水的检查

地面防治水检查的内容有：矿区水文地质及防治水规划、计划及有关措施，地面工业广场的防治水工作，各种水与矿井的关系及防治措施。

一、水文地质工作的检查

(1) 矿山是否配备专职人员负责水文地质工作，水文地质条件复杂、采掘工作受到水威胁的矿是否设立了水文地质专门机构。

(2) 矿井涌水量、水位动态及其季节性变化规律观察。

(3) 矿周围的湖泊、积水区、水库、河流和沟谷等历年最高、最低水位，江水情况和疏水能力，当洪水泛滥时淹没矿井的范围、持续时间，以及对工业广场、地面建筑物、居民点的影响范围和程度。

(4) 所在矿井区域内历年大气降水资料，分水岭及受水面积，泉水、河流的分布及其动态变化情况，地下水的补给、排泄条件和矿井的排水量。

(5) 矿井地质构造的产状要素，断层的两盘岩层接触关系，破碎带宽度，充填物胶结程度及其力学性质，构造的分布规律及断层与各含水层之间、地下水与地表水之间发生水力联系。

(6) 矿井隔水层的岩性、厚度及分布，断裂构造对隔水层的破坏情况和预防承压水所需的隔水层厚度以及采动导水裂缝带高度，突水的规律等。

(7) 对矿井充水有严重影响的含水层的水文地质特征及补给水来源，其动、静水量是否有可疏性。对动水量特大而不具备疏放降压条件的是否查清地下水的补给方向、补给方式和补给量，径流带的分布范围和流速、流向等。

二、矿井周围老空区的检查

矿井周围的老空区直接影响着矿井防治水工作的好坏。它们的开采、开拓对矿井影响很大，因此是防治水现场检查必不可少的内容。

(1) 老空位置及开采情况。井筒位置、地面标高，井深、井径、开采煤层层数及名称，各煤层开采范围和巷道布置情况，巷道规格、产量，与相邻老空区的关系，开采起止时间，停采原因。

(2) 老空区的地质情况。煤层厚度及其变化，层间距、产状，煤的软硬程度，顶底板岩性，断层的位置、方向，断层之间的充填物及其胶结性，断层是否出水等。

（3）水文地质情况。开采期间的排水情况，是否发生过透水事故，出水地点、原因、水的来源，废弃小煤窑的积水水位，地面河流、湖泊、泉水和水沟等水体与老空区的关系，雨季是否向老空区灌水。

（4）地表塌陷深度、范围和塌陷裂缝的分布情况，以及雨季是否积水。

（5）矿井主要工程图件上是否标注出井田范围内老空区积水线、煤柱线和探水线。

（6）井田范围内钻孔情况：数量、位置、在用钻孔的管理、报废钻孔封闭情况等。

三、地面工业广场防治水工程措施的检查

（1）地面工业广场（包括风井）是否选择在不受洪水威胁的地点，即避开冲积锥、山洪口及受淹区。

（2）当地面工业广场标高低于历年最高洪水位时，其井口（包括风道、管子道及人行道）及主要建筑物（如变电所、绞车房等）是否加高于洪水位之上，加高的高度在平原区的井口是否高于 0.5 m，丘陵及山区 1 m，工业广场及居民区 0.5 m，其加高的材质是否含煤。

（3）工业广场坡面汇集水是否修建防洪堤坝或截水沟截住山洪内侵，对四周环山的场地是否利用地形构筑隧洞泄洪，其防洪堤坝、截水沟、隧洞的质量是否牢固并经常检查修理。

（4）工业广场及居民区沿河流布置，受到河水威胁时，是否修筑有防洪堤坝，防洪堤坝是否按最大洪水水位建筑，其质量是否合乎要求，是否在雨季前修筑好。

（5）矸石、炉灰及工业广场施工的废土石及杂物是否弃于河中，其排弃场地、矸石山等是否设在山洪暴发的方向，是否有避免淤塞河床、沟渠而造成洪水泛滥的措施。

（6）在内涝区和洪水季节河水有倒流现象的矿井是否在泄洪总沟的出口处建立水闸，设置排洪站，以备河水倒灌时落闸，向外排水。

四、地面露头带截洪防渗工程及措施的检查

（1）在地面露头带以外垂直来水方向是否修筑截洪沟拦截洪水，是否根据地形条件将水引出防护区以外，截洪沟断面的质量是否合乎要求，在雨季之前是否进行维修。

（2）浅部保护煤柱是否留够，是否能减少大气降水或地表水沿煤层露头带渗入矿井里。

五、对填塞地面水渗入井下通道工程措施的检查

地面塌陷裂缝、塌陷洞、老空等都可能成为地表水直接或间接流入井下的通道，因此必须在雨季前进行填塞处理，并及时检查。

六、对塌陷区及塌陷裂缝处理检查

对塌陷裂缝是否是沿缝挖沟向缝内填土，宽度大时填大块石或片石块打底、黏土填沟底，表面覆盖是否高出地面 0.3～0.5 m；在耕地区其沟加深、密集的裂缝带是否一起挖沟填打；较大规模的塌陷坑和裂缝塌陷区外围，是否根据地形、地质条件进行筑堤包围或挖拦水沟截水；对急倾斜煤层开采后的地面塌陷坑，是否做到有水必排，坑不积水。

七、对塌陷洞处理的检查

（1）对吸水口尚未充分裸露的塌陷洞，是否采用大量的块石或钢筋混凝土底，然后回填

泥土,其质量是否合乎标准。

(2)底部基石已经裸露的塌陷洞是否采用片石混凝土浇灌,堵住洞口后回填泥土,其质量是否符合标准。

(3)大而深的塌陷洞,下挖不见基石时,是否在较坚硬的地段上铺一层厚0.5 m左右的浆砌片石,其上填土夯实,其质量是否合乎标准。

(4)当塌陷洞发生在水下,并大量向下泄水时,是否及时进行检验处理,其检验的方法措施是否适合、恰当。

八、对经过塌陷区或透水岩层的河流、沟渠的处理的检查

(1)检查经过塌陷区或透水岩层的河流、沟渠是否有漩涡等向井下漏水的现象发生,有漏水时对沟渠、河流是否及时防堵,是否将水引向井田以外。

(2)整铺河底和旧渠时是否采用混凝土弧形河槽、片石弧形河槽的方法进行施工,其质量是否符合标准。

(3)当整铺河底无效时,是否根据地形、地质、水文情况,因地制宜地将河床或沟渠改道,其改道的质量是否符合要求。

九、地面钻孔的检查

(1)地面钻孔是从地面打到煤系地层的底部,穿透了顶、底板含水层,所以它是地表水与井下水或各含水层之间联系的通道,是井下水灾发生的间接因素,因此,现场检查时是一项必不可少的内容。

(2)地质勘探孔终孔后,是否按照设计要求进行封孔,封孔的质量是否达到不漏水的要求,有无封孔报告。

(3)下部含水层的水文观测孔,是否除了确保观测层位的止水质量外,对其上部未疏干的各含水层都应在套管外用灰浆封闭。

(4)排水孔、电缆孔、瓦斯抽放孔、充填孔等地面钻孔,在终孔结束时,是否将孔口加高,孔壁封堵严密。

十、矿井防治水资料的检查

(1)矿井的防治水规划和计划是否内容齐全、措施得当。

(2)是否有年度防治水计划,是否经上级主管部门审批并认真实施。

(3)是否成立了"三防"指挥部,在雨季之前是否进行了认真的检查和落实各项防治水措施。

(4)防洪防汛的人力、物力是否足够,防汛期间有无人值班,做到疏而不漏。

(5)反程序开采是否经过县级以上主管部门进行认证。

(6)防治水必备图件检查:

① 矿井充水性图。

② 矿井涌水量与各种相关因素动态曲线图。

③ 矿井综合水文地质图。

④ 矿井综合水文地质柱状图。

⑤ 矿井水文地质剖面图。

其他图件由煤矿根据矿井实际需要编制。煤矿应当建立数字化图件，内容真实可靠，每半年对图纸内容进行修改完善。

(7) 防治水基础台账

① 矿井涌水量观测成果台账。

② 气象资料台账。

③ 地表水文观测成果台账。

④ 钻孔水位、井泉动态观测成果及河流渗漏台账。

⑤ 抽(放)水试验成果台账。

⑥ 矿井突水点台账。

⑦ 井田地质钻孔综合成果台账。

⑧ 井下水文地质钻孔成果台账。

⑨ 水质分析成果台账。

⑩ 水源水质受污染观测资料台账。

⑪ 水源井(孔)资料台账。

⑫ 封孔不良钻孔资料台账。

⑬ 井田周边煤矿及采空区相关资料台账。

⑭ 水闸门(墙)观测资料台账。

⑮ 其他专门项目的资料台账。

矿井防治水基础台账，必须认真收集、整理，建立计算机数据库，长期保存，每半年补充修改1次。

第二节 井下防治水的检查

受水害威胁的煤矿，属下列情况之一者，必须留设防隔水煤(岩)柱：

(1) 煤层露头风化带。

(2) 在地表水体、含水冲积层下和水淹区临近地带。

(3) 与强含水层间存在水力联系的断层、裂隙带或与强导水断层接触的煤层。

(4) 有大量积水的老窑和采空区。

(5) 导水、充水的陷落柱与岩溶洞穴和地下暗河。

(6) 分区隔离开采边界。

(7) 受保护的观测孔、注浆孔和电缆孔等。

一、对留设的隔离煤柱的检查

(1) 留设隔离煤柱是为了防止地下水淹矿井，并预防水灾事故蔓延。防水隔离煤柱主要有井田边界隔离煤柱、预防断层隔离煤柱、被淹井巷陷落柱和冲积层的防水煤柱。

① 井田边界的隔离煤柱是否根据煤层的赋存条件、岩石性质、净水位高度，以及煤层开采后上覆盖岩层移动角、导水裂缝带高度等因素留设，是否合理。

② 单一煤层沿煤层走向的隔离煤柱、单一煤层沿煤层倾斜方向的隔离煤柱、当煤柱边

界与煤层走向斜交时的隔离煤柱。

③ 煤层群开采,当上层煤与下层煤的间隔小于下层煤开采后的导水裂缝带高度时,下层煤边界的隔离煤柱;煤层群开采,当上、下两层煤的间距大于下层煤开采的导水裂缝带高度时,下层煤的隔离煤柱。

④ 断层为界的边界隔离煤柱由角砾岩等组成,煤层与强含水层接触并被其局部掩盖,其含水层顶面高于导水裂缝带上限时的隔离煤柱;断层为界的边界隔离煤柱由角砾岩等组成,煤层与强含水层接触并被其局部掩盖,其导水裂缝带上限高于断层上盘含水层和煤层时的隔离煤柱。

(2) 断层为界的边界隔离煤柱由角砾岩等组成充填物,煤层位于含水层上方或与含水层相接触,当断层上盘含水层顶面与断层相交点至下盘煤层之间的最小距离小于或等于安全煤柱高度时的隔离煤柱。断层为界的边界隔离煤柱由角砾岩等组成充填物,在水文地质条件简单,有突水威胁,断层两侧煤层间隔较大,且较高煤层底板到较低煤层采动导水裂缝带上限的距离大于其所在地点的安全煤柱高度时,断层两侧应各留 20 m 隔离煤柱。

二、对在水淹区下开采时留设隔离煤(岩)柱的检查

(1) 掘进巷道与积水体之间的最小距离是否小于巷道掘凿高度的 20 倍。

(2) 在水淹区的同一煤层中进行开采时,其隔离煤柱的尺寸是否根据煤层赋存条件、地质构造、净水压力、开采后上覆岩层移动角和导水裂缝带高度确定。

(3) 在水淹区下方的邻近煤层中进行开采时,所留的隔离煤(岩)柱是否小于导水裂缝带最大高度加上水淹区底部裂缝深度和保护带厚度。

三、对探水线的检查

(1) 采掘工作面遇到下列情况之一时,必须进行探放水,探水前必须确定探水线并绘制在采掘工程平面图上:

① 接近水淹或可能积水的井巷、老空或相邻煤矿时。

② 接近含水层、导水断层、暗河、溶洞和导水陷落柱时。

③ 打开防隔水煤(岩)柱放水前。

④ 接近可能与河流、湖泊、水库、蓄水池、水井等相通的断层破碎带时。

⑤ 接近有出水可能的钻孔时。

⑥ 接近水文地质条件复杂的区域时。

⑦ 采掘破坏影响范围内有承压含水层或含水构造、煤层与含水层间的防隔水煤(岩)柱厚度不清,可能突水时。

⑧ 接近有积水的灌浆区时。

⑨ 接近其他可能突水地区时。

(2) 采掘工作面探水前,必须编制探放水设计和安全措施,确定探水警戒线,并采取防止瓦斯与其他有害气体危害、避灾等安全措施。

(3) 为了保证井下采掘工作顺利进行,不受水害的影响,在采掘工作面与积水区之间必须保持一定的安全距离,以此作为探水的起点,这条探水的边界线叫探水线。对矿井采掘工作造成的老空、老巷、硐室等积水区,其边界位置应准确,水文地质条件应清楚,水压不超过

0.98 MPa 时,探水线至积水区的最小距离:煤层中不得小于 30 m,岩层不得小于 20 m。

(4) 对矿井的积水区,虽有图纸资料,但不能确定积水区边界位置时,探水线至推断的积水区边界的最小距离不得小于 60 m。

(5) 对有图纸资料的老空,探水线至积水区边界的最小距离不得小于 60 m;对没有图纸资料可查的老空,应坚持"有疑必探、先探后掘"的原则。

(6) 掘进巷道附近有断层或陷落柱时,探水线至最大摆动范围内预计煤柱线时的最小距离是否小于 60m;矿石门揭开含水层前,其探水线至含水层的最小距离是否少于 20 m。

四、巷道穿过同河流、湖泊、溶洞、含水层等有水力联系的断层、裂缝破裂线时的安全措施的检查

(1) 掘进过程中是否采取探水前进措施,是否通过超前钻探孔了解断层、裂缝破裂的宽度、含水性和水压等。

(2) 是否根据钻探资料,在巷道穿过破碎线之前,分别采取预注浆和疏放水措施。遇到断层、裂缝破裂线同河流、湖泊、水源充沛的溶洞和含水层联系密切时,是否采取预注浆措施;破裂线同水源贫乏、以降水为主的溶洞和含水层发生水力联系时,是否采取疏放水措施。

(3) 当资料不充分,预计涌水量不可靠或预计矿井涌水量大于矿井工作水泵排水能力的 20% 时,是否砌筑防水闸门。

(4) 穿过破裂线的一般巷道,每次掘进的长度是否超过 2 m,紧接砌碹加底拱,其范围是否超出破裂带两侧各 10 m,碹内是否预留注浆管,注浆压力是否低于 0.78 MPa。

五、对采掘隔离煤柱的检查

(1) 开采水淹区域下的隔离煤柱时,是否在积水完全排除以后进行,是否制定安全措施,是否报总工程师(技术负责人)批准。

(2) 为了预防盲洞、巷道冒顶矸石被淤塞或被断层隔离而形成的孤立积水和重新积水,是否继续执行探放水措施。

(3) 在掘透老空前是否认真检查有毒有害气体情况,当发现有害气体时,是否采取了预先放出的措施,掘透老空后,是否加强通风,吹散有害气体,避免再度积聚。

(4) 在采掘隔离煤柱时是否有加强支架、预防顶板塌落事故的发展的措施。

六、对透水预兆的检查

(一)矿井透水前的预兆

一般说来,矿井透水前主要有下列几种预兆:

(1) 挂汗。积水区的水,在自身压力作用下,通过煤岩裂隙在采掘工作面的煤岩壁上聚结成许多水珠的现象,叫挂汗。井下空气中的水分遇到低温的煤体,有时也可能聚结成水珠,这是假象。区别真假挂汗的方法是,仔细观察新暴露的煤壁面上是否潮湿,若潮湿则是透水预兆。

(2) 挂红。矿井水中含有铁的氧化物,在它通过煤岩裂隙而渗透到采掘工作面的煤岩体表面时,会呈现暗红色水锈,这种现象叫挂红。挂红是一种出水信号。

(3) 水叫。含水层或积水区内的高压水,向煤壁裂隙挤压时,与两壁摩擦会发出"嘶嘶"

叫声,说明采掘工作面距积水区或其他水源已经很近了,若是煤巷掘进,则透水即将发生,这时必须立即发出警报,撤出所有受水威胁的人员。

(4)空气变冷。采掘工作面接近积水区域时,空气温度会骤然下降,煤壁发凉,人一进入工作面就有凉爽、阴冷的感觉;但注意,受地热影响较大的矿井地下水的温度偏高,当采掘工作面接近积水区时,气温反而升高。

(5)出现雾气。当采掘工作面气温较高时,从煤壁渗出的积水,就会被蒸发而形成雾气。

(6)顶板淋水加大。

(7)顶板来压,底板鼓起。

(8)水色发浑,有臭味。

(9)采掘工作面有害气体增加,积水区向外散发出瓦斯、二氧化碳和硫化氢等有害气体。

(10)裂隙出现渗水,如果出水清净,则离积水区较远;若出水浑浊,则离积水区已近。

(二)水源不同时发生透水预兆的特点

由于矿井水的来源不同,发生透水前的预兆各有特点:

(1)老空水透水预兆。由于老空水积存时间较长,水量补给较差,故称"死水"。老空水透水预兆有挂红、酸性大、水味发涩的特点。

(2)溶洞水透水预兆。由于洞内积水长期侵蚀溶解,所以,水多呈灰色或灰黄色,带有臭味,有时也有挂红现象。另外,当采掘工作面接近石灰岩溶洞水时,可能出现顶底板来压、裂隙和柱窝渗水的现象。

(3)断层水透水预兆。断层破碎带中的地下水一般是流动的,补给较充分,故称"活水",所以,很少出现挂红现象,水无涩味而发甜;在岩巷中遇到或接近断层水时,有时在岩缝中可见到淤泥,水较混浊多呈黄色。另外,当采掘工作面接近含水断层破碎带时,会出现来压、淋水增大等现象。

(4)冲积层水透水预兆。浅部掘进井巷常遇到冲积层水,采空区顶板冒落,裂缝沟通冲积层时,也会遇到冲积层水。冲积层水透水的特点是,开始水量较少,呈黄色,并夹有砂子,以后便急剧增大。

(三)检查

(1)在煤岩中掘进,发现有挂红、挂汗、空气变冷、巷道发出雾气时是否立即停止掘进,加固支架,进行探放水。

(2)当有水叫声时是否立即发出警报,撤出所有受水威胁地点的人员。

(3)当巷道出现底鼓时,是否一面派人监视底鼓的发展变化,一面报告矿调度室,值班人员是否立即到现场对该地点进行观察研究,当确定是水压所造成时,是否立即通知施工区队采取紧急措施。

(4)防治水压底鼓的紧急措施是否恰当,是否先在底鼓地铺设密集地梁,拉立柱或木垛控制底鼓的发展,是否在底鼓发展缓慢或基本被控制的情况下打钻孔放水泄压,在打钻时是否下好孔口套管,是否使套管底端与巷道底板之间保持一定的岩柱,防止突破。

(5)涌水时是否采取以下几个方面的应急措施:

① 立即通知泵房人员将水仓水位降低到最低程度，以争取较长的缓冲时间。

② 水文地质人员应进行涌水地点涌水量的大小及其变化的测定，记述围岩及巷道破坏变形情况，察看观测孔水位以及河、湖、泉的水体变化，分析判断水来源和最大突水量、发展趋势，以便采取必要的防止淹井措施。

③ 检查维护排水设施和输电线路，了解水仓现有容积，派人清挖水沟，当水中携带大量泥沙、浮煤时可在水仓进口以里大巷内分段建筑临时挡墙，使其沉淀，减少水仓淤塞。

④ 为了防止水泵笼头被堵塞，应组织会水人员潜水清除笼头上的杂物，并有强有力的领导进行指挥。

⑤ 准备好带笼头的胶皮吸水管和临时水窝，以便在通路堵塞时使用。检查防水闸的关闭是否灵活、严密，并派认真负责的人员看守，清挖淤渣，拆卸短节轨道等，做好准备，待命关闭。

⑥ 当查清地面水体与突水有关联时，应迅速派人进行堵塞，减少补给量。当顶板蹿水冒砂时，应及时用水砂分离的治砂方法进行多层阻隔。

⑦ 当排水能力负担不了涌水量时可根据具体条件采取措施，保住矿井，其措施有：在有下山巷道的地区，可将涌水灌入下山；在较长水平巷的适当地点，用(砂)土袋分段筑坝蓄水，躲避洪峰，确保不被水冲溃；迅速关闭防水闸，在关闭前清查闸内人员使其全部撤出。采取上述措施不能阻挡淹井时，井下所有的人员按避灾路线向高处撤退，迅速向安全出口转移并升井。

七、对带压开采防止突水的检查

(1) 矿井是否加强了水文地质工作，是否随着工作面推进的同时，观测所遇到的地质、水文地质现象，对原有资料进行修改、补充，综合分析，全面研究，逐步查清地质构造分布规律及断层对隔水层的破坏减薄情况，编制矿井水文地质图纸。

(2) 采掘工作进行前，是否提出地质说明书，开展短期地质、水文地质预报工作，预测构造和突水因素。

(3) 在编制采掘设计和作业规程时是否根据水文地质资料，提出防治水的措施。

(4) 在采掘时是否坚持有疑必探、先探后掘的超前钻探制度。

(5) 对较大断层、防水煤岩柱、断层下盘进行采掘时是否引起特别重视，采取切实可行的措施。

(6) 穿过落差较大和导水性能良好的断层时是否严格执行《规程》有关规定。

(7) 是否选好适宜地点建筑防水闸门。

(8) 是否配备超过承压含水层最大突水量的排水设施，其水泵管路质量是否达到要求。

(9) 开采方法及顶板管理是否适应带压开采的需要，能否尽量减少矿山压力对煤层底板的影响。

八、疏放降压开采受含水层威胁的煤层的检查

(1) 疏放降压开采受含水层威胁的煤层时是否制定安全措施，报矿总工程师批准。

(2) 当煤层的上覆岩层或底板岩层中有强含水层且其与煤层的间距小于因采掘活

动所产生的冒落导水裂缝高度,煤层顶底板隔水层每米承受的水压大于某一极限值时,是否有计划地采用控制疏水降压措施,是否将含水层的压力降到隔水层所允许的安全水头值以下。

（3）是否在疏水前进行打钻测压,钻孔的质量是否符合标准,有无安全措施,疏水设备是否齐全、合理。

九、对井下防水闸门的检查

在矿井有突水危险的采掘区域,应在其附近设置防水闸门。不具备建筑水闸门的隔离条件时,可以不建水闸门,但必须制定严格的其他防治水措施,由企业负责人审批。

（1）防水闸门必须由有资质的单位设计,门体采用定型设计。

（2）防水闸门的施工及其质量必须符合设计要求。闸门和闸门硐室不得漏水。

（3）防水闸门硐室前、后两端,应分别砌筑不少于 5 m 的混凝土护硐,硐后用混凝土填实,不得空帮、空顶。防水闸门硐室和护硐必须采用高标号水泥进行注浆加固,注浆压力应符合设计要求。

（4）防水闸门来水一侧 15～25 m 处,应加设 1 道挡物算子门。防水闸门与算子门之间,不得停放车辆或堆放杂物。来水时先关算子门,后关防水闸门。如果采用双向防水闸门,应在两侧各设 1 道算子门。

（5）通过防水闸门的轨道、电机车架空线、带式输送机等必须灵活易拆;通过防水闸门墙体的各种管路和安设在闸门外侧的闸阀的耐压能力,都必须与防水闸门所设计压力相一致;电缆、管道通过防水闸门墙体时,必须用堵头和阀门封堵严密,不得漏水。

（6）防水闸门必须安设观测水压的装置,并有放水管和放水闸阀。

（7）防水闸门竣工后,必须按设计要求进行验收;对新掘进巷道内建筑的防水闸门,必须进行注水耐压试验,水门门内巷道的长度不得大于 15 m,试验的压力不得低于设计水压,其稳压时间应在 24 h 以上,试压时应有专门安全措施。

（8）防水闸门的设备、附件和工具是否完好无缺,门扇关闭是否灵活,密封、接触是否良好,门框与混凝土的接触处有无新的裂缝损伤,闸门是否质量完好。门扇在日常开启状态下,其下是否加支撑。每年是否对门扇门框进行一次刷油,以防锈蚀。

第三节　井下探放水的检查

一、探水线的确定

在矿井遇到含水体时是否坚持"有疑必探、先探后掘"的探放水原则。采掘工作面遇到下列情况之一时,必须确定探水线进行探水:

（1）接近水淹或可能积水的井巷、老空或相邻煤矿时。

（2）接近含水层、导水断层、溶洞和导水陷落柱时。

（3）打开隔离煤柱放水时。

（4）接近可能与河流、湖泊、水库、蓄水池、水井等相通的断层破碎带时。

（5）接近有出水可能的钻孔时。

（6）接近有水的灌浆区时。

（7）接近其他可能出水的地区时。

经探水确认无突水危险后，方可前进。

二、探放水设计

探水、接近积水地区、排放被淹井巷的积水时是否编制探放水设计和防治有害气体的安全措施，是否经矿总工程师批准；探放水工作是否有专人负责。

探放水设计应根据水文资料的掌握程度、积水区水头压力、水量、煤层和岩层厚度及强度等因素具体规定下列内容：

（1）探水起点

由于积水范围难以准确掌握，探水起点与可疑水源间必须留出安全距离。

① 对本矿井采掘造成的老空、老巷、硐室等积水区，其边界线和水文条件较清楚，水压不超过 1 MPa 时，探水线至积水区的最小距离：煤层中不得小于 30 m，岩层中不得小于 20 m。

② 对本矿井或小窑的积水区，其积水界线不能确定时，探水线至推断的积水界线的最小距离不得小于 60 m。

③ 掘进巷道附近有断层或陷落柱时，探水线到其预计煤柱线的最小距离不得小于 60 m。

④ 石门揭开含水层时，探水线至含水层的最小距离不得小于 20 m。

（2）钻孔深度及超前距离

使钻孔保持超前采掘工作面不小于 20 m（薄煤层内不得小于 5 m，岩层不得小于 5～10 m），钻孔深一般在 40 m 左右。这样每打两次钻，可连续采掘 20～30 m。

（3）钻孔直径

探水钻孔一般兼作排水钻孔。因此，确定孔径时，既要使积水能顺利排出，又要防止冲垮煤壁，所以孔径以不大于 75 mm 为宜。

（4）钻孔布置与孔数

根据地质条件，如煤层走向和倾角的变化，采掘巷道与可能积水区的相对位置，以能保持安全岩柱厚度，防止漏探，安全、经济而且满足的施工速度为准则，确定钻孔布置及孔数。

对于工作面前方和左右两侧受水威胁的缓倾斜薄煤层，钻孔按扇形布置；当积水区确定在巷道一侧时，钻孔可按半扇形布置；中厚以上煤层中掘进过程中探水时，不仅要考虑水平方向的布置和密度，还要考虑垂直方向的布置和密度，要使钻孔进入顶底板围岩。

探断层水的钻孔可与探断层位置和构造（落差、走向、倾角）的钻孔结合起来考虑。当井田边界以大断层为界，而另一侧又有强含水层时，掘进过程中应该探明断层的位置和产状要素，以便留有足够的防水煤柱。其开孔位置必须在防水煤柱外和断层应力影响带以外，防止煤柱及断层附近煤岩破碎，出水后不易控制。

钻孔个数以保证钻孔有必需的密度为原则，一般不得少于 3 个。

（5）探水时的安全措施

① 探水前应加固探水工作面支架，背好帮顶；以免压力水冲垮煤壁和支架。

② 清理好巷道,保证安全撤退路线畅通无阻,20°以上的倾斜巷道要设梯子和扶手。

③ 保证排水沟畅通,并有适当的坡度和断面。保证水仓和排水设备有足够的容量。

④ 探水地点要安设电话,一旦发现透水而又无法控制时,可立即通知有关的险区人员撤离(撤退路线应事先拟定好)。

⑤ 打钻过程中,如发现煤岩变松或沿钻杆向外流水超过正常打钻供水量时,必须立即停钻(但不得移动或拔出钻杆),派人监视水情,并报告矿调度室。如果情况危急,必须立即通知所有受水害威胁地点人员撤人,并采取应急措施。

⑥ 钻孔接近老空区,估计有可能涌出沼气或其他有害气体时,必须有测气员或救护队在现场值班,检查空气成分。发现有害气体超过规定时,立即停钻、停电、撤人,并报告调度室处理。

⑦ 预计水压较大时,孔口要用套管加固。使钻杆通过套管打钻,套管上装有水压表及闸阀,探到水源后,即利用套管放水。

⑧ 工作人员要熟悉透水预兆,当发现透水预兆或发生大量涌水时,应立即报告调度室,采取措施,或安全撤退。

三、探放水时注意问题

(1) 对探放水作业前的检查:

① 探水前是否加强钻孔附近的巷道支架,背好帮顶,是否在工作面迎头打好坚固的支柱和拦板。

② 是否清理好巷道的浮煤,挖好排水沟。

③ 在打钻地点附近是否安设有专用电话,以便遇到紧急情况时可以及时向矿调度室报告。

④ 是否有测量和负责防探水人员亲临现场指挥,确定探水钻孔方位、角度、钻孔数目和钻进深度。

(2) 在探水作业中是否遵守下列规定:

① 当钻孔钻进时,发现煤岩松软、片帮、来压或钻眼中水压、水量突然增大,以及顶钻等异状时,必须停止钻进,但不得拔出钻杆,应立即向矿调度室报告,并派人监测水情。当发现情况危急时,必须立即撤出所有受水威胁地区的人员,并采取措施,进行处理。

② 探水钻机后面和前面给进手把活动范围内不得站人。

③ 钻眼接近老空,预计可能有瓦斯或其他有害气体涌出时,必须有瓦斯检查员或矿山救护队在现场值班,检查空气成分,如果瓦斯或其他有害气体超过《规程》的有关规定时,必须停止打钻,切断电源,撤出人员,并报告矿调度室采取措施进行处理。

④ 钻孔放水前,必须估计积水量,根据矿井排水能力和水仓容量,控制放水眼的流量,同时观测水压变化。

⑤ 钻眼内水压过大时,可采用孔口防喷帽、防喷接头和盘根密封防喷器等反压、防压装置。

⑥ 钻眼流量突然变小或突然断水时要通孔 3～5 次,并补打检查孔核实是否将水放净;钻眼流量变大时,要通知泵房增开水泵台数,并通知水文地质人员分析增大原因,采取相应的措施。

　　(3) 探放水工作,除了检查施工方法和措施之处,对其管理制度必须认真检查以便在整个探放水过程中,避免水灾事故的发生。

　　① 探放水设计、说明书、安全措施、施工图是否经矿总工程师批准,是否按设计施工,是否有不经矿总工程师批准而任意改变设计的现象发生。

　　② 是否建立现场交接班制度,其交接班的主要内容如:钻孔深度、孔内和机械运动情况、有害气体情况是否清楚。

　　③ 探水施工过程中遇到水情及其他异状时是否及时汇报矿井调度室。

　　④ 每班作业结束后是否认真填写探水原始记录,并直接向负责探放水人员汇报;负责探放水人员是否及时整理探水资料,填绘探水图,送交矿总工程师审阅。

　　⑤ 是否建立了探水孔验收制度,各孔的方向、角度、孔深、安全套管等原始记录清楚、符合要求时方可撤移。

　　⑥ 允许掘进通知单和挂牌制是否认真执行,在探水钻孔竣工后,其探水钻孔的方向、角度、深度、探水日期、探水人员和监视人员姓名、探水起点和允许掘进距离及注意事项等是否写在五联单上,并分别送交矿总工程师、调度室、安全监察部门和施工区队。

第四节　井下探放水后掘进施工的检查

　　(1) 探水巷道的掘进断面是否过大,是否同时有两个安全出口,双巷掘进时是否在横贯两巷之间开掘安全躲避硐室。

　　(2) 掘进巷道的坡度是否有起伏不平的现象发生。

　　(3) 掘进工作面有透水征兆时,是否停止掘进,加固支架,并将人员撤到安全地点,向调度值班人员汇报。值班领导是否组织有关人员到现场查看分析情况,当发现情况危急时是否立即发出警报,撤出所有受水威胁地点的人员。

　　(4) 上山方向的水害未消除或正在探水时,是否执行了必须暂停工作的规定。

　　(5) 探到老空并已放水的掘进工作面,不能马上与老空区掘透,在施工过程中是否重打 2～3 个检查钻孔进行探水。

　　(6) 在探水巷道掘进时是否严格掌握巷道的掘进方向,即沿探水孔中心线掘进,如因地质变化偏离时,是否进行补充钻探或采取其他措施予以补救。

　　(7) 在掘进时是否经常注意盲巷、老空积水或断层隔离而形成的孤立积水区。

　　(8) 是否选择合理的掘进巷道爆破方法,是否在探水眼严密掩护下,保持设计超前距离和帮距时采取多打眼、少装药、放小炮的方法。

　　(9) 是否严格执行炮眼或掘进头有出水征兆、超前距离不够或偏离探水方向、掘进支架不牢固或空顶超过规定时不装药。

　　(10) 在上山巷道或坡度大的穿层斜石门掘进接近老空爆破时,是否将所有人员撤到联络道或下边平巷。

　　(11) 在掘进打眼时沿麻花钻杆向外流水时是否停止工作,不准拔出或晃动钻杆,是否设法固定,并向调度室汇报听候处理。

　　(12) 老空放水后允许恢复掘进时,当掘到离老空 3～5 m 处是否先用煤电钻打 2～3 个孔进行检查,当确系老空水放净之后,是否先用小断面从放水钻孔上方与老空区掘透。

（13）在掘进中班组长是否执行现场交接班制度，对允许掘进剩余的距离、可能出现的问题等是否清楚。

（14）掘进到批准位置时，其最后 0.5 m 是否停止爆破，用手镐刷齐迎头，以便下次探水时，安全套管不致安设在被炮震松的煤岩层内。

第五节　被淹井巷积水排放的检查

（1）排出井筒和下山的积水前，是否有矿山救护队检查水面上的空气成分，发现有有害气体时是否进行处理。

（2）用于排水的一切电气设备是否是防爆型的，有无"鸡爪子"、"羊尾巴"、明接头等。

（3）井筒排水是否使用明火、明刀闸开关，照明灯是否防爆，是否用安全矿灯。

（4）是否定期检查水面的空气成分，发现有害气体时，是否及时开动准备好的局部通风机，吹散有害气体。

（5）斜井或下山排水时是否及时构成已露出水面的井巷部分的通风系统，缩短局部通风机的通风距离，提高局部通风机效用。

（6）是否在马头门露出水面之前，提前开动主要通风机，使马头门露出后，瓦斯或其他有害气体顺回风流抽出，避免有害气体涌入井筒。

第六节　井下排水设备的检查

（1）是否有工作、备用和检修水泵。

工作水泵的能力，能否时内排出矿井 24 h 的正常涌水量（包括井下的充填水保安用水等）；备用水泵的能力是否大于工作水泵能力的 70%，且工作和备用水泵的总能力是否能在 20 h 内排出矿井 24 h 的最大涌水量；检修水泵的能力是否小于工作泵的 25%。

水文地质条件复杂或有突水危险的矿井，是否在主泵房内预留一定数量的水泵安装位置，或另外增加排水能力。

（2）是否有工作和备用水管。其中工作水管的能力是否能配合工作和备用水泵排出矿井 24 h 的正常涌水量；工作和备用水管的总能力，能否配合工作和备用水泵在 20 h 内排出矿井 24 h 的最大涌水量。水管是否接设及时，有无破洞漏水发生，铺设质量是否符合要求。

（3）配电设备是否适应工作，备用和检修水泵相适应，能否同时开动工作和备用的水泵。

（4）主要水泵房是否至少有 2 个出口。其中一个以斜巷通到井筒，另一个通井底车场，其通井底车场的通路内是否设置容易关闭的密闭门。

矿井主水仓是否有主仓和副仓。主要水仓的有效容量是否大于 8 h 的矿井正常涌水量。水仓是否经常清扫。水仓进口处是否设置算子，是否设置沉淀池。

下山开采的采区排水泵房应双回路供电，采区水仓的有效容量是否大于 4 h 的采区正常涌水量。

（5）排水系统的设备和管路是否按期检查和维护，特别是在雨季之前是否做好一切检查和维护工作；有无设备检查维修制度。

第七节　水害隐患排查与检查

一、水害隐患排查要求

（1）重大水害隐患：矿井水文地质资料不清,在水淹区积水面以下进行采掘活动,受底板岩溶水威胁严重、突水系数超过临界值,在塌陷积水区等地表水体下采煤,受顶板水、岩溶水、断层水、导水陷落柱威胁,存在老空积水等。

（2）对开采区域上部采空区有积水水患的矿井,必须先排空采空区积水,方可进行采掘活动;矿井具有突水预兆时,要立即报告矿井主要负责人,并撤退井下作业人员。煤矿企业对所存在的水害隐患要做到心中有数,并制定切实可行的整改方案,认真组织实施。

（3）在水患没有消除时,决不能抱有侥幸心理,坚决杜绝违法、违规、违章和冒险组织生产。

二、水害防治责任制检查

（1）煤矿企业主要负责人全面负责对防治水工作的领导,是矿井防治水工作的第一责任人。

（2）总工程师（技术负责人）是矿井防治水技术管理工作的主要责任人。

（3）要定期研究解决矿井重大水害隐患问题,保证防治水工程、资金、措施落实到位。

（4）煤矿企业要根据有关法律、法规和标准的规定,制定防治水方面有关劳动组织、技术管理及岗位责任制等规章制度,同时要根据本企业水害威胁程度制定矿井水灾应急预案。

（5）矿井水文地质条件复杂或存在重大水害隐患的煤矿,必须设立专门的防治水机构,配备水文地质专业技术人员。

三、矿井水文地质基础工作检查

（1）煤矿企业应根据《规程》、《煤矿防治水规定》等有关规定,查明矿井水文地质条件,编制矿井中长期防治水规划和年度防治水计划。

（2）完善和健全地下水动态观测网,收集、调查和核对相邻煤矿及废弃老窑情况,并在井上、下工程图上标出其位置、开采范围、开采年限、积水情况等,为防治水工作提供可靠的基础资料。

（3）建立水害隐患排查制度,根据矿井年度、季度、月度生产作业计划,进行水害预测预报,确定矿井水害防治的重点。

四、煤矿水害防治工作的安全检查工作

（1）各级煤矿安全检查部门要认真履行对煤矿水害的日常检查工作,对辖区内各类矿井定期开展水害隐患检查。

（2）督促企业认真落实水害防治责任制,并监督企业对查出的水害隐患进行认真整改,

对整改无望的要提请地方政府彻底进行关闭。

（3）对 3 个月内 2 次或 2 次以上发现有重大水害安全隐患而仍然进行生产的煤矿，要提请地方人民政府关闭该煤矿。

（4）凡发现矿井超层越界开采、非法开采的，要及时通报国土资源管理部门依法予以查处，按照《强化煤矿防治水管理十项特别规定》，要没收违法所得，并处违法所得 1 倍以上 5 倍以下罚款。

第八章　井下爆破安全检查

第一节　井下爆破管理的检查

一、矿井爆破管理制度检查

（1）井下爆破工作必须由专职爆破工担任。在煤（岩）与瓦斯（二氧化碳）突出煤层中，专职爆破工的工作必须固定在 1 个工作面。

（2）瓦斯矿井中爆破作业，爆破工、班组长、瓦检员执行"三人连锁放炮制"，执行"一炮三检制"。

（3）爆破工必须由经过专门培训、有 2 年以上采掘工龄的人员担任，并经考试合格，持证上岗。爆破工必须依照爆破作业说明书进行爆破作业。

（4）爆破管理制度检查：

① 爆破器材装卸、运输管理制度；

② 爆破器材贮存、保管制度；

③ 爆破器材发放、清退管理制度；

④ 雷管全电阻检查、编号管理制度；

⑤ 爆破器材防火、警卫制度；

⑥ 失效爆破器材销毁制度；

⑦ 爆破器材管理人员的岗位责任制度。

二、爆炸器材运输检查

1. 井筒内运送爆炸材料规定

（1）电雷管和炸药必须分开运送。

（2）必须事先通知绞车司机和井上下把钩工。

（3）罐笼升降速度，运送硝酸甘油类炸药或电雷管时，不得超过 2 m/s；运送其他类爆炸材料时，不得超过 4 m/s。吊桶升降速度，不论运送何种爆炸材料，都不得超过 1 m/s。司机在启动和停绞车时，应保证罐笼或吊桶不震动。

（4）在装有爆炸材料的罐笼或吊桶内，除爆破工或护送人员外，不得有其他人员。

（5）交接班、人员上下井时间，严禁运送爆炸材料。

（6）禁止将爆炸材料存放在井口房、井底车场或其他巷道内。

2. 人力运输爆破器材的规定

（1）运送人员在井下应随身携带完好的带绝缘套的矿灯。电雷管必须由爆破工亲自运送,炸药应由爆破工或在爆破工监护下由其他人员运送。

(2)爆炸材料必须装在耐压和抗撞冲、防震、防静电的非金属容器内。电雷管和炸药严禁装在同一容器内。炸药和电雷管应分别放在两个专用背包(木箱)内,禁止装在衣袋内。

严禁将爆炸材料装在衣袋内。领到爆炸材料后,应直接送到工作地点,严禁中途逗留。

(3)携带爆炸材料上下井时,在每层罐笼内搭乘的携带爆炸材料的人员不得超过4人,其他人员不得同罐上下。

(4)在交接班、人员上下井时间严禁携带爆炸材料人员沿井筒上下。

领到爆破材料后,应直接送到爆破地点,禁止乱丢乱放。

(5)不得提前班次领取爆破材料,不得携带爆破材料在人群聚集的地方停留。

(6)一人一次运送的爆破材料量不得超过:运搬雷管 5 000 发;拆箱(袋)运搬炸药 20 kg;背运原包装炸药一箱(24 kg);挑运原包装炸药两箱(48 kg);手推车 300 kg。

3. 煤矿许用爆破器材和爆破方式的检查

(1)煤矿井下爆破作业使用的煤矿用炸药材料和辅助爆炸材料,必须经国家授权的检验机构检验合格,并取得煤矿安全标志证书。

(2)爆炸材料新产品,经设计定型鉴定合格,报国家煤矿安全监察部门批准,并取得入井试用证书,方可在井下试用。

(3)不得使用过期或有严重变质现象的爆炸材料。不能使用的爆炸材料必须交回爆炸材料库。

(4)在煤矿井下的所有爆破作业工作面,都必须使用煤矿许用炸药和煤矿许用电雷管。所使用的煤矿许用炸药应由矿总工程师按矿井和爆破工作面所处区域的瓦斯等级合理选用。井下爆破作业,必须使用煤矿许用炸药和煤矿许用电雷管。煤矿许用炸药的选用应遵守下列规定:

低瓦斯矿井的岩石掘进工作面必须使用安全等级不低于 1 级的煤矿许用炸药。

低瓦斯矿井的煤层采掘工作面必须使用安全等级不低于 2 级的煤矿许用炸药。

高瓦斯矿井、低瓦斯矿井的高瓦斯区域,必须使用安全等级不低于 3 级的煤矿许用炸药。有煤(岩)与瓦斯突出危险的工作面,必须使用安全等级不低于 3 级的煤矿许用含水炸药。

不得使用黑火药和冻结或半冻结的硝酸甘油类炸药。

不得在 1 个炮眼中使用两种不同品种的炸药。

在采掘工作面,必须使用煤矿许用瞬发电雷管或煤矿许用毫秒延期电雷管。使用煤矿许用毫秒延期电雷管时,最后一段的延期时间不得超过 130 ms。不同厂家生产的或不同品种的电雷管,不得掺混使用。不得使用导爆管和普通导爆索,严禁使用火雷管。

在有瓦斯或煤尘爆炸危险的采掘工作面,应采用毫秒爆破。

在掘进工作面必须全断面一次起爆;在采煤工作面,可采用分组装药,但一组装药必须一次起爆。严禁在 1 个采煤工作面使用 2 台发爆器同时进行爆破。

在低瓦斯矿井的采掘工作面采用毫秒爆破时,可应用反向起爆;在高瓦斯矿井(低瓦斯矿井的高瓦斯区域)的采掘工作面采用毫秒爆破时,若采用反向起爆,必须制定安全技术措施,经矿总工程师批准。

在高瓦斯矿井和有煤与瓦斯突出危险的采掘工作面的实煤体中,为增加煤体裂隙、松动煤体而进行的 10 m 以上的深孔预裂控制爆破,可使用二级煤矿许用炸药,但必须制定安全措施,报矿总工程师批准。

第二节　爆破操作规程的检查

一、装配起爆药卷检查

《规程》第三百二十六条规定,装配起爆药卷时,必须遵守下列规定:

(1) 必须在顶板完好、支架完整、避开电气设备和导电体的爆破工作地点附近进行。严禁坐在爆炸材料箱上装配起爆药卷。装配起爆药卷数量,以当时当地需要的数量为限。

(2) 装配起爆药卷时,必须防止电雷管受震动、冲击、折断脚线和损坏脚线绝缘层。

(3) 电雷管必须由药卷的顶部装入,严禁用电雷管代替竹、木棍扎眼。电雷管必须全部插入药卷内。严禁将电雷管斜插在药卷的中部或捆在药卷上。

(4) 电雷管插入药卷后,必须用脚线将药卷缠住,并将电雷管脚线扭结成短路。

二、炮眼及装药检查

(1) 装药前,首先必须清除炮眼内的煤粉或岩粉,再用木质或竹质炮棍将药卷轻轻推入,不得冲撞或捣实。炮眼内的各药卷必须彼此密接。有水的炮眼,应使用抗水型炸药。

(2) 装药后,必须把电雷管脚线悬空,严禁电雷管脚线、爆破母线与运输设备、电气设备以及采掘机械等导电体接触。

(3) 炮眼封泥应用水炮泥,水炮泥外剩余的炮眼部分,应用黏土炮泥封实。封泥长度应按《规程》执行。

炮眼封泥也可用不燃性的、可塑性松散材料,如砂子、黏土和砂子的混合物等制成的黏土炮泥。严禁用煤粉、块状材料或其他可燃性材料作炮眼封泥。严禁裸露爆破。

无封泥、封泥不足或不实的炮眼严禁爆破。炮眼深度和炮眼的封泥长度,应符合下列要求:

① 炮眼深度小于 0.6 m 时,不得装药、爆破。在特殊条件下,如挖底、刷帮、挑顶确需浅眼爆破时,必须制定安全措施,报矿总工程师批准,可以小于 0.6 m,但必须封满炮泥。

② 炮眼深度为 0.6~1 m 时,封泥长度不得小于炮眼深度的 1/2。

③ 炮眼深度超过 1 m 时,封泥长度不得小于 0.5 m。

④ 炮眼深度超过 2.5 m 时,封泥长度不得小于 1 m。

⑤ 光面爆破时,周边光爆炮眼应用炮泥封实,且封泥长度不得小于 0.3 m。

⑥ 工作面有 2 个或 2 个以上自由面时,在煤层中最小抵抗线不得小于 0.5 m,在岩层中最小抵抗线不得小于 0.3 m,浅眼装药爆破大岩块时,最小抵抗线和封泥长度都不得小于 0.3 m。

三、连线及爆破检查

(1) 有下列情况之一时,都不得装药、爆破:

① 采掘工作面的控顶距离不符合作业规程的规定，或者支架有损坏，或者留有伞檐时。

② 装药前和爆破前爆破地点附近 20 m 内风流中瓦斯浓度达到 1.0% 时。

③ 在爆破地点 20 m 以内，有矿车、未清除的煤（矸）或其他物体堵塞巷道断面 1/3 以上时。

④ 炮眼内发现异状、温度骤高骤低、有显著瓦斯涌出、煤岩松散、透采空区等情况时。

⑤ 采掘工作面风量不足。

（2）爆破母线和连接线，应符合下列要求：

① 煤矿井下爆破必须采用符合标准的爆破母线。

② 爆破母线与连接线、电雷管脚线和连接线、脚线和脚线之间的接头必须相互扭紧并悬挂，不得与轨道、金属管、金属网、钢丝绳、刮板输送机等导电体接触。

③ 巷道掘进时，爆破母线应随用随挂。不得使用固定爆破母线，特殊情况下在采取安全措施后，可不受此限。

④ 爆破母线与电缆、电线、信号线应分别挂在巷道的两侧。如果必须挂在同一侧时，爆破母线必须挂在电缆的下方，并应保持 0.3 m 以上的悬挂距离。

⑤ 只准采用绝缘母线单回路爆破，严禁用轨道、金属管、金属网、水或大地等作回路。

⑥ 爆破前，爆破母线必须扭结成短路。

（3）井下爆破必须使用发爆器。

① 开凿或延深通达地面的井筒时，无瓦斯的井底工作面中可使用其他电源起爆，但电压不得超过 380 V，并必须有电力起爆接线盒。电力起爆接线盒所用的电源、线路连接的方法、开关的构造、装设的地点等都应编制设计，报矿总工程师批准。

② 发爆器的把手、钥匙或电力起爆接线盒的钥匙，必须由爆破工随身携带，严禁转交别人。不到爆破通电时，不得将把手或钥匙插入发爆器或电力起爆接线盒内。爆破后，必须立即将把手或钥匙拔出，摘掉母线并扭结成短路。发爆器或电力起爆接线盒都必须采用矿用防爆型（矿用增安型除外）。

③ 每次爆破作业前，爆破工必须做电爆网路全电阻检查。严禁用发爆器打火放电检测电爆网路是否导通。

④ 对发爆器必须统一管理、发放。定期对发爆器的各项性能参数进行校验，并进行防爆检查，不符合规定的严禁使用。

⑤ 严禁明火、普通导爆索或非电导爆管爆破和裸露爆破。

（4）爆破。

① 爆破前，班组长必须亲自布置专人，在警戒线和可能进入爆破地点的所有道路上担任警戒工作。警戒人员必须在有掩护的安全地点进行警戒。警戒线处应设置警戒牌、栏杆或拉绳等标志。

② 爆破前，脚线的连接工作可由经过专门训练的班组长协助爆破工进行。爆破母线连接脚线、检查线路和通电工作，只准爆破工一人操作。

③ 爆破前，班组长必须清点人数，确认无误后，方准下达起爆命令。爆破工接到起爆命令后，必须先发出爆破警号，至少再等 5 s，方可起爆。

④ 装药的炮眼必须当班爆破完毕。在特殊情况下，如果当班留下尚未爆破的装药的炮眼，当班爆破工必须向下一班爆破工在现场交清情况。

⑤ 爆破工必须最后离开爆破地点,并必须在有掩护的安全地点进行爆破。掩护地点到爆破工作面的距离,在作业规程中具体规定。

⑥ 在有煤尘爆炸危险的煤层中,掘进工作面爆破前后,附近 20 m 的巷道内,都必须洒水降尘。

⑦ 爆破前,机器、液压支架和电缆等,都必须加以可靠的保护或移出工作面。

四、特殊情况下的安全爆破检查

1. 处理卡在溜煤眼中的煤、矸时

处理卡在溜煤眼中的煤、矸时,如果确无爆破以外的办法,经矿总工程师批准,可爆破处理,但必须遵守下列规定:

(1) 必须采用经国家煤矿安全监察部门批准的用于溜煤眼的煤矿许用刚性被筒炸药或不低于此安全度的煤矿许用炸药。

(2) 每次爆破必须使用 1 个煤矿许用电雷管。最大装药量不得超过 450 g。

(3) 每次爆破前,必须检查溜煤眼内堵塞部位的上部和下部空间的瓦斯。

(4) 每次爆破前,必须洒水降尘。

(5) 在有安全威胁的地点必须撤人、停电。

有上述情况之一者,必须报告班长、队长,及时处理。在作出妥善处理前,爆破工有权拒绝装药、爆破。

2. 遇老空区爆破检查

(1) 爆破地点距老空区 15 m 前,必须通过打探眼等有效措施,探明老空区的准确位置和范围、瓦斯、积水及发火等情况,针对查明的情况,修正或调整安全措施,否则不准装药或爆破。

(2) 穿透老空区爆破时,必须撤离人员,并在无危险地点爆破。爆破后,必须在查明老空区情况,确认无危险时,才允许恢复工作。

(3) 打眼时,发现煤、岩变松软、炮眼内出水异常、工作面温度骤高骤低、瓦斯量增大等异常情况,说明工作面已临近老空区,必须查明原因,采取措施,爆破条件具备时才可以装药爆破。

(4) 必须坚持"有疑必探,先探后掘"的原则,发现异常情况,必须查明原因,采取措施,否则不准装药爆破,以免误通老空,发生透水、透火、大量涌出瓦斯以及瓦斯爆炸等事故。

3. 巷道贯通爆破检查

(1) 测量人员在巷道贯通前,必须勤给中线、腰线,打眼工和爆破工要严格按中线、腰线调整方向和坡度,布置炮眼。

(2) 贯通爆破前,要加固贯通地点的支架,背好帮顶,防止崩倒支架或冒顶埋人。

(3) 距贯通地点 5 m 内,要在工作面中心位置打探眼,探眼深度为进度的两倍,眼内不准装药,在有瓦斯工作面,爆破前将探眼用炮泥封死。

(4) 与停掘已久的巷道贯通时,应按上述规定认真执行,并在贯通前严格检查停掘巷道的瓦斯、煤尘、积水、支架和顶板,发现问题立即处理,否则不准贯通。

(5) 由班组长指派警戒人,并亲自接送。在班组长或班组长指定的专人来接以前,警戒人不得擅离岗位。

（6）按预测位置应贯通而未贯通时，应立即停止掘进，查明原因，重新采取贯通措施。

4. 接近积水区爆破检查

（1）接近积水区，要根据已查明的情况，编制切实可行的排放水设计和安全措施，否则禁止爆破。

（2）掘进工作面或其他地点发现有透水预兆（挂红、挂汗、空气变冷、出现雾气、水叫、顶板来压、底板鼓起或产生裂隙出现渗水、水色发浑有臭味等异状）时，必须发出警报，撤出所有受水威胁地点的人员。

（3）发现煤岩变松软、潮湿以及炮眼渗水等异常情况，应停止爆破。如正在打眼时应立即停止钻进，并不许拔出钻杆，立即向班组长或调度室汇报。

5. 震动爆破处理机采工作面坚硬夹矸的爆破检查

在一般情况下机采工作面（尤其是综采工作面）是不允许爆破的，以免崩坏机电设备和炮烟腐蚀液压支架立柱的镀层。但在机采工作面遇到坚硬的夹层时，《规程》规定：工作面遇有坚硬夹矸或黄铁矿结核时，应采用松动爆破措施处理，严禁用采煤机强行截割。具体注意事项如下：

（1）由工程技术人员根据夹矸的厚度、硬度、性质等情况，制定松动爆破的炮眼布置（包括深度、眼距、角度），装药量及封泥长度和设备保护等安全措施。

（2）在爆破前，将爆破区内的液压支架、电缆等用挡帘挡牢（或给液压支架穿上裤套），把采煤机开出爆破地点30 m以外，否则不许爆破。

（3）按措施中规定的装药量装药，并填满炮泥，以达到将夹矸震裂、破碎的要求，所规定的眼距应能达到炮眼间的夹矸发生贯穿裂缝的要求，眼深一般是机采进度的2倍。起爆应采用瞬发电雷管一次起爆或毫秒电雷管起爆。

（4）爆破时，严格执行"一炮三检制"。

6. 机采工作面爆破切口时的爆破检查

在使用单滚筒的采煤工作面，必须采用爆破的方法打出切口（即机窝）。

由于切口的位置在采煤工作面的上下两出口处，顶板暴露较大，加之上下两巷受回采面超前压和周期压等影响，往往顶板破碎或离层严重，因此，工作面与上下两巷连接处，维护比较困难，如操作不当，容易发生冒顶事故，因此，爆破工在爆破时，除严格执行正常的爆破制度与规定外，还必须注意以下各项：

（1）采煤工作面与上、下两巷衔接处不小于20 m的采动影响范围内，必须加强维护，支架和顶帮刹杆必须齐全，断梁折腿的支架必须及时更换，爆破前必须加固。

（2）工作面上下切口爆破区及其相邻的5 m范围内的支架和特殊支架必须齐全牢固，并有防倒措施。对于顶梁、摩擦式金属支柱或单体液体压支柱缺件和失效者必须立即更换，爆破前必须加固。

（3）爆破时刮板运输机的机头、机尾等设备及电缆要加以可靠的保护。

（4）装药量要适当，炮泥要足量。

7. 石门揭穿（开）突出煤层采用震动爆破时的爆破检查

石门揭穿（开）突出煤层前，当预测为突出危险工作面时，必须采取防治突出措施，经检验措施有效后，可用远距离爆破或震动爆破揭穿（开）煤层。厚度小于0.3 m的突出煤层，可直接采用震动爆破或远距离爆破揭穿。

　　(1) 揭穿(开)煤层的掘进工作面必须有独立、可靠、畅通的回风系统,在其进风侧的巷道中,应设置两道坚固的反向风门,在回风系统内必须切断电源,严禁人员通行或作业。与该回风系统相连的风门、密闭、风桥等通风设施必须坚固可靠,防止突出后的瓦斯涌入其他区域。

　　(2) 必须编制专门设计。爆破参数、爆破器材及起爆要求、爆破地点、反向风门位置、避灾路线、停电、撤人和警戒范围等,必须根据具体情况在设计中明确规定。

　　(3) 震动爆破由矿技术负责人统一指挥,并有矿山救护队员在指定地点值班,爆破 30 min 后矿山救护队员方可进入工作面检查。根据检查的结果,确定采取恢复送电、通风、排除瓦斯等具体措施。

　　(4) 如果震动爆破未能一次揭穿煤层,在掘进剩余部分时[包括掘进煤层和进入底(顶)板 2 m 范围内]必须按照震动爆破的安全要求,进行爆破作业。

　　(5) 为降低震动爆破诱发突出的强度,应采用挡拦设施。

　　(6) 石门揭穿煤层的全过程中必须特别加强支护,并应有发生突出时保证人员安全的措施。

　　(7) 采用金属骨架措施揭穿煤层后,严禁拆除或回收骨架。

　　(8) 震动爆破必须采用铜脚线毫秒雷管,雷管总延期时间不得超过 130 ms,严禁跳段使用。电雷管使用前必须进行导通试验。电雷管的连接必须使通过每一个电雷管的电流达到其引爆电流的 2 倍。爆破母线必须采用专用电缆,并尽可能减少接头,有条件的可采用遥控发爆器。

第九章　运输提升系统的检查

第一节　检查的重点内容

煤矿运输提升是煤矿生产系统的"动脉"。随着对矿井安全高效要求的不断提高,运输提升事故也越来越突出,为确保运输工作正常和安全运行,安全检查人员依据《煤矿安全规程》的规定,在现场要重点检查以下各项:

(1) 矿井运输工作环境、巷道断面和安全距离;

(2) 平巷和斜巷运送人员;

(3) 电机车运输;

(4) 倾斜井巷运输;

(5) 胶带输送机;

(6) 提升机;

(7) 立井提升;

(8) 矿井大型固定机械。

第二节　窄轨运输巷道断面及安全距离的检查

一、现场检查的内容

在矿井窄轨运输提升工作中,巷道断面的大小和轨道两侧及轨道上方的安全距离是搞好运输提升安全工作的重要条件。由于巷道失修变形造成断面窄小,人行道安全距离或敷设管路、电缆不符合《煤矿安全规程》规定等原因,造成矿井窄轨运输中运输设备挤、碰、撞、刮伤人事故发生。安全检查人员对运输巷道(包括人力推车巷道)的断面净高和安全距离等项应作重点检查。

(1) 主要运输巷道的净高。自轨面起是否低于 2 m,有架线电机车运输的巷道净高,是否符合《煤矿安全规程》第三百五十六条、三百五十七条要求。采区内的上、下山和平巷的净高是否低于 2 m,薄煤层内是否低于 1.8 m。

(2) 新建矿井、生产矿井新掘运输巷的一侧,从巷道道砟面起 1.6 m 的高度内,必须留有宽 0.8 m(综合机械化采煤矿井为 1 m)以上的人行道,管道吊挂高度不得低于 1.8 m;巷道另一侧的宽度不得小于 0.3 m(综合机械化采煤矿井为 0.5 m)。巷道内安设输送机时,输送机与巷帮支护的距离不得小于 0.5 m;输送机机头和机尾处与巷帮支护的距离应满足设备检查和维修的需要,并不得小于 0.7 m。巷道内移动变电站或平板车上综采设备的最突出部分,与巷帮支护的距离不得小于 0.3 m。

(3) 生产矿井已有巷道人行道的宽度不符合前面第(1)项的要求时,必须在巷道的一侧设置躲避硐,2 个躲避硐之间的距离不得超过 40 m。躲避硐宽度不得小于 1.2 m,深度不得小于 0.7 m,高度不得小于 1.8 m,躲避硐内严禁堆积物料。

(4) 在人车停车地点的巷道上下人侧,从巷道道砟面起 1.6 m 的高度内,必须留有宽1 m 以上的人行道,管道吊挂高度不得低于 1.8 m。

(5) 在双轨运输巷中,2 列列车最突出部分之间的距离,对开时不得小于 0.2 m,采区装载点不得小于 0.7 m,矿车摘挂钩地点不得小于 1 m。

(6) 人车站人行道宽度是否不小于 1 m。

(7) 曲线段巷道的人行道和双轨中心线是否按规定要求加宽。

(8) 通过车辆的风门,当机车和车辆通过时,其风门的高和宽与车体的安全距离是否符合《煤矿安全规程》第一百一十八条、第三百五十一条要求。

二、检查的方法

检查时,要按照《煤矿安全规程》规定,对现场实际尺寸进行实际测量,使其真正达到规定的标准。对于窄断面巷道,安全距离不符合上述规定的管路、风门等,机车不得进入该区间运行。

第三节　平巷和倾斜井巷车辆运送人员的检查

一、平巷车辆运送人员的检查

(1) 车辆运行的沿途巷道断面,巷道两侧敷设的管、线、电缆与车体最突出部分之间的安全距离,是否符合《煤矿安全规程》第二十二条的规定。

(2) 轨道质量是否达到优良。

(3) 车辆是否有顶盖。新建和改扩建矿井,是否用空矿车、翻斗车、底卸式矿车、物料车和平板车运送人员。

(4) 斜井人车是否有可靠的防坠器,当发生断绳、跑车时防坠器能否自动作用,手动操作机构是否灵活;斜巷是否用矿车运送人员。

为了保证人车安全可靠地运行,是否按《煤矿斜井人车规程细则》的有关规定,对防坠器进行检查和试验。

(5) 运送人员的列车有无跟车人。跟车人是否受过培训,经考试合格发证后持证上岗,是否坐在有手动防坠器手把或制动器手把的位置上。

(6) 跟车人在运送人员前,是否检查人车的连接装置、保险链和防坠器;防坠器是否每天进行一次静止手动落闸检查,是否先放 1 次空车。

(7) 运送人员的同时是否运送有爆炸性的、易燃性的或腐蚀性的物品,或附挂物料车。

(8) 平巷运送人员的列车行驶速度是否超过 4 m/s。

(9) 人员上下车地点是否有照明,架空线是否安设分段开关或自动停送电开关,人员上下车时是否能切断该区段架空线电源。

（10）双轨巷道乘车场是否设信号区间闭锁，人员上下车时，是否有其他车辆进入乘车场。

二、斜巷运输的检查

（1）斜巷断面、管线敷设、巷道支护是否符合《煤矿安全规程》规定；巷道两侧有无杂物，堆放物品与行车的距离是否符合规定。

（2）轨道铺设是否平直、稳固、不悬空，轨型是否符合规定要求。水沟是否畅通，水能否冲道床，地轮是否齐全有效。

（3）是否有足够的照明和完备的声、光信号，信号装置的直接供电线路上，是否分接其他负荷；甩车场是否设置甩车信号，甩车时能否发出警号。

（4）斜巷各车场有无信号硐室和躲避硐，是否设挡车器或挡车栏。上部水平车场，有无阻车器。在变坡点下方 20 m 处是否设挡车器或挡车栏。挡车器或挡车栏是否经常关闭，是否与绞车之间有电气闭锁，放车时是否打开。

（5）过卷开关上端有无过卷距离。过卷距离是否根据巷道的倾角、设计载荷、最大提升速度和实际制动力计算确定，是否有 1.5 倍的备用系数。

（6）斜巷运输时，是否严禁蹬钩。行车时是否严禁行人。绞车道上有无悬挂行车不许行人标志和信号。

（7）倾斜井巷运输矿车的钢丝绳、连接装置是否设专人负责检查，安全系数及有关要求是否符合《煤矿安全规程》的规定。

（8）挂钩工是否严格按操作规程作业，在矿车停稳后摘挂钩；开车前挂钩工是否检查牵引车数；有无多拉车；连接有无不良现象，防脱是否失效；装载物料超重、超高、超宽时，是否发出开车信号。

（9）搬运和调度绞车的安装基础是否固定；绞车是否有常用闸和保险闸；深度指示器上是否安设有防过卷装置，制动力矩倍数是否符合《煤矿安全规程》规定。

（10）提升量不大的绞车道兼作人行道时，是否做到行车不行人，是否设有梯步、躲避硐、行车信号；行人是否走人行道。

（11）司机下放重载时，是否有送电等违章操作，是否出现超速。

（12）钢丝绳严重锈蚀、过度磨损或断丝超限是否及时更换。

（13）司机操作运行中是否有过大的加减速度。

（14）矿车的插销、环链及连接件是否认真检查，有无漏检或挂钩工没挂好防脱插销或防脱失灵的现象。

（15）道床有无煤和石块造成行车颠簸的现象发生。

第四节　平巷及倾斜井巷运输的检查

在矿井平巷电机车运输中，常见的事故有行车中将行人碰撞受伤，运行中司机或蹬钩工本身被挤碰受伤害，机车电火花引起瓦斯煤尘事故。

一、轨道、道岔和架线的检查

（1）钢轨轨型是否与行驶车辆的吨位及地点相适应。新建或改扩建矿井中，对运行 7 t 及其以上机车或 3 t 及其以上矿车的轨道，是否采用不低于 30 kg/m 的钢轨。

（2）矿井轨道是否按标准铺设。主要运输巷道轨道的铺设质量是否符合下列要求：

① 扣件必须齐全、牢固并与轨型相符。轨道接头的间隙不得大于 5 mm，高低和左右错差不得大于 2 mm。

② 直线段 2 条钢轨顶面的高低差，以及曲线段外轨按设计加高后与内轨顶面的高低偏差，都不得大于 5 mm。

③ 直线段和加宽后的曲线段轨距上偏差为 +5 mm，下偏差为 −2 mm。

④ 在曲线段内应设置轨距拉杆。

⑤ 轨枕的规格及数量应符合标准要求，间距偏差不得超过 50 mm。道砟的粒度及铺设厚度应符合标准要求，轨枕下应捣实。对道床应经常清理，应无杂物、无浮煤、无积水。

（3）架线电机车运行的轨道是否符合下列要求：

① 两平行钢轨之间，每隔 50 m 应连接一根断面不小于 50 mm² 的铜线或其他具有等效电阻的导线。

② 线路上所有钢轨接缝处，必须用导线或采用轨缝焊接工艺加以连接。连接后每个接缝处的电阻，不得大于表 9-1 的规定。

表 9-1			钢轨接缝处电阻的最大值					
钢轨/kg·m⁻¹	15	18	22	24	30	33	38	43
接缝处的电阻的最大值 /Ω	0.000 27	0.000 24	0.000 21	0.000 20	0.000 19	0.000 18	0.000 17	0.000 16

③ 不回电的轨道与架线电机车回电轨道之间，必须加以绝缘。第一绝缘点设在两种轨道的连接处；第二绝缘点设在不回电的轨道上，其与第一绝缘点之间的距离必须大于一列车的长度。对绝缘点必须经常检查维护，保持可靠绝缘。

④ 在与架线电机车线路相联通的轨道上有钢丝绳跨越时，钢丝绳不得与轨道接触。

（4）同一线路是否使用同一型号钢轨。道岔的钢轨型号，是否不低于线路的钢轨型号。道岔的铺设质量是否符合规定：行驶人车的道岔应达到优良品，其他轨道道岔应达到合格品（《规程》第三百五十三条，《煤矿窄轨铁道维修质量标准及检查评级办法》要求）。矿井轨道使用期间维护、定期检修措施完善。

（5）架线电机车使用的直流电压，不得超过 600 V。

（6）自轨面算起，电机车架空线的悬挂高度是否符合下列要求：

① 在行人的巷道内、车场内以及人行道与运输巷道交叉的地方不小于 2 m；在不行人的巷道内不小于 1.9 m。

② 在井底车场内，从井底到乘车场不小于 2.2 m。

③ 在地面或工业场地内,不与其他道路交叉的地方不小于 2.2 m。

(7) 电机车架空线与巷道顶或棚梁之间的距离是否不小于 0.2 m。悬吊绝缘子距电机车架空线的距离,每侧是否不超过 0.25 m。电机车架空线悬挂点的间距,在直线段内是否不超过 5 m,在曲线段内是否不超过表 9-2 的规定值。

表 9-2　　　　　　　　　　　　电机车架空线曲线段悬挂点间距最大值

曲率半径/m	25～22	21～19	18～16	15～13	12～11	10～8
悬挂点间距/m	4.5	4	3.5	3	2.5	2

二、电机车运行区域的检查

(1) 低瓦斯矿井进风(全风压通风)的主要运输巷道内,可使用架线电机车,但巷道必须使用不燃性材料支护。

(2) 在高瓦斯矿井进风(全风压通风)的主要运输巷道内,应使用矿用防爆特殊型蓄电池电机车或矿用防爆柴油(内燃)机车。如果使用架线电机车,必须遵守下列规定:

① 沿煤层或穿过煤层的巷道必须砌碹或锚喷支护;

② 有瓦斯涌出的掘进巷道的回风流,不得进入有架线的巷道中;

③ 采用碳素滑板或其他能减小火花的集电器;

④ 高瓦斯矿井进风的主要运输巷道内使用架线电机车时,装煤点、瓦斯涌出的下风流中必须装设甲烷传感器。架线电机车必须装设便携式甲烷检测报警仪。

(3) 掘进的岩石巷道中,可使用矿用防爆特殊型蓄电池电机车或矿用防爆柴油(内燃)机车。

(4) 瓦斯矿井应使用矿用防爆特殊型蓄电池电机车或矿用防爆柴油(内燃)机车。

(5) 煤(岩)与瓦斯突出矿井和瓦斯喷出区域中,如果在全风压通风的主要风巷内使用机车运输,必须使用矿用防爆特殊型蓄电池电机车或矿用防爆柴油(内燃)机车,必须设车载式甲烷断电仪或便携式甲烷检测报警仪。

(6) 机车司机必须按信号指令行车,在开车前必须发出开车信号。机车运行中,严禁将头或身体探出车外。司机离开座位时,必须切断电机电源,将控制手把取下,扳紧车闸,但不得关闭车灯。

三、防爆特殊型电机车的电气设备的检查

(1) 各电气设备是否安装紧固,有无松动,有无失爆现象。

(2) 连接各电气设备之间的电缆是否完整无损,连接紧固。

(3) 防爆特殊型电机车在运行中是否打开电气设备;发现电源装置有异常现象,是否断电停车,由其他机车拖回库检查。

(4) 熔断器是否符合要求,是否用其他不合格的材料代用。

(5) 各电气设备是否超额定值运行。

四、矿用防爆型柴油动力装置的检查

（1）排气口的排气温度不得超过 70 ℃，其表面温度不得超过 150 ℃。

（2）排出的各种有害气体被巷道风流稀释后，其浓度必须符合《煤矿安全规程》第一百条的规定。

（3）各部件不得用铝合金制造，使用的非金属材料应具有阻燃和抗静电性能。油箱及管路必须用不燃性材料制造。油箱的最大容量不得超过 8 小时的用油量。

（4）燃油的闪点应高于 70 ℃。

（5）必须配置适宜的灭火器。

五、电机车运行的检查

（1）电机车安全设施

电机车的灯、铃（喇叭）、闸、连接器和撒砂装置是否正常或防爆部分是否失去防爆性能，列车或单独机车是否前有照明、后有红色尾灯；闸是否灵活可靠；施闸时列车制动距离，运送物料时是否超过 40 m，运送人员时，是否超过 20 m。运行的电机车是否有司机室棚。

（2）电机车运行

① 司机在电机车运行时是否集中精神瞭望前方，接近风门、道口、硐室出口、弯道、道岔、坡度大或噪声大等处所，及前面看机车行人或视线有障碍时，双轨两列车会车时，是否减低速度，发出警号。列车或单独机车是否必须前有照明，后有红灯。

② 机车在运行中，司机是否将头和身子探出车外。

③ 正常运行中，机车是否在列车前端（调车或处理事故时，不受此限）。

④ 顶车时跟车工引车，减速行驶，跟车工是否站在前边第一个车空里，以防顶车掉道挤伤人员。

⑤ 两机车或两列车在同一轨道同一方向行驶时，是否保持不小于 100 m 的距离。

⑥ 列车的制动距离每年至少测定 1 次。运送物料时不得超过 40 m；运送人员时不得超过 20 m。

六、架线电机车库和检修硐室

（1）在人员上下车时或该区段有人作业时，是否切断该区段架空线电源。

（2）使用架线式机车的人行车场是否装设自动停送电开关，保证上下人时架线无电。

七、人力推车的检查

（1）1 次只准推 1 辆车。严禁在矿车两侧推车。同向推车的间距，在轨道坡度小于或等于 0.5％时，不得小于 10 m；坡度大于 0.5％时，不得小于 30 m。

（2）推车时必须时刻注意前方。在开始推车、停车、掉道、发现前方有人或有障碍物，从坡度较大的地方向下推车以及接近道岔、弯道、巷道口、风门、硐室出口时，推车人必须及时发出警号。

（3）严禁放飞车。巷道坡度大于 0.7％时，严禁人力推车。

第五节　井下胶带运输的检查

一、滚筒驱动带式输送机的检查

（1）必须使用阻燃输送带。带式输送机托辊的非金属材料零部件和包胶滚筒的胶料，其阻燃性和抗静电性必须符合有关规定。

（2）巷道内应有充分照明。

（3）必须装设驱动滚筒防滑保护、堆煤保护和防跑偏装置。

（4）应装设温度保护、烟雾保护和自动洒水装置。

（5）在主要运输巷道内安设的带式输送机还必须装设：输送带张紧力下降保护装置和防撕裂保护装置；在机头和机尾防止人员与驱动滚筒和导向滚筒相接触的防护栏。

（6）倾斜井巷中使用的带式输送机，上运时，必须同时装设防逆转装置和制动装置；下运时，必须装设制动装置。

（7）液力偶合器严禁使用可燃性传动介质（调速型液力偶合器不受此限）。

（8）带式输送机巷道中行人跨越带式输送机处应设过桥。

（9）带式输送机应加设软启动装置，下运带式输送机应加设软制动装置。

（10）每台胶带机是否设专职司机持证上岗，开动后经常视察胶带运行情况。

（11）胶带巷是否班班清理，保持整洁畅通，有无杂物、浮煤和水，有无与其他物品相摩擦。

二、井巷中采用钢丝绳牵引带式输送机或钢丝绳芯带式输送机运送人员的检查

（1）在上、下人员的 20 m 区段内输送带至巷道顶部的垂距不得小于 1.4 m，行驶区段内的垂距不得小于 1 m。下行带乘人时，上、下输送带间的垂距不得小于 1 m。

（2）输送带的宽度不得小于 0.8 m，运行速度不得超过 1.8 m/s。钢丝绳牵引带式输送机的输送带绳槽至带边的宽度不得小于 60 mm。

（3）乘坐人员的间距不得小于 4 m。乘坐人员不得站立或仰卧，应面向行进方向，并严禁携带笨重物品和超长物品，严禁抚摸输送带侧帮。

（4）上、下人员的地点应设有平台和照明。上行带下人平台的长度不得小于 5 m，宽度不得小于 0.8 m，并有栏杆。上、下人的区段内不得有支架或悬挂装置。下人地点应有标志或声光信号，在距下人区段末端前方 2 m 处，必须设有能自动停车的安全装置。在卸煤口，必须设有防止人员坠入煤仓的设施。

（5）运送人员前，必须卸除输送带上的物料。

（6）应装有在输送机全长任何地点可由搭乘人员或其他人员操作的紧急停车装置。

（7）钢丝绳芯带式输送机应设断带保护装置。

第六节　矿井提升的检查

一、对提升绞车的检查

(一)制动装置的检查

(1)提升绞车必须装设深度指示器、开始减速时能自动示警的警铃与不离开座位即能操作的常用闸和保险闸,保险闸必须能自动发生制动作用。常用闸和保险闸共同使用1套闸瓦制动时,操作和控制机构必须分开。双滚筒提升绞车的2套闸瓦的传动装置必须分开。对具有2套闸瓦只有1套传动装置的双滚筒绞车,应改为每个滚筒各自有其控制机构的弹簧闸。提升绞车除设有机械制动闸外,还应设有电气制动装置。严禁司机离开工作岗位、擅自调整制动闸。

(2)保险闸必须采用配重式或弹簧式的制动装置,除可由司机操作外,还必须能自动抱闸,并同时自动切断提升装置电源。

常用闸必须采用可调节的机械制动装置。

对现用的使用手动式常用闸的绞车,如设有可靠的保险闸时,可继续使用。

用于辅助物料运输的滚筒直径在0.8 m及其以下的绞车或提升重量在8 t以下的凿井用稳车,可用手动闸。

(3)开凿立井时,悬挂吊盘、水泵和其他设备的稳车,必须装设可靠的制动装置和防逆转装置,并设有电气闭锁。

(4)保险闸或保险闸第一级由保护回路断电时起至闸瓦接触到闸轮上的空动时间:压缩空气驱动闸瓦式制动闸不得超过0.5 s,储能液压驱动闸瓦式制动闸不得超过0.6 s,盘式制动闸不得超过0.3 s。对斜井提升,为保证上提紧急制动不发生松绳而必须延时制动时,上提空动时间不受此限。盘式制动闸的闸瓦与制动盘之间的间隙应不大于2 mm。保险闸施闸时,杠杆和闸瓦不得发生显著的弹性摆动。

(5)提升绞车的常用闸和保险闸制动时,所产生的力矩与实际提升最大静荷重旋转力矩之比 K 值不得小于3。对质量模数较小的绞车,上提重载保险闸的制动减速度超过《煤矿安全规程》第四百三十三条所规定的限值时,可将保险闸的 K 值适当降低,但不得小于2。凿井时期,升降物料用的绞车 K 值不得小于2。

在调整双滚筒绞车滚筒旋转的相对位置时,制动装置在各滚筒闸轮上所产生的力矩,不得小于该滚筒所悬重物(钢丝绳重量与提升容器重量之和)形成的旋转力矩的1.2倍。

(二)保险装置的检查

提升绞车必须装设下列保险装置:

(1)防止过卷装置:当提升容器超过正常终端停止位置(或出车平台)0.5 m时,必须能自动断电,并能使保险闸发生制动作用。

(2)防止过速装置:当提升速度超过最大速度15%时,必须能自动断电,并能使保险闸发生作用。

(3)过负荷和欠电压保护装置。

（4）限速装置：提升速度超过 3 m/s 的提升绞车必须装设限速装置，以保证提升容器（或平衡锤）到达终端位置时的速度不超过 2 m/s。如果限速装置为凸轮板，其在 1 个提升行程内的旋转角度应不小于 270°。

（5）深度指示器失效保护装置：当指示器失效时，能自动断电并使保险闸发生作用。

（6）闸间隙保护装置：当闸间隙超过规定值时，能自动报警或自动断电。

（7）松绳保护装置：缠绕式提升绞车必须设置松绳保护装置并接入安全回路和报警回路，在钢丝绳松弛时能自动断电并报警。箕斗提升时，松绳保护装置动作后，严禁受煤仓放煤。

（8）满仓保护装置：箕斗提升的井口煤仓仓满时能报警和自动断电。

（9）减速功能保护装置：当提升容器（或平衡锤）到达设计减速位置时，能示警并开始减速。防止过卷装置、防止过速装置、限速装置和减速功能保护装置应设置为相互独立的双线型式。立井、斜井缠绕式提升绞车应加设定车装置。

二、立井提升的检查

（一）提升容器的检查

（1）立井中升降人员，是否使用罐笼或带乘人间的箕斗。在井筒内作业或因其他原因，如需使用普通箕斗或救急罐升降人员时，是否制定了安全措施。

（2）凿井期间，立井中升降人员采用吊桶时，是否遵守下列规定：

① 应采用不旋转的钢丝绳。

② 吊桶必须沿钢丝绳罐道升降。在凿井初期，尚未装设罐道时，吊桶升降距离不得超过 40 m；凿井时吊盘下面不装罐道的部分也不得超过 40 m；井筒深度超过 100 m 时，悬挂吊盘用的钢丝绳不得兼作罐道使用。

③ 吊桶上方必须装保护伞。

④ 吊桶边缘上不得坐人。

⑤ 装有物料的吊桶不得乘人。

⑥ 用自动翻转式吊桶升降人员时，必须有防止吊桶翻转的安全装置。严禁用底开式吊桶升降人员。

⑦ 吊桶提升到地面时，人员必须从井口平台进出吊桶，并只准在吊桶停稳和井盖门关闭以后进出吊桶。双吊桶提升时，井盖门不得同时打开。

（3）使用罐笼（包括有乘人间的箕斗）升降人员时，是否符合下列规定：

① 乘人层顶部应设置可以打开的铁盖或铁门，两侧装设扶手。

② 罐底必须满铺钢板，如果需要设孔时，必须设置牢固可靠的门；两侧用钢板挡严，并不得有孔。

③ 进出口必须装设罐门或罐帘，高度不得小于 1.2 m。罐门或罐帘下部边缘至罐底的距离不得超过 250 mm，罐帘横杆的间距不得大于 200 mm。罐门不得向外开，门轴必须防脱。

④ 提升矿车的罐笼内必须装有阻车器。

⑤ 单层罐笼和多层罐笼的最上层净高（带弹簧的主拉杆除外）不得小于 1.9 m，其他各层净高不得小于 1.8 m。带弹簧的主拉杆必须设保护套筒。

⑥ 罐笼内每人占有的有效面积应不小于 0.18 m²。

罐笼每层内 1 次能容纳的人数应明确规定。超过规定人数时,把钩工必须制止。

(4) 提升装置的最大载重量和最大载重差,是否在井口公布,是否存在超载和超载重差状态运行。箕斗提升是否采用定重装载。

(5) 升降人员或升降人员和物料的单绳提升罐笼、带乘人间的箕斗,是否装设有可靠的防坠器。

(二)罐笼平稳、安全运行的检查

(1) 提升容器的罐耳在安装时与罐道之间所留的间隙,是否符合下列规定:

① 使用滑动罐耳的刚性罐道每侧不得超过 5 mm,木罐道每侧不得超过 10 mm。

② 钢丝绳罐道的罐耳滑套直径与钢丝绳直径之差不得大于 5 mm。

③ 采用滚轮罐耳的组合钢罐道的辅助滑动罐耳,每侧间隙应保持 10~15 mm。

(2) 当罐道和罐耳的磨损达到下列程度时,必须更换:

① 木罐道任一侧磨损量超过 15 mm 或其总间隙超过 40 mm。

② 钢轨罐道轨头任一侧磨损量超过 8 mm,或轨腰磨损量超过原有厚度的 25%;罐耳的任一侧磨损量超过 8 mm,或在同一侧罐耳和罐道的总磨损量超过 10 mm,或者罐耳与罐道的总间隙超过 20 mm。

③ 组合钢罐道任一侧的磨损量超过原有厚度的 50%。

④ 钢丝绳罐道与滑套的总间隙超过 15 mm。

(3) 检查立井提升容器间及提升容器与井壁、罐道梁、井梁之间的最小间隙,是否符合表 9-3 中的规定。

表 9-3　　立井提升容器间及提升容器与井壁、罐道梁、井梁之间的最小间隙值

最小间隙/mm 间隙类别 罐道和井架布置		容器与容器之间	容器与井壁之间	容器与罐道梁之间	容器与井梁之间	备　注
罐道布置在容器一侧		200	150	40	150	罐耳与罐道卡子之间为 20
罐道布置在容器两侧	木罐道		200	50	200	有卸载滑轮的容器,滑轮与罐道梁间隙增加 25
	钢罐道		150	40	150	
罐道布置在容器正面	木罐道	200	200	50	200	
	钢罐道	200	150	40	150	
钢丝绳罐道		500	350		350	设防撞绳时,容器之间最小间隙为 200

① 提升容器在安装或检修后,第一次开车前必须检查各个间隙,不符合规定时,不得开车。

② 采用钢丝绳罐道,当提升容器之间的间隙小于表 9-3 中规定时,必须设防撞绳。

③ 凿井时,两个提升容器的导向装置最突出部分之间的间隙,不得小于 $0.2 + H/3~000$

m(H 为提升高度,m);井筒深度小于 300 m 时,上述间隙不得小于 300 mm。

(4) 钢丝绳罐道应优先选用密封式钢丝绳。每个提升容器(或平衡锤)设有 4 根罐道绳时,每根罐道绳的最小刚性系数不得小于 500 N/m,各罐道绳张紧力之差不得小于平均张紧力的 5%,内侧张紧力大,外侧张紧力小。一个提升容器(或平衡锤)只有两根罐道绳时,每根罐道绳的刚性系数不得小于 1 000 N/m,各罐道绳的张紧力应相等。

(5) 对金属井架、井筒罐道梁和其他装备的固定和锈蚀情况,是否每年检查一次。发现松动,是否采取加固或其他措施;发现防腐层剥落时,是否补刷防腐剂。检查和处理结果是否留有记录;建井用金属井架,每次移设后是否涂防腐剂。

(三) 防止井筒坠人和坠物的检查

(1) 检修人员站在罐笼或箕斗顶上工作时,是否遵守下列规定:

① 在罐笼或箕斗顶上,必须装设保险伞和栏杆。

② 必须佩戴保险带。

③ 提升容器的速度一般为 0.3~0.5 m/s,最大不超过 2 m/s。

④ 检修信号必须安全可靠。

(2) 立井使用罐笼提升时,井口、井底和中间运输巷的安全门是否与罐位和提升信号联锁:罐笼到位并发出停车信号后,安全门才能打开;安全门未关闭,只能发出调平和换层信号,但发不出开车信号;安全门关闭后,才能发出开车信号;发出开车信号后,安全门打不开。

(3) 井口、井底和中间运输巷是否设置摇台,摇台是否与罐笼停止位置、阻车器和提升信号系统连锁:罐笼未到位,放不下摇台,打不开阻车器;摇台未抬起,阻车器未关闭,发不出开车信号。

(4) 立井井口和井底使用罐座时,检查罐座是否设置了闭锁装置,罐座未打开,发不出开车信号。升降人员时,严禁使用罐座。

(四) 提升信号的检查

(1) 提升装置是否装有从井底信号工发给井口信号工以及从井口信号工发给绞车司机的信号装置。

① 井口信号装置是否同绞车的控制回路闭锁,只有井口把钩工发出信号后,绞车才能启动。

② 除常用的信号装置外,是否有备用信号装置。

③ 井底车场和井口之间、井口和绞车司机台之间,除上述信号装置外,是否还装设直通电话。

④ 一套提升装置供几个水平使用时,发出的信号是否有区别。

(2) 用多层罐笼升降人员或物料时,井上下各层出车平台是否都设有信号工。各信号工发送信号时,是否遵守下列规定:

① 井下各水平的总信号工收齐该水平各层信号工的信号后,方可向井口总信号工发出信号。

② 井口总信号工收齐井口各层信号工信号并接到总信号工信号后,才可向绞车司机发出信号。

③ 信号系统必须设有保证按上述顺序发出信号的闭锁装置。

（3）井底车场的开车信号是否由井口信号工转发给绞车房，除下列情况外，不得越过井口信号工直接向绞车司机发信号。

① 发送紧急停车信号。

② 箕斗提升（不包括带乘人间的箕斗的人员提升）。

③ 单容器提升。

④ 井上下信号连锁的自动化提升系统。

（4）井上下安全门和摇台与提升信号有无闭锁，安全门未关上或安全门开关未合上时，是否发不出信号；摇台未抬起，是否也发不出信号。

（5）检修井筒或处理事故时是否设置检修信号，即沿井壁随时可以供检修人员使用的开车、停车信号或电话。检修用信号是否安全可靠。

第七节　钢丝绳及连接装置的检查

一、钢丝绳安全性的检查

各种用途的钢丝绳悬挂时的安全系数是否符合表 9-4 的规定。

表 9-4　　　　　　　　　　提升钢丝绳安全系数最低值

用途分类			安全系数的最低值
单绳缠绕式提升装置	专为升降人员		9
	升降人员和物料	升降人员时	9
		混合提升时	9
		升降物料时	7.5
	专为升降物料		6.5
摩擦轮式提升装置	专为升降人员		$9.2H \sim 0.005H$
	升降人员和物料	升降人员时	$9.2H \sim 0.005H$
		混合提升时	$9.2H \sim 0.005H$
		升降物料时	$8.2H \sim 0.005H$
	专为升降物料		$7.2 \sim 0.005H$

注：1. 混合提升指多层罐笼同一次在不同层内提升人员和物料；2. H 为钢丝绳悬挂长度，m。

（1）提升装置使用中的钢丝绳做定期检验时，安全系数有下列情况之一的，必须更换：

① 专为升降人员用的小于 7。

② 升降人员和物料用的钢丝绳：升降人员时小于 7；升降物料时小于 6。

③ 专为升降物料用和悬挂吊盘用的小于 5。

（2）各种股捻钢丝绳在 1 个捻距内断丝断面积与钢丝总断面积之比达到下列数值时，必须更换：

① 升降人员或升降人员和物料用的钢丝绳为 5%。

② 专为升降物料用的钢丝绳、平衡钢丝绳、防坠器的制动钢丝绳（包括缓冲绳）和兼作运人的钢丝绳牵引带式输送机的钢丝绳为 10%。

③ 罐道钢丝绳为 15%。

④ 架空乘人装置，专为无极绳运输用的和专为运物料的钢丝绳，牵引带式输送机用的钢丝绳为 25%。

（3）以钢丝绳标称直径为准计算的直径减小量达到下列数值时，必须更换：

① 提升钢丝绳或制动钢丝绳为 10%。

② 罐道钢丝绳为 15%。

③ 密封钢丝绳外层钢丝厚度磨损量达到 50% 时。

（4）钢丝绳在运行中遭受到卡罐、突然停车等猛烈拉力时，必须立即停车检查，发现下列情况之一者，必须将受力段剁掉或更换全绳：

① 钢丝绳产生严重扭曲或变形。

② 断丝超过《煤矿安全规程》第四百零五条的规定。

③ 直径减小量超过《煤矿安全规程》第四百零六条的规定。

④ 遭受猛烈拉力的一段的长度伸长 0.5% 以上。

⑤ 在钢丝绳使用期间，断丝数突然增加或伸长突然加快，必须立即更换。

（5）钢丝绳的钢丝有变黑、锈皮、点蚀麻坑等损伤时，不得用做升降人员。钢丝绳锈蚀严重，或点蚀麻坑形成沟纹，或外层钢丝松动时，不论断丝数多少或绳径是否变化，必须立即更换。

二、对钢丝绳使用、保管及检验的检查

（1）使用和保管提升钢丝绳时，是否遵守下列规定：

① 新绳到货后，应由检验单位进行验收检验。合格后应妥善保管备用，防止损坏或锈蚀。

② 对每卷钢丝绳必须保存有包括出厂厂家合格证、验收证书和"MA"矿用安全标志等完整的原始资料。

③ 保管超过 1 年的钢丝绳，在悬挂前必须再进行 1 次检验，合格后方可使用。

④ 直径为 18 mm 及其以下的专为提升物料用的钢丝绳（立井提升用绳除外），有厂家合格证书，外观检查无锈蚀和损伤，可以不进行本条第一款第①项、第③项所要求的检验。

⑤ 主要提升装置必须备有检验合格的备用钢丝绳。

（2）提升钢丝绳的检验是否使用符合条件的设备和方法进行，检验周期是否符合下列要求：

① 升降人员或升降人员和物料用的钢丝绳，自悬挂时起每隔 6 个月检验一次；悬挂吊盘的钢丝绳，每隔 12 个月检验一次。

② 升降物料用的钢丝绳，自悬挂时起 12 个月时进行第一次检验，以后每隔 6 个月检验一次。摩擦轮式绞车用的钢丝绳、平衡钢丝绳以及直径为 18 mm 及其以下的专为升降物料用的钢丝绳（立井提升用绳除外），不受此限。

（3）新钢丝绳悬挂前的检验（包括验收检验）和在用绳的定期检验，是否按下列规定执行：

①　新绳悬挂前的检验：必须对每根钢丝做拉断、弯曲和扭转三种试验，并以公称直径为准对试验结果进行计算和判定：

a. 不合格钢丝的断面积与钢丝总断面积之比达到 6%，不得用做升降人员；达到 10%，不得用做升降物料。

b. 以合格钢丝拉断力总和为准算出的安全系数，如低于《煤矿安全规程》的规定时，该钢丝绳必须更换。

②　在用绳的定期检验：可只做每根钢丝的拉断和弯曲两种试验。试验结果，仍以公称直径为准进行计算和判定：

a. 不合格钢丝的断面积与钢丝总断面积之比达到 25% 时，该钢丝绳必须更换；

b. 以合格钢丝拉断力总和为准算出的安全系数，如低于规程的规定时，该钢丝绳必须更换。

③　新绳和在用绳的韧性指标必须符合表 9-5 的规定。

表 9-5　　　　　　　　　　　不同钢丝绳的韧性指标

钢丝绳用途	钢丝绳种类	钢丝绳韧性指标下限		说　明
		新绳	在用绳	
升降人员或升降人员和物料	光面绳	MT716 中光面钢丝韧性指标	新绳韧性指标的 90%	在用绳按 MT717 标准(面接触绳除外)
	镀锌绳	MT716 中 AB 类镀锌钢丝韧性指标	新绳韧性指标的 85%	
	面接触绳	GB/T16269—1996 中钢丝韧性指标	新绳韧性指标的 90%	
升降物料	光面绳	MT716 中光面钢丝韧性指标	新绳韧性指标的 80%	
	镀锌绳	MT716 中 A 类镀锌钢丝韧性指标	新绳韧性指标的 80%	
	面接触绳	GB/T16269—1996 中钢丝韧性指标	新绳韧性指标的 80%	
罐道绳	密封绳	特	普	按 GB352—1988 标准

(4) 使用有接头的钢丝绳时，是否遵守下列规定：

①　只能在平巷运输设备、30°以下倾斜井巷中专为升降物料的绞车、斜巷无极绳绞车、斜巷架空乘人装置及斜巷钢丝绳牵引带式输送机中使用有接头的钢丝绳。

②　在倾斜井巷中使用的钢丝绳，其插接长度不得小于钢丝绳直径的 1 000 倍。

(5) 检查钢丝绳的使用时间是否超过期限。

①　摩擦轮式提升钢丝绳的使用期限应不超过 2 年，平衡钢丝绳的使用期限应不超过 4 年。如果钢丝绳的断丝、直径缩小和锈蚀程度不超过规程的规定，可继续使用，但不得超过 1 年。

②　井筒中悬挂水泵、抓岩机的钢丝绳，使用期限一般为 1 年；悬挂水管、风管、输料管、安全梯和电缆的钢丝绳，使用期限一般为 2 年。到期后经检查鉴定，锈蚀程度不超过规定的，可以继续使用。

(6) 对钢丝绳的检查是否遵守下列要求：

① 提升钢丝绳、罐道绳必须每天检查一次。

② 平衡钢丝绳、防坠器制动绳(包括缓冲绳)、架空乘人装置钢丝绳、钢丝绳牵引带式输送机钢丝绳和井筒悬吊钢丝绳必须至少每周检查一次。

③ 对易损坏和断丝或锈蚀较多的一段应停车详细检查。断丝的突出部分应在检查时剪下。检查结果应记入钢丝绳检查记录簿。

④ 对使用中的钢丝绳,应根据井巷条件及锈蚀情况,至少每月涂油一次。

三、连接装置的检查

(1) 立井提升容器与提升钢丝绳的连接,是否采用楔形连接装置。每次更换钢丝绳时,是否对连接装置的主要受力部件进行探伤检验,合格后才能继续使用。楔形连接装置的累计使用期限是否符合要求:单绳提升不得超过 10 年;多绳提升不得超过 15 年。

(2) 倾斜井巷运输时,矿车之间的连接、矿车与钢丝绳之间的连接,是否使用不能自行脱落的连接装置,并加装保险绳。倾斜井巷运输用的钢丝绳连接装置,在每次换钢丝绳时,是否用 2 倍于其最大静荷重的拉力进行试验。倾斜井巷运输用的矿车连接装置,是否至少每年进行一次 2 倍于其最大静荷重的拉力试验。

(3) 立井和斜井使用的连接装置的性能指标和投用前的试验,是否符合下列要求:

① 各类连接装置主要受力部件以破断强度为准的安全系数必须符合表 9-6 的规定:

表 9-6　　　　　　　　　　　　连接装置的安全系数

用途分类	专为升降人员或升降人员和物料的提升容器	专为升降物料的提升容器	斜井人车	矿车的车梁、碰头和连接插销	无极绳	吊桶	凿井用吊盘、安全梯、水泵、抓岩机的悬挂装置	凿井用风管、水管、风筒、注浆管的悬挂装置	倾斜井巷中使用的单轨吊车、卡轨车和齿轨车	
									运人时	运物时
安全系数的最低值	13	10	13	6	8	13	10	8	13	10

② 各种环链及吊桶提梁等的安全系数,必须以曲梁理论计算的应力为准,并同时符合以下两项要求:

a. 按材料屈服强度计算的安全系数,不小于 2.5。

b. 以模拟使用状态拉断力计算的安全系数,不小于 13。

③ 各种连接装置主要受力件的冲击功必须符合下列规定:

a. 常温(15 ℃)下大于或等于 100 J;

b. 低温(−30 ℃)下大于或等于 70 J。

④ 各种保险链以及矿车的连接环、链和插销等,必须执行下列规定:

a. 批量生产的,必须做抽样拉断试验,不符合要求时不得使用。

b. 初次使用前和使用后每隔 2 年,必须逐个以 2 倍于其最大静荷重的拉力进行试验,发现裂纹或永久伸长量超过 0.2% 时,不得使用。

(4) 开凿立井和倾斜井巷时,升降人员和物料的提升装置的连接装置,不得作其他用途。

(5) 防坠器的各个连接和传动部分,必须经常处于灵活状态。新安装或大修后的防坠器,是否定期进行脱钩试验,合格后方可使用。

① 对使用中的立井罐笼防坠器,应每 6 个月进行一次不脱钩试验,每年进行一次脱钩试验。

② 对使用中的斜井人车防坠器,应每班进行 1 次手动落闸试验,每月进行一次静止松绳落闸试验,每年进行一次重载全速脱钩试验。

第八节　提升装置的检查

一、提升装置相关参数的检查

(1) 除移动式的或辅助性的绞车外,提升装置的天轮、滚筒、摩擦轮、导向轮和导向滚等的最小直径与钢丝绳直径之比值,是否符合下列要求:

① 落地式及有导向轮的塔式摩擦提升装置的摩擦轮及导向轮(包括天轮),井上不得小于 90,井下不得小于 80;无导向轮的塔式摩擦提升装置的摩擦轮,井上不得小于 80,井下不得小于 70。

② 井上提升装置的滚筒和围抱角大于 90°的天轮,不得小于 80;围抱角小于 90°的天轮,不得小于 60。

③ 井下提升绞车和凿井提升绞车的滚筒、井下架空乘人装置的主导轮和尾导轮、围抱角大于 90°的天轮,不得小于 60;围抱角小于 90°的天轮不得小于 40。

④ 矸石山绞车的滚筒和导向轮,不得小于 50。

⑤ 在以上提升装置中,如果使用密封式提升钢丝绳,应将各相应的比值增加 20%。

⑥ 悬挂水泵、吊盘、管子用的滚筒和天轮,凿井时运输物料的绞车滚筒和天轮,倾斜井巷提升绞车的游动轮,矸石山绞车的压绳轮以及无极绳运输的导向滚等,不得小于 20。

(2) 立井的天轮、主动摩擦轮、导向轮的直径或滚筒上绕绳部分的最小直径与钢丝绳中最粗钢丝的直径之比值,是否符合下列要求:

① 井上的提升装置,不小于 1 200。

② 井下和凿井用的提升装置,不小于 900。

③ 凿井期间升降物料的绞车和悬挂水泵、吊盘用的提升装置,不小于 300。

(3) 天轮到滚筒上的钢丝绳的最大内、外偏角是否都不超过 $1°30'$。单层缠绕时,内偏角是否保证不咬绳。

(4) 各种提升装置的滚筒上缠绕的钢丝绳层数严禁超过下列规定:

① 立井中升降人员或升降人员和升降物料的 1 层;专为升降物料的 2 层。

② 倾斜井巷中升降人员或升降人员和物料的 2 层;升降物料的 3 层。

③ 建井期间升降人员和物料的 2 层。

④ 现有生产矿井在用的绞车,如果在滚筒上装设过渡绳楔,滚筒强度满足要求且滚筒边缘高度符合规程规定,可按本条第①项、第②项所规定的层数增加 1 层。

⑤ 移动式的或辅助性的专为升降物料的(包括矸石山和向天桥上提升等)以及凿井时

期专为升降物料的准许多层缠绕。

（5）滚筒上缠绕 2 层或 2 层以上钢丝绳时，是否符合下列要求：

① 滚筒边缘高出最外 1 层钢丝绳的高度，至少为钢丝绳直径的 2.5 倍。

② 滚筒上必须设有带绳槽的衬垫。

③ 钢丝绳由下层转到上层的临界段（相当于绳圈 1/4 长的部分）必须经常检查，并应在每季度将钢丝绳移动 1/4 绳圈的位置。

④ 对现有不带绳槽衬垫的在用绞车，只要在滚筒板上刻有绳槽或用 1 层钢丝绳作底绳，可继续使用。

（6）钢丝绳绳头固定在滚筒上时，是否符合下列要求：

① 必须有特备的容绳或卡绳装置，严禁系在滚筒轴上。

② 绳孔不得有锐利的边缘，钢丝绳的弯曲不得形成锐角。

③ 滚筒上应经常缠留 3 圈绳，用以减轻固定处的张力，还必须留有作定期检验用的补充绳。

（7）通过天轮的钢丝绳是否低于天轮的边缘，其高差是否满足：

① 提升用天轮不得小于钢丝绳直径的 1.5 倍。

② 悬吊用天轮不得小于钢丝绳直径的 1 倍。

③ 天轮的各段衬垫磨损达到 1 根钢丝绳直径的深度时，或沿侧面磨损达到钢丝绳直径的 1/2 时，必须更换。

（8）摩擦提升装置的绳槽衬垫磨损剩余厚度是否不小于钢丝绳直径，绳槽磨损深度是否不超过 70 mm，任一根提升钢丝绳的张力与平均张力之差是否不超过 ±10%。更换钢丝绳时，必须同时更换全部钢丝绳。

二、提升容器加、减速度及最大速度的检查

（1）立井中升降人员时的最大速度是否符合下列要求：

① 用罐笼升降人员时的加速度和减速度，都不得超过 0.75 m/s²；其最大速度不得超过用下式求得的数值，且最大不得超过 12 m/s。

$$v = 0.5\sqrt{H} \tag{9-1}$$

式中　v——最大提升速度，m/s；

　　　H——提升高度，m。

② 用吊桶升降人员时的最大速度：在使用钢丝绳罐道时，不得超过式（9-1）求得数值的 1/2；无罐道时，不得超过 1 m/s。

（2）立井升降物料时的最大速度是否符合下列要求：

① 提升容器的最大速度，不得超过用式（9-2）所求得的数值：

$$v = 0.6\sqrt{H} \tag{9-2}$$

式中　v——最大提升速度，m/s；

　　　H——提升高度，m。

② 用吊桶升降物料时的最大速度：在使用钢丝绳罐道时，不得超过用式（9-2）求得数值

的 2/3;无罐道时,不得超过 2 m/s。

（3）斜井提升容器的最大速度和最大加、减速度是否符合下列要求:

① 升降人员时的速度,不得超过 5 m/s,并不得超过人车设计的最大允许速度。升降人员时的加速度和减速度,不得超过 0.5 m/s²。

② 用矿车升降物料时,速度不得超过 5 m/s。

③ 用箕斗升降物料时,速度不得超过 7 m/s;当铺设固定道床并采用大于或等于 38 kg/m 钢轨时,速度不得超过 9 m/s。

三、制动装置的检查

（1）提升绞车是否装设有司机不离开座位即能操纵的常用闸和保险闸,并且符合下列要求:

① 常用闸必须采用可调节的机械制动装置。

② 保险闸必须采用配重式或弹簧式的制动装置,除可由司机操纵外,还必须能自动抱闸,并同时自动切断提升装置电源。

③ 当常用闸和保险闸共同使用一套闸瓦制动时,操纵和控制机构是否分开,双滚筒提升绞车的两套闸瓦的传动装置是否分开。

④ 对具有两套闸瓦只有一套传动装置的双滚筒绞车,应改为每个滚筒各自有其控制机构的弹簧闸。

⑤ 提升绞车除设有机械制动外,还应设有电气制动装置。

（2）保险闸或保险闸第一级由保护回路断电时起至闸瓦接触到闸轮上的空动时间是否过长:

① 压缩空气驱动闸瓦式制动闸不得超过 0.5 s。

② 储能液压驱动闸瓦式制动闸不得超过 0.6 s。

③ 盘式制动闸不得超过 0.3 s。

对斜井提升,为保证上提紧急制动不发生松绳而必须延时制动时,上提空动时间不受此限。

（3）盘式制动闸的闸瓦与制动盘之间的间隙是否不大于 2 mm。保险闸施闸时,杠杆和闸瓦不得发生显著的弹性摆动。

（4）分别计算常用闸和保险闸的制动力矩,是否符合下列要求:

① 提升绞车的常用闸和保险闸制动时,所产生的力矩与实际提升最大静荷重旋转力矩之比 K 值不得小于 3。

② 对质量模数较小的绞车,上提重载保险闸的制动减速度超过规程所规定的限值时,可将保险闸的 K 值适当降低,但不得小于 2。凿井时期,升降物料用的绞车 K 值不得小于 2。

③ 在调整双滚筒提升绞车滚筒旋转的相对位置时,制动装置在各滚筒闸轮上所产生的力矩,不得小于该滚筒所悬重量（钢丝绳重量和提升容器重量之和）形成的旋转力矩的1.2倍。

（5）在立井和倾斜井巷中,提升装置的保险闸发生作用时,全部机械的减速度是否符合表 9-7 中的值。

表 9-7 全部机械的减速度的规定值

减速度/m·s^{-2}　　倾角规定值 运行状态	<15°	15°≤θ≤30°	>30°
上提重载	≤A$_c$*	≤A$_c$	≤5
下放重载	≥0.75	≥0.3A$_c$	≥1.5

* $A_c = g(\sin\theta + f\cos\theta)$

式中　A_c——自然减速度,m/s^2;

　　　g——重力加速度,m/s^2;

　　　θ——井巷倾角,(°);

　　　f——绳端载荷的运行阻力系数,一般取 0.010～0.015。

四、保险装置的检查

提升绞车必须装设下列保险装置:防止过卷装置、防止过速装置、限速装置、深度指示器失效保护装置、闸间隙保护装置、松绳保护装置、满仓保护装置、减速功能保护装置等。

1. 防止过卷装置

(1)检查防止过卷开关的安设位置:应安设在超过正常终端停止位置(或出车平台)0.5 m 处。当提升容器超过时,能自动断电,并能使保险闸发生制动作用。

(2)检查立井提升装置的过卷和过放,是否符合下列规定:

罐笼和箕斗提升,过卷高度和过放距离不得小于表 9-8 所列数值。吊桶提升,其过卷高度不得小于表中数值的 1/2。

表 9-8 立井提升装置的过卷高度和过放距离

提升速度*/m·s^{-1}	≤3	4	6	8	≥10
过卷高度、过放距离/m	4.0	4.75	6.5	8.25	10.0

* 提升速度为表中所列速度的中间值时,用插值法计算。

(3)在过卷高度或过放距离内,应安设性能可靠的缓冲装置。缓冲装置应能将全速过卷(过放)的容器或平衡锤平稳地停住;并保证不再反向下滑(或反弹)。吊桶提升不受此限。

(4)过放距离内不得积水和堆积杂物。

2. 防止过速装置

当提升速度超过最大速度的 15% 时,必须能自动断电,并能使保险闸发生作用。

3. 限速装置

提升速度超过 3 m/s 的提升绞车必须装设限速装置,以保证提升容器(或平衡锤)到达终端位置时的速度不超过 2 m/s。如果限速装置为凸轮板,其在一个提升行程内的旋转角度应不小于 270°。

4. 深度指示器及失效保护装置

(1)检查深度指示器的位置指示与提升容器在井筒中的位置是否准确无误。

(2)检查深度指示器上装设的减速信号是否声、光完备。当提升容器接近井口停车位置前,安装在深度指示器上的减速信号是否开关闭合,发出减速声、光信号,提醒司机注意。

（3）当深度指示器失效时,是否能自动断电并使保险闸发生作用。

5. 闸瓦间隙保护装置

闸瓦的间隙是否符合规定:角移式闸瓦中心间隙是否大于 2.5 mm;平移式、盘式闸瓦间隙是否超过 2 mm。当闸瓦磨损超过上述数值时,闸瓦间隙保护开关动作后能否报警或自动断电。

6. 其他保险装置

（1）对缠绕式提升装置,是否设置松绳保护装置并接入安全回路和报警回路。可以用人为地触及松绳保护开关的方法,来检查该保护装置的灵敏可靠性能。

（2）用箕斗提升时,是否采用定量控制。井口煤仓是否装设满仓保护装置,满仓时能否报警和自动断电。满仓报警是否有信号灯和信号铃,是否显示明显,是否采用满仓断电闭锁装置。

（3）当提升容器（或平衡锤）到达设计减速位置时,减速功能保护装置能否示警并开始减速。

（4）防止过卷装置、防止过速装置、限速装置和减速功能保护装置应设置为相互独立的双线形式。

五、管理及各项规章制度的检查

（1）主要提升装置是否配有正、副司机,在交接班升降人员的时间内,是否由正司机操作,副司机监护。每班升降人员前,是否做到先开一次空车,检查绞车动作情况。

（2）新安装的矿井主要提升装置,是否经验收合格后投入使用。投入运行后的设备,是否每年进行一次检查,每三年进行一次测试,认定合格后方可继续使用。检查验收和测试内容是否包括下列项目:

① 各保险装置:防止过卷装置、防止过速装置、限速装置、深度指示器失效保护装置、闸间隙保护装置、松绳保护装置、满仓保护装置、减速功能保护装置等。

② 天轮的垂直和水平程度、有无轮缘变形和轮辐弯曲现象。

③ 电气、机械传动装置和控制系统的情况。

④ 各种调整和自动记录装置以及深度指示器的动作状况和精密程度。

⑤ 检查常用闸和保险闸的各部间隙及连接、固定情况,并验算其制动力矩和防滑条件。

⑥ 测试保险闸空动时间和制动减速度。对于摩擦轮式绞车,要检验在制动过程中钢丝绳是否打滑。

⑦ 测试盘形闸的贴闸压力。

⑧ 井架的变形、损坏、锈蚀和震动情况。

⑨ 井筒罐道的垂直度及固定情况。检查和测试结果必须写成报告书,针对发现的缺陷,必须提出改进措施,并限期解决。

（3）主要提升装置是否具备下列资料,并妥善保管:

① 绞车说明书。

② 绞车总装配图。

③ 制动装置结构图和制动系统图。

④ 电气系统图。

⑤ 提升装置(绞车、钢丝绳、天轮、提升容器、防坠器和罐道等)的检查记录簿。

⑥ 钢丝绳的检验和更换记录簿。

⑦ 安全保护装置试验记录簿。

⑧ 事故记录簿。

⑨ 岗位责任制和设备完好标准。

⑩ 司机交接班记录簿。

⑪ 操作规程。

(4) 制动系统图、电气系统图、提升装置的技术特征和岗位责任制等是否悬挂在绞车房内。

第九节　矿井主要固定机械的检查

一、主要通风机的检查

主要通风机是矿井通风设备的核心部分,必须安全可靠地运行,一旦发生停机事故,其备用设备必须在 10 min 内投入运行,否则会中断井下生产危及井下人身安全。在对通风机组实行安全检查时应注意以下各项内容。

(1) 要有备用通风机

主要通风机房必须装置两套同等能力的通风机(包括电动机),其中一套作备用,备用通风机必须能在 10 min 内开动。两套通风机能力要相等。如不等,至少也要满足矿井正常生产时对风量、风压的需要。

(2) 主要通风机必须保持完好状态,保证正常运转。

① 检查运转是否正常,有无异音、异味及异常震动。

② 检查轴承温度,滚动轴承不得超过 75 ℃,滑动轴承不得超过 60 ℃;主电机的温度不得超过产品说明书规定。

③ 检查水柱计及测压管有无损坏、堵塞和变形。

④ 检查电压表、电流表、功率表、功率因数表、温度表等仪表是否灵敏可靠,并每年进行一次校验。

⑤ 检查各注油部位的油质、油量是否适当,有无渗漏油现象。

⑥ 检查过流和无压释放保护装置动作是否可靠,保护接地是否符合标准。

⑦ 检查联轴器的工作状况,转动及带电裸露部分要有保护栅栏和警告牌。

(3) 主要通风机的出风井口,应安装防爆门,防爆门不得小于出风门的断面积,并正对出风井的风流方向。装有主要通风机的出风井口应安装防爆门,防爆门每 6 个月检查维修 1 次。

(4) 新安装矿井主要通风机投产前,必须进行性能测定和试运转工作,以后每 5 年至少进行一次性能测定。

(5) 禁止利用主要通风机作其他用途,主要通风机房内必须有水柱计、电流表、电压表、功率表、轴承温度计等仪表,还必须有通达矿调度的电话。

(6) 主要通风机应由专职司机负责,司机每小时应将通风机运转情况记入运转记录簿内,如果发现有异常变化时,必须立即报告矿调度室。

（7）主要通风机必须安装在地面；装有通风机的井口必须封闭严密，其外部漏风率在无提升设备时不得超过 5%，有提升设备时不得超过 15%。

（8）严禁采用局部通风机或风机群作为主要通风机使用。

（9）生产矿井主要通风机必须装有反风设施，并能在 10 min 内改变巷道中的风流方向；当风流方向改变后，主要通风机的供给风量不应小于正常供风量的 40%。每季度应至少检查 1 次反风设施，每年应进行 1 次反风演习；矿井通风系统有较大变化时，应进行 1 次反风演习。

（10）因检修、停电或其他原因停止主要通风机的运转时，必须制定停风措施。

二、矿井排水设备的检查

（1）主排水泵

① 是否有工作、备用和检修的水泵，其中工作水泵的能力，是否能在 20 h 内排出矿井 24 h 的正常涌水量（包括充填水及其他用水）。备用水泵的工作能力是否不小于工作水泵能力的 70%。水文地质复杂或有突出水危险的矿井，是否在主泵房内预留安装一定数量水泵的位置或另外增加排水能力。

② 工作水泵和备用水泵是否台台完好。

泵体和各阀门有无裂纹、漏水，零部件是否齐全、完整、紧固，各阀门是否操作灵活。运转部位有无保护罩。

水泵轴串量是否符合厂家规定，联轴节端面间隙是否大于轴最大串量 2～3 mm。

轴承温度是否超过规定要求，润滑油油质是否合格，油量是否适中。

运转是否正常，有无异音、异常振动。

③ 安全保护检测装置是否完善，动作是否灵敏可靠。

压力表、真空表、电压表、电流表、电度表是否齐全，指示正确，每年是否进行一次校验。

启动时有无过流和失压保护，动作是否可靠，整定是否合格，室内接地系统是否符合规定。

雨季前是否做水泵联合试运转。

（2）配电设备

① 配电设备及供电线路是否同工作、备用和检修水泵相适应，能否同时开动工作和备用水泵。

② 裸露的电气设备设不设栅栏，是否挂警示牌。

③ 电动机和开关柜是否达到完好标准。

（3）排水管路

① 有无工作和备用水管。

② 工作水管的能力能否在 20 h 内排出矿井 24 h 的正常涌水量。

（4）主排水设备的检查和维护

水泵、水管、闸阀、排水用的配电设备和输电线路，是否经常检查和维护；在每年雨季以前，是否全面检修一次；所有零配件是否补充齐全。是否对全部水泵（包括工作、备用水泵）进行一次同时运行的排水试验，并发现问题，及时处理。

（5）水仓

主要水仓必须有主仓和副仓。新建、改扩建矿井或生产矿井的新水平,正常涌水量在 1 000 m³/h 以下时,主要水仓的有效容量应能容纳 8 h 的正常涌水量;正常涌水量大于 1 000 m³/h 的矿井,主要水仓有效容量 $V=2(Q+3\,000)$,Q 为矿井每小时正常涌水量,m³。

主要水仓的总有效容量不得小于 4 h 的矿井正常涌水量。采区水仓的有效容量应能容纳 4 h 的采区正常涌水量。矿井最大涌水量和正常涌水量相差特大的矿井,对排水能力、水仓容量应编制专门设计。水仓进口处应设置算子。对水砂充填、水力采煤和其他涌水中带有大量杂质的矿井,还应设置沉淀池。水仓的空仓容量必须经常保持在总容量的 50% 以上。

(6) 规章制度技术资料和司机的检查

① 水泵硐室内有无要害场所管理制度、岗位责任制度、交接班制度、操作规程等。

② 水泵硐室内有无矿井排水系统图和供电系统图。有无运转日志、巡回检查记录、事故和检修记录。主管科室是否有完整的技术资料和测定资料。

③ 司机是否经过培训,考核合格持证上岗。

三、空气压缩机的检查

(1) 在高压缸、低压缸的排气出口处和气缸上是否有压力表,压力表指示是否准确、灵敏可靠。

(2) 安全阀是否设置在低压排气出口、高压排气出口和气缸上。安全阀的动作压力(动力压力为空压机额定压力的 1.1 倍)是否超过额定压力的规定值。

(3) 压力调节器动作(动力压力为空压机额定压力的 1.05 倍)是否灵敏可靠。用手动试验检查压力调节动作是否灵敏可靠。在冬季,空气压缩机停运后启动时,压力调节器的风管是否冻结。

(4) 由于安全阀口径较小,不能迅速释放气缸及压气管路中压力时,气缸出口处是否设置释压阀,释压阀口径、释放压力(为空压机额定压力的 1.25~1.4 倍)及释压阀出口方向是否符合规定。

(5) 水冷式空气压缩机有无断水停机保护和断水声光信号,出水温度是否超过 40 ℃。

(6) 使用油润滑的空气压缩机,是否装设断油(或欠油压)和超温停机保护信号,油温是否超过 70 ℃。

(7) 是否设置温度表监视各级排出的压缩空气温度,即设置超温停机保护。当单缸空气压缩机的排气温度达 190 ℃,双缸达 160 ℃,风包(储气罐)内温度达 120 ℃时,超温保护能否自动切断电源和报警。

(8) 使用专用的压缩机油,闪点、黏度、抗氧化能力及热氧化安定性是否符合规定。

(9) 不准用脏污及酸性水作为冷却水。

(10) 滤风器是否安设在清洁阴凉处,是否定期清扫。

(11) 各项规章制度、技术资料、各种记录是否齐全及司机是否严格执行操作规程、岗位责任制,持证上岗。

(12) 风泵在运行中的声音及各部位有无异常现象,如漏水、漏油、漏气、局部高温、各种仪表显示异常等。

第十章　煤矿井下电气设备的检查

随着煤矿机械化、电气化的不断发展,煤矿井下供电网路、电气设备的管理及运行与矿井安全生产有着十分密切的关系,据有关资料记载,近几年煤矿各种电气设备的隐患依然很严重,如电缆短路,"鸡爪子"、"羊尾巴"接线,违章带电作业,电气设备失爆,断线、开关冒火,爆破母线短路,电机车冒火等。因电火花引起瓦斯、煤尘事故的比重是很大的。除此之外,煤矿井下电气着火事故、供电系统的触电事故造成的人员伤亡也很严重。

第一节　供电线路的检查

一、地面线路的检查

(1) 地面供电线路发生任何故障,且保护动作正常时,至少应有一个电源不中断供电,即两个电源、线路不得同时受到损失。任一回路都能担负矿井全部负荷。

(2) 采用一回路运行,另一回路应带电备用。保证线路发生停电时能迅速查明停电原因并进行必要的倒闸操作。

(3) 在发生任何一种故障,且主保护失灵,以致所有电源中断供电时,是否在有人值班的处所,进行必要的操作,迅速恢复一个电源供电,并能担负矿井的全部负荷。

(4) 矿井地面变电所的电源是否分别来自电力网中的两个区域供电所和发电厂。

(5) 矿井的两回电源线路上,是否分别接任何负荷。

(6) 矿井电源线路上,是否装有负荷定量器。

(7) 10 kV 及其以下的矿井架空电源线路不得共杆架设。

(8) 主要通风机、提升人员的立井绞车、抽放瓦斯泵房等主要设备房,两回直接由变(配)电所馈出的供电线路是否分别引自不同的电源,即来自各自的变压器和母线。

(9) 主机辅助设备是否有同等可靠的备用电源线路。

(10) 主要设备房的双电源,在受条件限制时,其中的一回路可引自上述同种设备房的配电装置,即绞车与绞车、瓦斯泵与瓦斯泵可互引一回路作为备用。

(11) 电杆根部是否腐朽。

(12) 基础浅支撑是否牢固。

(13) 电杆是否歪斜。

(14) 设计强度是否达到要求,钢筋混凝土杆是否有裂纹。

(15) 线路是否有破损断裂痕迹。

(16) 杆与杆之间的距离是否符合设计要求。

(17) 是否有巡回检查制度和记录。

（18）隐患是否及时处理。

二、检查方法

（1）深入现场直接观察。

① 用望远镜观察线路的破损断裂痕迹。

② 直接检查电杆。

③ 丈量电杆之间的距离。

（2）检查资料。

① 检查设备的供电系统图。

② 检查各种供电技术资料。

③ 检查各种巡回检查记录、隐患处理记录。

第二节　机电设备硐室的检查

（1）永久性中央变电所和井底车场内的其他机电设备硐室,是否砌碹或用其他可靠的构筑方式支护。

（2）采区变电所、采掘工作面配电点是否用不燃性材料支护。

（3）从硐室出口防火铁门起 5 m 内的巷道,是否砌碹或用其他不燃性材料支护。引入（出）的电缆套管是否严密封堵,采用有黄麻护层的铠装电缆在进入变电所前必须剥掉麻皮。

（4）硐室是否装设向外开的防火铁门。铁门全部敞开时,是否妨碍巷道交通。铁门上是否装设便于关严的通风孔,以便必要时隔绝风。装有铁门时,是否加设向外开的铁栅栏门,是否妨碍铁门的开闭,井下中央变电所和主要排水泵房是否设置易于关闭的既能防水又能防火的密闭门。

（5）井下中央变电所和主要排水泵房的地面,是否比其出口同井底车场或大巷连接处的底板高出 0.5 m。

（6）变电硐室长度超过 6 m 时,是否在硐室的两端各设一个出口与巷道连通。

（7）装有带油的电气设备硐室,是否设集油坑。

（8）所有硐室内是否有滴水现象。

（9）硐室内设备与墙壁之间、各设备之间的通道是否符合检修的需要。

（10）硐室入口处是否悬挂"非工作人员禁止入内"牌;硐室内有高压电气设备时,入口处和硐室内是否在明显地点悬挂"高压危险"牌;无人值班的硐室是否关门加锁。

（11）硐室的过道是否存放无关的设备和物件,通道是否保持畅通。硐室高度和宽度是否满足搬运最大设备的要求。

（12）硐室内有无 0.2 m³ 以上的灭火砂、电气火灾灭火器及灭火工具器材等。

（13）有无合格的高压绝缘手套、绝缘台、绝缘靴。

（14）设备与电缆标志牌是否齐全,标记清楚,有无停送电牌。

第三节　防爆电气设备的检查

(1) 隔爆型电气设备是否检查其"产品合格证"、"煤矿矿用产品安全标志"及安全性能,其性能安全并取得合格证,有无检查记录。

(2) 外壳完整无损,无裂痕和变形。

(3) 外壳的紧固件、密封件、接地件是否齐全完好。

(4) 隔爆结合面的间隙、有效宽度和粗糙度是否符合表 10-1 的规定,螺纹隔爆结构的拧入深度和啮合扣数是否符合表 10-2 的规定。

表 10-1　　　　　　　　　　矿用隔爆型电气设备隔爆结合面参数

结合面 形式	隔爆结合面最小 有效长度/mm	通孔边缘至隔爆结合面边缘 最小有效长度/mm	隔爆结合面的最大间隙	
			外壳面积 S/L	
			S≤0.1	0.1<S<1
平面止口或 圆筒形结构	6.0	6.0	0.3	4
	12.5	8.0	4	5
	25.0	9.0	0.5	0.5
	40.5	15.0		

隔爆结合面的粗糙度须不低于 6 级;操纵杆的粗糙度须不低于 5 级。

表 10-2　　　　　　　　　　螺纹隔爆结构的最小拧入深度和最小啮合扣数

外壳净容积 V/L	最小拧入深度/mm	最小啮合扣数
0<V≤0.1	5.0	—
0.1<V≤2.0	9.0	6
2.0<V	12.5	—

(5) 电缆接线盒和电缆引入装置是否完好,零部件是否齐全,有无缺损,电缆连接是否牢固、可靠。与电缆连接时,一个电缆引入装置是否只连接一条电缆;密封圈外径与电缆引入装置内径之差,是否大于 2 mm;电缆与密封圈之间是否包扎其他物;不用的电缆引入装置是否用厚度不小于 2 mm 的钢板堵死。

(6) 连锁装置功能完整,保证电源接通打不开盖,开盖送不上电的要求;内部电气元件、保护装置是否完好无损,动作可靠。

(7) 接线盒内裸露导电芯线之间的空气间隙,660 V 时,是否小于 10 mm;380 V 以下时是否不小于 6 mm;导电芯线是否有毛刺,上紧接线螺母时是否压住绝缘材料;外壳内部是否随意增加元部件,并能防止某些电气距离小于规定值。

(8) 在设备输出端断电后,壳内仍有带电部件时,是否在其上装设防护绝缘盖板,并标明"带电'字样,防止人身触电事故。

（9）接线盒内的接地芯线是否比导电芯线长，即便导线被拉脱接地芯线仍保持连接；接线盒内保持清洁，无杂物和导电线丝。

（10）隔爆型电气设备安装地点有无滴水、淋水，周围围岩是否坚固；设备放置是否与地平面垂直，最大倾斜角度不得超过15°。

（11）是否使用失爆设备、失爆小型电器。发现失爆时追究责任者及有关人员的责任。

第四节　井下电缆的检查

安全检查人员对电缆的安全供电进行检查，以防止电缆漏电、短路着火为重点，要从电缆的选用、敷设、吊挂以及电缆的连接几个方面进行现场检查。

一、电缆选用的检查

（1）电缆实际敷设地点的水平差，是否与电缆规定的允许敷设水平差相适应。

（2）采区工作面电源电缆油浸纸绝缘是否达到要求。

（3）电缆是否带有供保护接地用的足够截面导体，即保障作保护接地用的电缆芯线，其电阻值不超过规定要求，用于移动式和手持式电气设备的电缆、作保护接地用的电缆芯线的电阻值，都不得超过 1 Ω；用做其他电气设备的电缆、作保护接地用的芯线电阻值，不得超过 2 Ω。

（4）铝芯电缆的检查

① 在进风斜井、井底车场及其附近、中央变电所至采区变电所之间的电缆可采用铝芯。其他地点的电缆不用铝芯电缆。

② 采区低压电缆是否采用铝芯电缆。

③ 发现铝芯电缆的接线盒温度较高时，是否停电处理。

④ 接地线是否使用铝芯电缆。

（5）固定敷设的高压电缆的检查

① 在立井井筒或倾角 45° 及其以上的井巷内，是否采用钢丝铠装不滴流铅包纸绝缘电缆、钢丝铠装交联聚乙烯绝缘电缆、钢丝铠装聚氯乙烯绝缘电缆或钢丝铠装铅包纸绝缘电缆。

② 在水平巷道或倾角 45° 以下的井巷内，是否采用钢带铠装不滴流铅包纸绝缘电缆、钢带铠装聚氯乙烯绝缘电缆或钢带铠装铅包纸绝缘电缆。

③ 在立井井筒或倾角 45° 及其以上的井巷内，垂深大于 100 m 时，是否采用双层细钢丝或粗圆钢丝铠装电缆。

（6）移动变电站是否采用监视型屏蔽橡胶电缆

（7）低压动力电缆的检查：

无论固定的还是移动的低压动力电缆，都应是矿用不延然橡胶电缆。

① 1 140 V 设备使用的电缆，是否用分相屏蔽的矿用移动屏蔽橡套软电缆。

② 对承受拉力的电缆是否采用 VCBPQ 采掘机用抗拉型移动屏蔽橡套软电缆。

③ 采掘工作面中 660 V 或 380 V 电气设备，是否使用带有分相屏蔽的橡胶绝缘屏蔽电缆。

④ 煤电钻是否使用专用的 UZ 型橡套电缆。

⑤ 固定敷设的照明、通讯、信号和控制用电缆是否采用铠装电缆、不延燃的橡胶电缆或矿用塑料电缆。非固定敷设的,是否采用不延燃橡胶电缆;其中塑料电缆是否有不延燃性和遇高温或燃烧时不析出大量有毒气体。

(8) 电缆截面的检查

① 高压动力电缆的截面是否按电源的经济电流密度、允许负荷电流、电力网路的允许电压损失进行选择,并按短路电流校验电缆的热稳定性。流过电缆的最小两相短路电流,是否满足过电保护装置的灵敏系数要求。

② 低压动力电缆的截面是否按电缆的允许负荷电流、低压供电系统的允许电压损失进行选择,是否满足电动机启动时对启动电压的要求。流过电缆的最小两相短路电流,是否满足过流保护装置的灵敏系数的要求。

③ 经常移动的电气设备使用的橡套电缆的截面积是否不小于按机械强度规定的最小截面积。

二、电缆敷设与悬挂的现场检查

(1) 在机械提升的进风的倾斜井巷(不包括输送机上、下山)和使用木支架的立井井筒中敷设电缆时,是否有可靠的安全措施。

(2) 溜放煤、矸、材料的溜道中严禁敷设电缆。

(3) 电缆是否悬挂,立井和 30°以上斜井的电缆挂钩、夹子、卡箍是否齐全,悬挂的安全高度和距离是否符合要求。悬挂高度是否影响运输,在矿车掉道时是否受撞击;坠落时,是否滞落在轨道或运输机上。

(4) 电缆是否遭受淋水、侵蚀,是否悬挂在风管或水管上;回风管、水管同一侧敷设时,电缆是否在其上方,保持 0.3 m 以上距离,防止管路垮落损坏电缆和人身触电。

(5) 电话和信号电缆,是否同电力电缆分挂立井、巷道两侧;在井筒内受条件限制时,是否敷设在距电力电缆 0.3 m 以外;在巷道内,是否敷设在电力电缆上。

(6) 高、低压电缆在巷道同侧敷设时,低压电缆是否在上方,高低压电缆相互距离是否大于 0.1 m,高压与高压电缆之间,低压与低压电缆之间的距离,是否小于 50 mm,是否便于摘挂;悬挂点的间距,水平和倾斜井巷内是否超过 3 m,立井井筒是否超过 6 m,是否用金属丝悬挂电缆。盘圈或盘 8 字形的电缆是否带电,采煤机、电缆车司机是否检查电缆表面的温度,不正常时应及时处理。

(7) 电缆穿过墙壁时,是否用套管保护,并严密封堵管口;穿墙电缆的墙的两边、电缆沿线每隔一定距离是否有标志牌,标明用途、电压、编号等。

(8) 电缆敷设的最小允许弯曲半径是否符合如下规定:

① 油浸纸绝缘电力电缆的弯曲半径,应不小于电缆外径的 15 倍;

② 交联聚乙烯绝缘电力电缆的弯曲半径,应不小于电缆外径的 15 倍;

③ 矿用铠装电话电缆的弯曲半径,应不小于电缆外径的 12.5 倍;

④ 聚氯乙烯绝缘电力电缆的弯曲半径,应不小于电缆外径的 10 倍;

⑤ 橡套电缆的弯曲半径应不小于电缆外径的 6 倍。

三、电缆连接的现场检查

（1）电缆同电气设备的连接，是否用与电气设备性能相符的接线盒。

（2）电缆芯线是否使用齿形压线板（卡爪）或线鼻子同电气设备进行连接。

（3）不同型电缆（例如纸绝缘电缆同橡胶电缆或塑料电缆）之间是否直接连接，是否用符合要求的接线盒、连接器或母线盒进行连接。

（4）同型电缆之间直接连接时，是否遵守下列规定：

① 纸绝缘电缆必须使用符合要求的电缆接线盒连接，高压纸绝缘电缆接线盒必须灌注绝缘充填物；

② 橡套电缆的修补连接（包括绝缘、护套已损坏的橡套电缆的修补）必须采用阻燃材料进行硫化热补或与热补有同等效能的冷补，在地面热补或冷补后的橡胶电缆，必须经浸水耐压试验合格后，方可下井使用；

③ 塑料电缆的连接，其连接处的机械强度以及电气防潮密封、老化等性能应符合该型矿用电缆的技术标准要求。

（5）电缆与电缆的连接以及电缆与电气设备的连接，是否通过电缆接线盒、插销连接器、母线盒等连接装置，是否有"明接头"、"鸡爪子"、"羊尾巴"。

（6）电缆是否整体进入电缆引入装置，是否用防止电缆拔脱装置压紧。

（7）高压油浸纸绝缘电缆相互连接用的电缆接线盒中，是否灌注绝缘充填物。平巷或斜井井筒中设置接线盒是否放在托架上或吊起，是否使接头承力、接线盒上方是否淋水。对使用沥青绝缘充填物的电缆接线盒，在其前后 10 m 以内的井巷中，是否有易燃物，如果有易燃物时，是否用石棉板等难燃物或不燃物遮盖，以防电缆接线盒爆炸时带火的沥青充填物溅上而引起燃烧。

（8）井下橡套电缆直接连接时，是否按规定采用硫化热补或同硫化热补有同等效能的冷补工艺进行连接，是否有冷接头。井下应急连接或修补橡套电缆时，是否采用与热补同等效能的冷浇注工艺，线芯连接采用压接工艺。冷补的电缆在采掘工作面结束后，是否进行浸水耐压试验，是否有合格电缆继续使用。

第五节　井下电网保护的检查

一、井下电网过流保护的检查

井下低压电网中，过电流继电器的整定和熔断器的选择，应按原煤炭部颁发的有关矿井低压电网短路保护装置的整定细则执行。对过流故障进行现场检查上要有以下几个项目。

（一）选择电气设备的检查

（1）电气设备额定电压与所在电网的额定电压是否相适应。

（2）所选电气设备的额定电流应大于或等于它的长时最大实际工作电流。

（3）电缆截面的选用是否符合设备容量的要求。

（4）高、低压开关设备切断短路电流的能力，即开关的额定断流容量是否大于或等于线路最大三相短路电流(其短路点应选在开关的负荷侧端子上)。

(二)电气设备使用的检查

(1)电气设备安装前后测量其绝缘电阻值是否合格,使用中是否定期测试电气设备绝缘。

(2)安装地点能否使电气设备遭到碰、撞、砸和淋水的影响。

(3)电缆的敷设和连接遵守《规程》的要求,不得将电缆浸泡在水沟里,要防止砸、碰、压电缆,发现问题及时处理。

(三)对过流保护装置整定值的检查

过流保护分为短路保护、过负荷保护和断相保护。井下高低压等各类电气设备具备的保护可按表 10-3 所列各项进行检查。

表 10-3 井下各类电气设备应具备的保护

项 目	短路保护	过负荷保护	单相保护	欠电压	过电压	漏电
井下高压电动机和动力变压器的高压侧	√	√	—	√	√	√
采区变电所、移动变电站或配电点的馈电线	√	√		√	√	√
低压电动机	√	√	√			

注:表内"√"表示有相应保护,"—"表示无保护。

在现场检查短路保护时,应检查计算的最小两相短路电流,校验开关过流保护装置的灵敏度。检查计算的最大三相短路电流,以校验开关设备等的分断能力。

煤矿井下主要低压电气设备常用的短路保护有熔断器和过流保护继电器。在检查井下低压开关设备时,熔断器的型号和电压等级已经确定。在此仅限于选择熔体的检查,熔体与熔断器的额定电压应一致,熔体的额定电流必须等于或小于熔断器的额定电流。计算的三相短路电流,不许超过熔断器的极限分断能力,超过了最大分断能力,电弧不仅不能熄灭,还将引起熔断器爆炸。对于 RM1 和 RM10 系列 15 A 和 60 A 的熔断器,其分断能力比较小,短路电流就可能超过它的允许值,因此,必须校验其分断能力。

(四)对熔体额定电流选择的检查

现场根据负荷情况,检查选择的熔体额定电流是否正确,然后再按最小两相短路电流进行校验。

(五)对于千伏级电网过载及过流保护装置的整定的检查

千伏级电网国产设备有 DZKD 型、DWKB—30 型自动馈电开关,DQ2BH—300/1140 型和 QCKB—30 型磁力启动器。它们都装有过载及过流保护装置。现场应对其过载及过流保护的整定是否正确进行检查。

二、井下电网漏电保护的检查

安全检查人员应对漏电保护装置的安装、运行、试验等进行现场检查。

(1)检漏继电器一定要与带跳闸线圈的自动馈电开关一起使用,不能在同一电网中使用两台或更多的检漏继电器。

（2）检漏继电器的辅助接地线应是橡套电缆，其芯线总面积不小于 10 mm²，辅助接地极应单独设置，规格要求与局部接地极相同，距局部接地极的直线距离不小于 5 m，不能使用一个接地极。

（3）检漏继电器应水平安装在适当高度的支架上，并要求动作可靠，便于检查试验。

（4）值班电工每天是否对检漏继电器的运行情况进行一次跳闸试验，是否有试验记录。检查试验记录内容是否符合要求；检漏继电器的外观、防爆性能是否完好；欧姆表的指示数值是否正常；发生故障的设备或电缆在未消除故障以前，是否禁止投入运行。

（5）运行中的电气设备绝缘是否受潮或进水。

（6）电缆运行中是否受到机械或外力伤害、挤压、碰砸、过度弯曲而产生裂口。

（7）电缆与设备连接是否牢固，运行中是否有接头松动脱落或与外壳相连或发热烧毁绝缘。设备内部导线绝缘是否损坏造成与外壳相连。

（8）操作电气设备时，是否有弧光放电产生。

（9）电气设备与电缆因过负荷运行有无损坏或直接烧毁绝缘。

以上各项保护在检查时，可以通过试验按钮进行试验来检验保护装置是否灵敏可靠。

三、井下电气设备保护性接地的检查

（一）保护接地的外壳检查

（1）检查设备外表的保护接地连接线是否有完整性与连续性，是否有接头松动、锈蚀，接地线是否断裂或断面减小。

（2）每台电气设备是否应用独立的导线与接地母线连接，是否有设备串联接地，是否用专用的接地螺丝，是否用基础螺丝和其他螺丝代替。

（3）接地连接导线与接地母线连接时，是否焊接；如果是螺丝连接，是否用镀锌、镀锡螺丝和螺母接牢；铰接时，其长度是否低于 100 mm，连接是否牢固。

（4）接地装置的材料，是否是铜材或钢材，是否使用铝材作为接地线或接地极。

（二）保护接地网的检查

1. 主接地极

（1）主接地极是否在主、副水仓中各设一块。面积是否小于 0.75 m²、厚度是否小于 5 mm 的钢板制造。

（2）接地母线是否采用截面积不小于 50 mm² 的铜线、截面积不小于 100 mm² 的镀锌铁线或厚度不小于 4 mm、截面积不小于 100 mm² 的扁钢。

2. 局部接地极

下列地点是否装设局部接地极：

（1）每个装有电气设备的硐室；

（2）每个单独设置的高压电气设备；

（3）每个低压配电点，无低压配电点时，采煤工作面的机巷、回风巷和掘进巷道内至少应分别设置一个局部接地极；

（4）连接动力铠装电缆的每个接线盒；

（5）局部接地极是否设置于巷道水沟内或其就近的潮湿处；

(6) 设置在水沟中的局部接地极,是否用面积不小于 0.6 m²、厚度不小于 3 mm 的钢板或具有相同有效面积的钢管制成,平放于水沟深处;

(7) 设置在其他地点的局部接地极,是否用直径不小于 35 mm、长度不小于 1.5 m 的钢管制成,管上至少钻 20 个直径不小于 5 mm 的透眼,并垂直埋入地下;

(8) 低压机电硐室的辅助接地母线、电气设备外壳同接地母线(包括辅助接地母线)的连接,电缆接线盒两头的铠装、铅皮的连接是否用截面积不小于 25 mm² 的铜线、截面积不小于 50 mm² 的镀锌铁线或厚度不小于 4 mm、截面积不小于 50 mm² 的扁钢;

(9) 低于或等于 127 V 的电气设备的接地导线,连接导线是否采用断面不小于 6 mm 的裸铜线。

3. 采掘工作面移动设备的金属外壳

(1) 是否用橡套电缆中的接地芯线与配电点的控制设备外壳相连;

(2) 是否通过后者接到低压配电点的局部接地极,组成一个保护接地网;是否不受其他因素的干扰。除用做监测接地回路外,不得兼作其他用途。

(三) 保护接地的测试检查

(1) 接地网上任一保护接地点测得的接地电阻值,是否超过 2 Ω。

(2) 移动式和手持式电气设备同接地网的保护接地用的电缆芯线的电阻值,是否超过 1 Ω,超过时是否及时处理。

(3) 每年是否将主接地板和局部接地极从水仓或水沟中提出,进行详细检查。

(四) 三专两闭锁的检查

(1) 在瓦斯喷出区域、高瓦斯矿井、煤(岩)与瓦斯突出矿井中,所有掘进工作面的局部通风机都应装三专(专用变压器、专用开关、专用线路)两闭锁(风、电)、瓦斯闭锁设施,保证局部通风机可靠运转、在巷道风流中的瓦斯浓度超过 1% 时,使用瓦斯自动检测报警断电装置的掘进工作面切断电源,国务院安委办(2008)17 号文要求局部通风机使用双风机、双电源,并能自动切换。

(2) 检查"三专"时,采区变电所应有双电源,并采用单母线分段接线,专供局部通风机使用的变压器应有两台,变压器不允许带其他采掘电气负荷。专用开关是指专为局部通风机供电用的高压防爆开关和低压馈电开关(带低压继电检漏器)。专用线路是指由专用变电器的低压侧接出的专为局部通风机供电的线路。

(3) 局部通风机和掘进工作面中的电气设备,必须装有风电、瓦斯电闭锁装置。在装有风电闭锁装置的闭锁电路中局部通风机停止运转时立即切断供电区域内动力电源,局部通风机启动后,当工作面风量符合要求后,才可向供风区域内供电。

(4) 在装有瓦斯电闭锁装置的闭锁电路中,局部通风机启动前,若供风区域内瓦斯超限,局部通风机不会启动,解除闭锁,启动局部通风机排放瓦斯后,方可正常运行。正常工作中,当供风区域检测点瓦斯超限,切断相应控制区域的动力电源时,局部通风机仍照常运转。

(5) 在检查风电闭锁及瓦斯电闭锁时,试验其灵敏可靠性能,应有电工、瓦斯检查员和局部通风机操作工同时在场时试验。

(6) 风电闭锁、瓦斯电闭锁必须正常投入运行,严禁甩掉不用。

第六节　井下电气管理的检查

一、井下电气火灾的检查

安全检查人员对预防井下电气火灾应注意检查以下各项：

（1）电缆发生短路故障，高、低压开关由于断流容量不足而不能断弧，引燃电缆。在检查中要检查高、低压开关断流容量，检查专业人员计算各地点的短路电流，校验高低压开关设备及电缆的动稳定性及热稳定性，校验整定系统中的继电保护是否灵敏可靠。

（2）为了防止已着火的电缆脱离电源或火源后继续燃烧，必须采用合格的矿用阻燃橡套电缆。

（3）电缆不准盘圈成堆或压埋送电，电缆悬挂要符合《煤矿安全规程》要求。

（4）必须有继电保护，并按矿井低压电网短路保护装置整定细则进行整定，保证灵敏可靠。开关因短路跳闸后，不查明原因不许反复强行送电。

（5）高压电缆接线盒，尤其是铝芯电缆接线盒要加强检查，铝芯接头处极易氧化，产生较大电阻使接头过热以致接地放电，引起芯线相间短路，造成接线盒"放炮"，熔化起火。接线盒处不得有可燃物。

（6）矿用变压器接线端子接触不良，或变压器检修时掉入异物造成高压短路。变压器不定期化验，会造成绝缘油失效，使变压器升温，发生过热造成套管炸裂，绝缘油喷出着火。

（7）井下不准用灯泡取暖，照明灯应吊挂，不准将照明灯放置在易燃物上。

（8）架线电机车运行时产生电弧，当架空线距木棚太近或接触木棚时，高温电弧可能引燃木棚着火。另外，当架线断落在高压铠装电缆外皮上，直流电弧沿电缆燃烧，烧毁电缆的铠装和油浸纸绝缘。为预防上述事故发生，应严格按规定架设架线。架线电机车行驶的巷道，必须是不燃材料支护，如锚喷、砌碹或混凝土支护。

（9）检查变配电硐室是否备有足够的防火器材；机电硐室不得用可燃性材料支护，并应设有防火门。

二、电气使用、检修的检查

（1）是否执行工作票制度和制定安全措施。工作票的签发人、工作负责人、操作人是否有不同的安全责任制。

（2）高压停、送电的操作，是否书面申请或采用其他可靠的联系方式，由专责电工执行；是否执行谁停电、谁送电的停送电制度；是否有约时停送电现象发生；断开了的隔离开关的操作机构是否锁住，是否在操作手把上悬挂"有人作业，禁止合闸"的标志牌。

（3）井下电气设备检修时是否停电；是否带电检修和搬移，检修时是否用经过试验合格的验电器验电，确认无电后再在三相上挂装接地线，对电气设备进行放电、验电、接地、放电工作，在煤矿井下，是否在瓦斯浓度为1%以下时进行。

（4）部分停电作业，有无遮挡。检修完恢复送电时，是否由原操作人员取下标志牌，然后合闸送电。

（5）高压线路倒闸操作时，是否实行操作制度和监护制度；操作人员是否填写操作票。操作票中是否写明被操作设备的线路编号及操作顺序；是否有带负荷拉开隔离开关的现象发生。

（6）操作时，是否有两人执行，一人操作，一人监护；操作中是否执行监护复诵制度，操作人员是否使用试验合格的绝缘工具，戴绝缘手套，穿绝缘靴或站在绝缘台上。

（7）井下防爆电气设备的运行、维护和修理，是否符合防爆性能的各项技术要求、失爆设备是否继续使用。

第十一章　煤矿建设项目安全检查

第一节　检查依据

(1)《煤炭工业矿井设计规范》。

(2)《企业投资项目核准暂行办法》。

(3)《关于加强煤矿建设项目管理的通知》(发改能源〔2006〕1039号)。

(4)《国家发展改革委关于加强煤炭基本建设项目管理有关问题的通知》(发改能源〔2005〕2605号)。

(5)《关于进一步加强煤矿建设项目安全管理的通知》(发改能源(〔2010〕709号)。

第二节　煤矿建设项目安全责任落实情况检查

(1)检查项目建设单位法定代表人、建设安全第一责任人的责任落实情况。

(2)检查其上级集团公司承担建设安全领导责任的落实情况。

(3)检查项目建设单位安全管理职责落实情况,检查:

① 是否对项目施工相关单位进行统一协调管理。

② 是否对防范瓦斯、水害等重大灾害负总责;

③ 是否建立健全项目建设安全管理制度;

④ 是否按照国家有关法律法规、规程和标准要求,组织项目施工准备和施工管理。

(4)检查项目设计单位是否在设计中提出保障施工作业人员安全和预防生产安全事故的措施建议,对其设计负责。

(5)检查项目施工单位对煤矿建设施工建设安全主体责任落实情况,检查其:

① 是否健全和落实各项安全生产规章制度,是否严格管理施工现场安全;

② 是否取得国家颁发的建筑业企业资质和安全生产许可证,并严格按资质等级许可的范围承建相应规模的煤矿建设项目,是否超资质能力施工;

③ 煤矿施工等资质经省级煤炭行业管理部门认定合格。是否转包工程和挂靠施工资质。

(6)检查项目监理单位对煤矿安全施工承担监理责任落实情况,检查其:

① 是否强化责任意识;

② 是否严格审查施工组织中安全技术措施及专项施工方案;

③ 是否符合有关安全标准和规定;

④ 对存在事故隐患的,是否要求立即进行整改。

第三节 煤矿项目建设程序检查

(1) 检查下列项目是否履行项目核准、初步设计和安全设施设计审查程序：

① 所有新建项目、改扩建项目。

② 生产能力提高一个标准设计档次(不含一个标准设计档次)以上的技术改造(产业升级)项目。

③ 净增生产能力 60 万 t/a 及以上的资源整合(兼并重组)项目。

(2) 检查是否存在部门和单位越权核准煤矿建设项目。

(3) 检查建设单位是否执行煤矿项目开工标准,是否存在未经项目核准、初步设计和安全设施设计审查就进行井筒开挖和剥离土(岩)开挖等主体工程施工的情况。

(4) 煤矿初步设计审查时,检查。

① 是否对煤矿提升、运输、通风、排水等主要系统能力进行审核。

② 是否预留富余能力。

③ 是否批小建大。

(5) 检查建设项目能力是否符合规定：

① 新建、改扩建、技术改造(产业升级)和资源整合(兼并重组)煤矿项目投产后 5 年内,不得通过能力核定提高生产能力。

② 生产煤矿通过能力核定提高生产能力后 5 年内,也不得再次通过能力核定提高生产能力。

③ 矿井标准设计档次分别是：6、9、15、21、30、45、60、90、120、150、180、240、300 万 t/a,300 万 t/a 以上每增加 100 万 t/a 按一个标准设计档次计算。

第四节 煤矿建设项目基础检查

1. 检查煤矿项目建设是否达到规定的勘查程度

(1) 煤田地质勘查单位按照《煤、泥炭地质勘查规范》、《矿区水文地质工程地质勘探规范》等要求,做好项目地质勘查工作。

(2) 确保提供的井田范围内构造断层、瓦斯参数、煤层顶底板含(隔)水层、老窑、小煤矿分布和开采情况等资料不低于勘查程度要求。

(3) 并对勘查成果负责。

(4) 地质报告要经有关机构评审、备案。

2. 检查设计基础条件

(1) 检查设计单位是否承担与资质等级不符的设计编制任务(编制项目申请报告、初步设计和安全设施设计)。

(2) 检查设计单位是否承担未按规定查明瓦斯、水文、地质等安全开采条件的煤矿建设项目的初步设计和安全设施设计编制任务。

(3) 检查开采煤(岩)层范围有煤(岩)与瓦斯(二氧化碳)突出危险的矿区,以及井田内开采煤层瓦斯压力等单项突出危险性指标超标的,是否在可行性研究阶段对可能揭露的平均厚度在 0.3 m 以上的所有煤层进行突出性危险评估。

（4）检查煤层突出危险性评估单位资质：要由相应资质的安全评价等技术咨询机构，或政府部门牵头组织相关专家进行评估，评估报告结论要适用全矿井开采范围。

第五节 煤矿建设项目工程招投标管理检查

（1）项目建设单位应按照招标投标法和项目核准文件等要求，做好项目勘察、设计、施工、监理以及重要设备、材料等采购活动的招投标工作，不得随意肢解工程。项目招标确需划分标段的，要以有利于施工安全为前提，严格控制单项工程（或同类专业工程）施工单位数量。

（2）矿井一期（从井筒开挖到井底车场施工前）工程施工单位原则上不超过 2 家。

（3）二期（从施工井底车场开始到进入采区施工前）、三期（从施工采区车场开始到整个采区巷道施工）工程施工单位原则上不超过 3 家。

（4）高瓦斯、煤（岩）与瓦斯（二氧化碳）突出、有突水危险或水文地质条件类型复杂及以上的矿井，施工单位应具有国家特级施工资质，并具有同类项目的施工业绩。

（5）建设单位不得对未经核准、未经初步设计和安全设施设计审查批准的煤矿项目组织施工和监理招标；施工和监理单位不得承接未经核准、未经初步设计和安全设施设计审查批准的煤矿项目。

第六节 煤矿建设项目施工组织设计检查

（1）煤矿建设项目应编制施工组织设计。施工组织设计由建设单位（或项目总承包单位）负责组织编制，并经设计、监理、施工等相关单位会审后组织实施。

（2）施工组织设计中提出的矿井一期、二期、三期工程施工时间，应科学合理，满足施工安全要求。

（3）煤矿建设项目施工过程中遇到瓦斯、煤层自燃、煤尘爆炸危险等级、水文地质类型等发生变化，原设计的开拓方式、开采工艺以及提升、运输、通风等主要生产系统、首采区及首采工作面布置等需要变更的，或施工过程中发现设计存在重大缺陷，影响安全施工，需要修改设计的，应立即停止施工，对初步设计和安全设施设计进行修改，报原批准部门重新审查。

（4）初步设计和安全设施设计经审查同意，并对施工组织设计修改完善后，方可恢复施工，不得先施工后报批、边施工边修改。其中，涉及项目核准文件所规定的建设规模、重大技术方案、总投资等有关内容调整的，应事先以书面形式向原核准部门报告，经原核准部门同意后，重新履行煤矿初步设计和安全设施设计报批程序。

第七节 煤矿建设项目施工顺序检查

（1）煤矿建设项目要按照施工组织设计有序推进工程进度，完善有关安全设施。

（2）项目进入二期工程前，必须安装矿井安全监测监控系统。

（3）高瓦斯、煤（岩）与瓦斯（二氧化碳）突出、有突水危险或水文地质条件类型复杂及以上的矿井进入二期工程前，其他矿井进入三期工程前，必须按设计建成双回路供电。

（4）高瓦斯、煤（岩）与瓦斯（二氧化碳）突出矿井，进入二期工程前，必须形成由地面主要通风机供风的全风压通风系统。

（5）煤（岩）与瓦斯（二氧化碳）突出矿井揭露突出煤层前，必须建成瓦斯抽采系统并投入运行，同时严格落实两个"四位一体"（突出危险性预测、防治突出措施、防治突出措施的效果检验和安全防护措施）综合防突措施。

（6）高瓦斯矿井进入三期工程前，必须形成瓦斯抽采系统。

（7）有突水危险或水文地质条件类型复杂及以上的矿井，进入三期工程前，必须形成永久排水系统。

（8）建设单位不得随意压减工期，不得盲目赶超进度，一期、二期、三期工程结束时间比施工组织设计原计划时间提前超过 3 个月的，应作为建设期间重大事项，及时向政府有关部门报告。

第八节　煤矿建设项目施工管理检查

（1）建设单位要对煤矿建设项目统一指挥协调，保持信息畅通，建立健全安全、技术、工程管理机构，配齐瓦斯抽采和各类探放水等设备，组织制定并督促落实好各项安全技术措施，加强对建设项目施工的监督管理。

（2）建设单位应及时组织相关单位制定应急安全防范措施，提出修改设计并按规定重新报批。

（3）施工单位必须按照《中华人民共和国劳动法》、《中华人民共和国安全生产法》等法律法规规定，做好对主要负责人、管理人员和施工人员的培训，特别是新上岗人员的岗前培训，严格执行特种作业人员持证上岗制度。

（4）监理单位应按监理合同约定和《建设工程监理规范》等有关规定，配备与建设项目监理工作相适应的足够数量的监理工程师及其他监理人员，定期巡视检查工程施工情况，发现存在安全隐患或问题的，应当要求施工单位立即整改；情况严重的，应当要求施工单位暂停施工，及时撤人，并报告建设单位。

（5）监理单位应把检查、整改、复查、报告等情况记载在监理日志、监理月报中。

（6）设计单位要派施工代表常驻施工现场，加强与施工和建设单位沟通交流，及时解决设计问题。

第九节　煤矿建设项目应急管理机制检查

煤矿项目建设和施工单位：

（1）要严格落实安全生产应急管理责任；

（2）完善应急预案；

（3）按规定建立矿山救援队伍或与具备救援能力的矿山救援队伍签订救援协议；

（4）配备必要的应急物资、装备和设施；

（5）定期实施演练，确保作业和施救人员掌握相关应急预案内容，具备应急处置能力。

第十二章 矿井建设施工安全检查

第一节 建设矿井安全管理检查

一、安全管理制度检查

（1）煤矿建设单位、煤矿施工单位都要建立健全安全生产保证体系，设立相应的安全管理机构，明确专管安全工作的负责人，并配备必要的安全管理人员，负责安全管理和检查工作。

（2）煤矿建设单位及施工单位应依据国家和行业的安全法规和技术标准，建立健全安全规章制度。

（3）煤矿建设单位、煤矿施工单位都要按各级煤炭管理部门下达的年度安全目标，逐级分解、下达，并进行考核，实施奖罚。

（4）煤矿建设单位和施工单位必须建立安全例会、安全检查、领导干部入井和值班等制度。

（5）煤矿建设单位及施工单位应建立事故隐患排查制度。制定各级领导和职能科室在事故隐患排查方面的职责、报告、整改、反馈等规定。

（6）煤矿建设单位及施工单位应建立安全施工责任制度。各级管理和施工人员都应承担安全责任，实现安全责任层层分解，落实到人。

（7）煤矿建设单位及施工单位应建立职工安全教育培训制度。应当建立健全劳动安全生产教育培训制度，定期对职工进行劳动技能、安全技术和法律法规培训考核，使职工经常接受安全技术教育，提高安全意识。

（8）煤矿建设单位及施工单位应建立安全资金和物品管理制度。安全资金应及时到位，物品的采购、供应必须符合安全质量标准。

（9）煤矿建设单位及施工单位应建立安全统计和事故调查报告制度。凡在施工区域发生的各类事故，必须按有关规定进行抢救、调查、报告和处理。

（10）必须建立健全"一通三防"、提升运输、顶板管理、供电、设施检修等安全管理制度。

二、安全管理职责检查

（1）各类煤矿建设项目的安全设施，必须与主体工程同时设计、同时施工、同时投入生产和使用。

（2）煤矿建设工程安全设施的设计必须经煤矿安全监察机构审查同意，未经审查同意的，不得施工；未经验收或验收不合格的，不得投入生产。

（3）煤矿施工单位必须按照批准的煤矿建设项目的安全设施设计施工，并对安全设施的工程质量负责。

(4) 煤矿建设单位应对所属建设项目在建设过程中的施工安全工作负责,监督、检查承担所属建设项目的各施工单位的安全施工。各施工单位应接受建设单位和煤炭管理部门的安全监督检查。

建设单位和施工单位签订的承包合同中,必须明确各自的安全管理责任,对发生事故的施工单位进行处理的同时,也要对发生事故的建设单位等追究相应责任。

(5) 煤矿建设单位和煤矿施工单位的安全管理,实行法定代表人负责制。法定代表人对本企业(项目)的安全负全面责任,为安全第一责任者,并负责建立安全管理体制和安全机构,配齐安全检查人员;健全安全规章制度;协调平衡安全同其他业务的关系;保证人、财、物适应安全施工要求。

(6) 煤矿建设单位和施工单位主要负责人必须亲自主持安全办公例会、亲自组织安全大检查、安排事故隐患的排查和重大事故的抢救、调查和处理。

(7) 煤矿建设单位和施工单位总工程师、主任工程师、主管工程师、技术负责人,对本单位和本部门的安全技术负责。组织编审安全技术规章制度和技术标准;主持制定、审查工程项目的施工安全技术措施及检查施工过程中的执行情况;教育培训职工提高安全技术素质;协助制定事故抢救方案;负责灾害防治的技术管理工作。

(8) 各单位负责施工负责人对分管范围的安全负责。必须遵照施工组织设计和有关的煤矿安全规章制度、技术标准组织施工,在计划、布置、检查、评比、总结施工的同时,要计划、布置、检查、评比和总结安全。负责处理安全工作的日常事务。

(9) 工区区长(项目部经理)、队长为本单位(部门)的安全第一责任者。必须依照安全规程、技术操作规程、施工作业规程和有关规章制度组织施工。要深入现场指挥施工,监督检查安全作业情况。

(10) 工人对本岗位的安全负责。必须按规程和措施作业,遵守劳动纪律,做好自保和互保。依法享有《中华人民共和国安全生产法》赋予的权利和义务。

三、安全技术管理检查

(1) 一般规定

① 煤矿基本建设工程必须严格执行一工程一措施,先报措施后施工的原则。经本单位总工程师批准的措施必须实行逐级交底,并履行签字手续。

② 各类施工组织设计中必须包括安全技术措施,并有安监人员参与审批。对专业性较强的工程项目和涉及重大安全的危险作业,应当编制专项安全施工组织设计。

③ 各矿井建设项目应编制年度矿井灾害预防和处理计划。

④ 施工方案若有重大变化,其施工组织设计必须由原审批单位批准。

⑤ 建设单位和施工单位对各自任务范围内的安全技术工作负责;一对矿井几个单位同时施工时,全矿井施工中的安全技术工作,由建设单位统筹安排并对其负责。

(2) 单项工程施工组织设计、单位工程施工组织设计、作业规程、安全技术措施的管理:

① 建设矿井施工组织设计:凡是由施工单位总承包的矿井,由施工单位组织施工、设计、地质等有关部门进行编制,由建设单位组织会审;凡是多个施工单位参与施工的矿井,由建设单位组织施工、设计、监理和地质等有关部门进行编制,建设单位总工程师组织相关人员会审。

② 矿建工程:平硐、斜井和立井井筒施工的井巷单位工程的施工组织设计,由施工单位总工程师组织编制会审;采用特殊方法施工的报上级主管部门审批;其他矿建单位工程的施工组织设计、作业规程由工区(项目部)主管工程师组织编制,由本单位总工程师组织会审。

③ 土建工程:高层建筑、井塔、铁路(专用线)、选煤厂主厂房、大型桥涵等大型土建单位工程的施工组织设计,施工单位组织编制,由建设单位组织会审;其他土建单位工程的施工组织设计、作业规程由工区(项目部)主管工程师组织编制,由本单位总工程师组织会审。

④ 安装工程:大型设备和特殊设备安装工程的施工组织设计,施工单位组织编制,由建设单位组织会审;一般设备安装工程的施工组织设计、作业规程由工区(项目部)主管工程师组织编制,由本单位总工程师组织会审。

⑤ 作业规程的补充措施和施工现场急需处理的安全技术措施由施工队技术负责人编制,报工区(项目部)技术负责人审批。

⑥ 单项工程施工组织设计、单位工程施工组织设计、作业规程、安全技术措施,执行谁审批谁负责的原则,如施工单位要求改动施工组织设计,其内容有重大原则变动时,要报原会审机构另行批准;建设单位自行更改的部分,由建设单位负责。

(3) 基建矿井基本具备了安全生产条件,主要生产系统形成,完成了主要的安全设施、消防、劳动职业卫生及环保三同时工程和设施,以及单位工程质量认证,经单机和系统试运行正常,报经主管部门批准后,方可进行联合试运转。联合试运转的时间应不少于1个月,但最长不得超过6个月。

(4) 对参加联合试运转的各工种人员,要按生产矿井职工培训的有关规定进行上岗前培训,经考试合格后,持证上岗。

(5) 基建矿井进入联合试运转期间,应当制定可靠的安全措施,做好现场检测、检验,收集有关数据。

(6) 联合试运转期间,严格按照生产矿井进行安全技术管理,生产单位的负责人是安全生产第一责任者。

(7) 联合试运转期间,必须完善通风、防尘及防灭火等措施。采煤工作面必须采用全负压通风,各供风点风量符合要求。每一采煤工作面要有两个安全出口。不得采用串联通风。

(8) 联合试运转期间,必须配齐安全检查人员和瓦斯检查人员,建立瓦斯、二氧化碳和其他有害气体检查制度。

(9) 联合试运转期间,矿井排水能力和系统要满足安全生产需要,加强排水设备维修,确保性能完好。应做好采掘工作面的水害预测和探放水工作。

(10) 联合试运转期间,加强机电管理。坚持日检修不少于2h的制度;井下电器防爆管理、保护装置及整定计算要符合有关规定;检漏继电器设置齐全、灵敏可靠、正常使用;主要设备要符合《煤矿安全规程》的有关要求。

第二节　矿建工程安全检查

一、一般检查

(1) 工程施工前,项目技术负责人必须组织施工人员学习贯彻施工组织设计或作业规程。施工中必须严格按照施工组织设计或作业规程的规定作业,保证施工安全和工程质量。施工人员必须熟悉施工图纸,严格按图纸要求施工,严格掌握工程质量标准。进入工作地点前,要了解施工地点的通风、瓦斯情况及避灾路线,进行瓦斯等有害气体的检测,检查处理顶帮支护后再开工。

(2)开凿立井、斜井或平硐时,自井(硐)口到坚硬岩层之间必须砌硐或浇筑混凝土硐,并向稳定的基岩内至少延深 5 m。

(3)在表土中开凿立井时,若需要施工临时锁口,标高应根据永久锁口设计,并结合防洪要求,由建设单位或施工单位统一考虑,但临时锁口深度不得小于 3.5 m。

(4)在山坡下开凿斜井和平硐时,井口顶侧必须加砌防滑坡挡墙和防洪水沟。

(5)井下各岔道都必须设置路标,写明地点,指明方向。所有井下作业人员都必须熟悉避灾路线。

在运输巷道工作时,要有专人警戒来往车辆。一切材料、工具存放不得影响行车,必要时与运输单位联系停止行车。

(6)斜井施工期间,如提升兼作行人时,在倾斜井巷中必须每隔 40 m 设置一个躲避硐并设红色信号灯。设有躲避硐的一侧必须有畅通的人行道。上下人员必须走人行道,做到红灯灭时行走,红灯亮时进入躲避硐。

(7)罐笼提升的立井上下井口、井筒与各运输水平连接处,都必须设置阻车器。禁止用电机车、蓄电机车顶车通过罐笼。

(8)因施工需要而开凿的井下临时巷道,其净断面必须满足行人、运输、通风设施、设备安装、检修的需要,并符合下列具体要求:

① 运输巷和回风巷的净高,自轨面起不得低于 2 m。

② 采区上下山和平巷净高,自底板起不得低于 2 m。

③ 回风巷的净断面要按回风要求确定。

④ 运输设备最突出部分与巷道支护间距离不得小于 0.5 m,另一侧在自轨面起 1.8 m 高度内必须留有宽度 0.8 m 以上的人行道。

⑤ 信号室、躲避硐宽度不得小于 1.2 m,深度不得小于 0.7 m,高度不得小于 1.8 m,硐室内严禁堆放物料。

⑥ 人车停车点上下人侧,从巷道道砟面起 1.8 m 高度内,必须有宽度 1 m 以上人行道,管道应吊挂在 1.8 m 以上。

⑦ 泵房、变电所及绞车、电机车、充电等硐室必须按有关规定确定净断面。

⑧ 双轨运输巷(包括弯曲巷道),应使两列对开车辆最突出部分之间的距离不得小于 0.2 m。在矿车摘挂钩地点,两列车辆之间最突出部分之间距离不得小于 1 m,运输巷的一侧,从巷道道砟面起 1.6 m 的高度内,必须留有宽 0.8 m 以上的人行道。

(9)矿井施工期间,必须及时填绘反映实际情况的下列图纸:

① 地质与水文地质图。

② 地面、井下对照图。

③ 工业广场平面图。

④ 巷道布置图。

⑤ 井巷掘砌交换图。

⑥ 通风系统图。

⑦ 井下运输系统图。

⑧ 安全监测及防水设施布置图。

⑨ 排水、防尘、注浆、压风、抽放瓦斯、降温等管路系统图。

⑩ 地面、井下供配电系统图和井下电气设备布置图。

⑪ 井下避灾路线图。

（10）严格入井人员检身制度。入井人员入井前严禁饮酒，严禁带烟草及点火物品；严禁穿化纤衣服，入井必须佩戴矿灯及自救器。井下严禁用灯泡取暖和使用电炉。

（11）井上下滚筒直径 1.6 m 及以上提升机，必须按照一人操作、一人监护的原则配备提升机司机，并持有效证件上岗。

二、井巷施工检查

（1）施工表土层时，利用汽车起重机提升，井深不准超过 30 m；利用井架与小绞车提升，井深范围为 20～50 m；利用三脚架与稳车提升，井深不准超过 20 m。

（2）凿井井架安装好之前，井口四周必须用栅栏围住，人员进出处必须安装栅栏门。在表土超过 5 m 时，井口必须设置封口盘，封口盘上设置井盖门，封口盘和井盖门的结构必须坚固严密，严禁采用可燃材料做封口盘，并要设置专门的防灭火设施。

（3）采用普通法凿井时，必须遵守下列规定：

① 立井临时支护必须紧跟工作面，永久支护按照作业规程执行，同时必须制定防片帮措施。临时支护形式及防片帮措施必须在施工组织设计及作业规程中明确规定。

② 表土掘进时，有涌水的情况下，工作面要挖水窝或超前小井，降低水位或配以环形沟槽进行集水，然后排入吊桶或直接排至地面。

③ 表土层施工，人员升降可乘吊桶或借助人行爬梯上下，爬梯不得超过 12 m，爬梯上下端必须固定，不得左右晃动，梯宽不小于 0.5 m，梯凳间隔不大于 0.4 m，同时上下梯人数应在作业规程中明确规定。

④ 立井井筒穿过表土、松软岩层、含水层、煤层采空区时必须编制专门措施。临时支护必须紧跟工作面，应确保其安全可靠，并及时进行永久支护。施工过程中每班应派专人观测地表沉降和井帮变化情况。发现危险预兆时，必须立即停止作业，撤出人员，进行处理。

⑤ 在涌水较大的表土层、冲积层内浇注井壁，为保证井壁质量，必须采取有效防排水措施，否则，不得浇注混凝土。

⑥ 在雨季施工时，严防地面水淹井。

⑦ 立井停止施工未贯通前，不得停止工作面供风。

（4）立井永久支护的质量必须符合设计要求，岩帮和支护之间必须填满灌实。井帮出水时，必须采取导、堵、截水等措施以保证井壁质量。

（5）开凿或延伸立井时，吊盘、保护盘以及凿岩、抓岩、出矸等设备的设置、运行、维修等安全措施，必须在施工组织设计和作业规程中规定。

（6）封口盘、固定盘与井壁之间的缝隙必须堵严，盘上的洞口要加盖或设防护栅栏。

（7）凡需在吊盘下方悬吊模板或在盘面安置设备、材料时，需要重新对吊盘钢丝绳强度进行验算。

（8）禁止使用吊桶撞击模板脱模，不得使用稳车牵引钢丝绳拉动井筒内安设的钢梁和其他固定装置。

（9）井下作业应按工作面到吊盘、吊盘到地面分段设置安全梯，以便在提升设备发生故障时使用。

（10）入井人员在下列情况时必须佩戴保险带：

① 乘吊桶或随吊盘升降时。

② 在井架上或在井筒内的设备、设施上作业时。

③ 在卸矸台上需要在围栏外作业时。

④ 在井圈上清理浮矸时。

⑤ 拆除保护盘或凿掘保护岩柱时。

（11）井筒内每个作业地点都必须设置独立的信号装置，掘砌平行作业时，从吊盘和从掘进工作面发出的信号必须有明显区别。

在井筒内布置两套提升设备时，必须分别使用独立信号。双吊桶同时提升时，井盖门不得同时开启。

（12）不得在井盖门上用矿车直接接受吊桶翻倒矸石，不得在封口盘上用吊桶接装混凝土，如确需要，必须编制专门防坠措施，报本单位总工程师批准。

（13）井筒内和井口的信号必须由专职信号工发送，严禁打电话与发信号同时进行，除紧急停车外，严禁不经过井口信号工就直接从井筒内向绞车房发送信号。所有井下作业人员都必须熟悉信号，学会发送信号。

（14）下放钻架时，必须撤出井底全部人员，由指挥人员和信号工负责，保证钻架安全、平稳的下放到要求的高度，经调平后，再用撑紧装置固定。

（15）上提钻架时，撤出井底工作面所有人员，按与下放钻架相反的顺序收回撑紧装置，按指挥人员的指令，将钻架慢速平稳地提到规程要求的安全高度。

（16）信号必须是声光兼备，工作面、吊盘、翻矸台的信号只能发到井口信号房，井口信号房再向绞车房、稳车房转发各种信号，井口信号房至绞车房必须设专线电话。

（17）井上、井下信号工，在吊桶提到作业规程规定的高度后，先发送暂停信号，待吊桶稳定并清除桶底附着物后，才能发送下降或提升信号。信号工必须目接、目送吊桶安全通过责任段。

（18）吊盘升降后，吊桶必须进行试运行后方可正式使用。

（19）掘进暗立井或竖煤仓，采用反井开凿时，必须遵守下列规定：

① 采用普通反井法掘进以木垛盘支撑时，必须及时支护井壁。爆破前，最末一道木垛盘同工作面距离不得超过 1.6 m，木垛盘的基墩应采用砖或料石砌筑。

行人、运料眼同溜矸眼之间必须用木板隔开，在人行眼内必须有木梯和护头板，护头板的间距最大不得超过 3 m。

爆破前，必须将人行眼和材料眼盖严，爆破后首先通风，吹散炮烟后方可由瓦斯检查员和安全检查员进行检查，检查证明有害气体、顶板、设施等无险情后方可作业。

② 反井刷砌时，必须有防止人员坠落的安全措施，爆破前必须拆除爆破孔底以下 0.3 m 范围内的木垛盘，否则不得爆破。

矸石眼内的矸石必须经常放出，防止堵眼，严禁作业人员站在矸石眼内的矸石上作业。

③ 用吊罐反井法施工时，钻孔必须是双孔，施工时罐笼的稳固、通风作业的高度、出渣要有安全技术措施，必须在作业规程内明确规定，罐笼上下必须有可靠的声光信号及直通的电话联系。

（20）平巷或斜巷施工时，耙岩机至工作面巷道中，煤、矸石和材料堆积不得超过巷道断面的 1/3。

（21）锚喷支护巷道中，掘进工作面到永久支护之间，锚杆或初喷必须紧跟掘进工作面，必须采用金属前探梁或临时支架护顶，严禁空顶作业。

靠近掘进工作面 10 m 内的支架，在爆破前必须检查加固。在需修复支架时，必须检查顶、帮，并由外向里逐架进行。

在松软的煤（岩）层或流沙性的地层中掘进时，必须采用短掘短支，或采用经本单位总工程师批准的其他措施。

（22）支架间应设牢固的撑木或拉杆，可缩性金属支架必须用金属拉杆，并用机械或力矩扳手拧紧卡缆。支架和顶帮之间的空隙，必须塞紧、接顶和背实，待支架稳定后再将支架及背板喷混凝土封严。

巷道砌碹时，碹体和顶帮之间必须用不燃物充满填实。巷道冒落空顶部分，可用支护材料接顶，但在碹拱上部，必须充填不燃物垫层，其厚度不得小于 0.5 m。

（23）更换巷道支护时，必须由外向里进行。拆除原支护后，必须及时排除顶、帮活石，必要时还应采取临时支护措施。在倾斜巷道中，必须有防止矸石、物料滚落和支架倾倒的安全措施。

（24）采用锚杆、锚喷等支护形式时，必须遵守下列规定：

① 锚杆、锚喷支护与掘进工作面的距离，锚杆的形式、规格、布置方式、安装角度、锚固方式，混凝土强度等级、喷体厚度，金属网的形状规格、金属网的连接固定，以及围岩涌水的处理等，都要在施工组织设计或作业规程中规定。

② 采用钻爆法掘进的岩石巷道，都必须采用光面爆破。

③ 打锚杆眼前，必须首先敲帮问顶，将活石处理掉，在确保安全的条件下，方可打眼。

④ 喷混凝土前，必须冲洗受喷面，喷混凝土后，应有养护措施。

⑤ 托板必须紧贴岩壁，并用机械或力矩扳手拧紧螺帽。

⑥ 采用金属网支护的巷道，每隔 100 m 应设置全断面绝缘段，在双巷或多巷掘进时，联络巷两端金属网必须断开。

⑦ 对岩帮的涌水地点，应采取措施，防止喷体在有涌水的岩帮处脱落。

⑧ 煤巷及半煤岩巷必须进行顶板离层监测，并用记录盘显示。

⑨ 锚索长度根据巷道顶板煤岩层情况确定，应把锚索锚固到稳定的煤岩层中，当稳定煤岩层与巷道顶板距离过大时，锚索长度应超过自然平衡拱 2 m 以上，并满足以下要求：锚固段长度不小于 1 m；自由段长度不小于 3 m；张拉段长度要保证张拉工艺要求的长度，一般不小于 0.2 m。

⑩ 锚索的钢绞线应用 1860 级的低松弛钢绞线，托梁或托板应选用强度不低于 14$^\#$ 槽钢的刚性材料，长度不小于 0.4 m。锚固剂应采用双速树脂锚固剂，其规格在作业规程中应明确规定。

⑪ 锚索应尽量与岩层层面或巷道轮廓线垂直布置，每 2 m 以上距离巷道打一根锚索时，应布置在巷道中部，每米巷道打 0.5 根以上锚索时，按矩形或菱形布置，以菱形布置为宜。

(25) 开凿或延深斜井(巷)时,必须做到"一坡三挡",即在其上口平坡处设置阻车器,上口变坡点下方 20 m 处设挡车器或挡车栏,掘进工作面上方或耙岩机后 20 m 处必须设置坚固防跑车装置。

(26) 斜巷提升钢丝绳及其连接装置应按主提升绳管理。

(27) 在斜巷多级提升时,斜巷中绞车司机的身后必须有坚固的遮挡。

(28) 斜巷施工中,若需在煤层中设置绞车基础,应编制安全措施,经本单位总工程师批准方可施工。

(29) 由下向上掘进 25°以上的倾斜巷道时,必须将溜煤(矸)道同人行道隔开,防止煤(矸)滑落伤人。人行道应设扶手、梯子。斜巷和上部巷道贯通时,应有安全措施。

(30) 煤(岩)层中掘进时,作业规程中必须有预防瓦斯、透水、冒顶等灾害的安全措施。

(31) 使用耙岩机时,必须制定包括下列规定的措施,报本单位总工程师批准后执行:

① 耙岩机无机载照明时,在工作面作业区前方,必须设有良好的防爆照明。

② 耙岩机绞车的刹车装置必须完整、可靠。

③ 耙岩机上必须装有金属挡绳栏杆和防止耙斗出槽的护栏;在弯道装岩(煤)时,必须使用可靠的双向辅助导向轮,清理好机道,并有专人用信号联系。

④ 耙装作业开始前,瓦斯自动检测报警断电装置的传感器,必须悬挂在风筒出风口另一侧符合规定的位置。

⑤ 固定钢丝绳滑轮的锚桩及其孔深与装设的牢固程度,必须根据岩(煤)性条件,在作业规程中作出明确规定。

⑥ 在装岩(煤)前,必须把装岩(煤)机机身固定可靠,检查耙岩机是否完好,各部件连接是否牢固。严禁在耙斗运行范围内进行其他工作和行人。在上山段移动耙岩机时,下方不得有人。上山、下山倾角大于 20°时,在司机前方还必须打护身柱或设挡板。上山、下山使用耙岩机时,必须有防止机身下滑的措施。

⑦ 耙岩机作业时,耙岩机距掘进工作面的最大允许距离应在作业规程中明确规定。

⑧ 在煤(岩)与瓦斯(二氧化碳)突出矿井的煤巷中,严禁使用耙岩机。

(32) 使用耙岩机时,严禁手扶或碰撞运行中的钢丝绳或牵引绳。如果需要利用耙岩机自拉自移,必须编制专门措施,经项目技术负责人批准后方可进行。

(33) 掘进工作面橡套动力电缆,必须悬挂整齐,妥加保护,避免水淋、撞击、挤压、炮崩造成损伤。

(34) 掘进工作面所用电气设备,必须执行包机责任制进行管理。

第三节 "一通三防"安全检查

一、通风检查

(1) 建设单位和施工单位必须设立相应的通风机构和分管通风的副总工程师,由建设单位、施工单位总工程师直接领导,负责"一通三防"等技术业务。每一通风队必须配齐工程技术管理、通风、瓦检、防尘等人员和设施。

（2）建设矿井必须采用机械通风，建井主要通风机应设在地面，风机要设置两套，其中一套备用。备用风机必须能在 10 min 内启动。严禁采用局部通风机或风机群作为主要通风机使用。

主要通风机因通风阻力大、距离长等原因，必须在井下设置辅助通风机，供给通风机房新鲜风流，并编制安全技术措施报建设单位总工程师批准。严禁在煤与瓦斯突出矿井中安装辅助通风机。

（3）在形成矿井通风系统后方可进行采区和巷道施工。形成采区通风系统后方可进行工作面平巷施工。

（4）矿井施工组织设计中的通风设计，必须包括风量、风压计算，风机选型，通风防尘设施及瓦斯监控设备的设置等；矿井各阶段的施工必须有相应的通风设计和会审手续。

（5）建井期主要通风机的供风量，必须满足全矿井掘进工作面用风量的总和。组织施工时必须坚持以风量确定掘进工作面个数的原则。

（6）通风系统变更时应编制安全技术措施，报建设单位和施工单位总工程师批准。

（7）无瓦斯岩巷的掘进通风方式可采用压入式，也可采用混合式。煤巷、半煤岩巷及有瓦斯涌出岩巷的掘进通风方式均应采用压入式。采用混合式通风时，必须制定安全措施，报建设单位总工程师批准。

瓦斯涌出量较大区域或煤与瓦斯（二氧化碳）突出煤层，掘进通风方式均不得采用混合式。

（8）低瓦斯矿井掘进工作面与其相邻的掘进面，布置独立通风有困难时，可采用串联通风，只准串联 1 次，且进入串联工作面的风流中瓦斯和二氧化碳浓度都不得超过 0.5%。

高瓦斯矿井掘进工作面与其相邻的掘进面，布置独立通风有困难时，可采用串联通风，只准串联 1 次。

掘进有瓦斯喷出或有煤（岩）与瓦斯（二氧化碳）突出危险的煤层巷道时，严禁串联通风。

（9）局部通风机必须安装在进风巷道中，距回风口不小于 10 m，并安装在专用台架上，离轨面高度不小于 0.3 m。必须明确专人管理局部通风机，保证其正常运转。要使用低噪声局部通风机或加装消音器；大断面长距离掘进巷道通风，要装备对旋式局部通风机；要采用阻燃、抗静电风筒，其出风口至掘进工作面的距离，煤与半煤岩巷道应小于 5 m，岩巷应小于 10 m。

在高瓦斯矿井、煤（岩）与瓦斯（二氧化碳）突出矿井的掘进工作面，应安设双风机、双电源的局部通风机，并能实现自动切换，必须装置两闭锁（风电、瓦斯电闭锁）设施。

局部通风机与掘进工作面的电气设备，必须装有风电闭锁装置。在瓦斯喷出区域、高瓦斯矿井、煤（岩）与瓦斯（二氧化碳）突出矿井的掘进工作面的局部通风机，必须装置两闭锁（风电、瓦斯电闭锁）设施。掘进工作面的局部通风机都应实行三专（专用变压器、专用开关、专用线路）供电，经施工单位总工程师批准，也可采用有选择性漏电保护装置的供电线路供电，但每天应有专人检查 1 次，保证局部通风机可靠运转。

（10）严禁无计划停电停风。掘进工作面局部通风机因故障停风时，必须撤出人员，切断电源，设置警标，禁止人员入内。恢复通风前，必须检查瓦斯浓度，局部通风机及其开关地点附近 10 m 以内风流中的瓦斯浓度不超过 0.5% 时，方可人工启动局部通风机。经检查证实巷道风流中瓦斯浓度不超过 1% 和二氧化碳浓度不超过 1.5% 时，方可人工恢复局部通风机运转,并为巷道中的电气设备供电。

(11) 掘进巷道的贯通:一般巷道相距 20 m 前,煤巷综合机械化掘进巷道在相距 50 m 前,地测部门必须提交贯通通知书报项目技术负责人,并通知通风部门。由通风部门会同地测部门及有关人员编制巷道贯通安全措施,报施工单位总工程师批准。

贯通巷道必须遵守下列规定:

① 掘进巷道贯通前,综合机械化掘进巷道在相距 50 m 前、其他巷道在相距 20 m 前,必须停止一个工作面的作业,做好调整通风系统的准备工作。

② 贯通时,必须由专人在现场统一指挥,停掘的工作面必须保持正常通风,设置栅栏及警标,经常检查风筒的完好状况和工作面及其回风流中的瓦斯浓度,瓦斯浓度超限时,必须立即处理。掘进的工作面每次爆破前,必须派专人和瓦斯检查员共同到停掘的工作面检查工作面及其回风流中的瓦斯浓度,当瓦斯浓度超限时,必须停止在掘进工作面的工作,然后处理瓦斯,只有在两个工作面及其回风流中的瓦斯浓度都在 1.0% 以下时,掘进工作面方可爆破。每次爆破前,两个工作面入口都必须有专人警戒。

③ 贯通后,必须停止采区内的一切工作,立即调整通风系统,风流稳定正常后,方可恢复工作。

间距小于 20 m 的平行巷道的联络巷贯通,必须遵守前款各项规定。

在同一矿井由 2 个以上施工单位同时施工时,井巷相互贯通前应由建设单位负责组织,共同商定贯通后通风系统的调整方案,并签订协议书,由建设单位监督实施。

(12) 一台局部通风机禁止向多个工作面供风。掘进工作面的最高允许风速为 4 m/s,最低允许风速:岩巷为 0.15 m/s,煤和半煤岩巷为 0.25 m/s。风量要满足稀释瓦斯和其他有害气体至安全浓度以下及 20 min 内稀释炮烟的需要,并不得少于工作地点每人每分钟 4 m³ 风量,每一巷道最多安设 5 台局部通风机,该巷道的供风量必须大于局部通风机的吸风量。

(13) 矿井必须建立测风制度,每 10 天进行 1 次全面测风。对采掘工作面和其他用风地点,应根据实际需要随时测风,每次测风结果应记录并写在测风地点的记录牌上。

应根据测风结果采取措施,进行风量调节。

二、瓦斯防治安全检查

(1) 新建矿井设计前,地质勘探部门应提供各煤层的瓦斯含量资料;矿井瓦斯管理等级应在矿井设计任务书中明确。

施工单位应根据施工中掌握的实际瓦斯情况进行检验,并建立瓦斯台账,做好记录,为重新验证矿井瓦斯等级提供第一手资料。

(2) 掘进工作面回风巷风流中瓦斯浓度超过 1% 或二氧化碳浓度超过 1.5% 时,必须停止工作,撤出人员,采取措施,及时处理,并向施工单位总工程师报告。

(3) 掘进工作面风流中瓦斯浓度达到 1% 时,必须停止用电钻打眼;爆破地点附近 20 m 以内风流中的瓦斯浓度达到 1% 时,严禁爆破。

掘进工作面风流中瓦斯浓度达到 1.5% 时,必须停止工作,撤出人员,切断电源,进行处理。电动机及其开关地点附近 20 m 以内风流中瓦斯浓度达到 1.5% 时,必须停止运转,撤出人员,切断电源,进行处理。

（4）掘进工作面内,局部积聚瓦斯浓度达到 2%,体积大于 0.5 m³,附近 20 m 内必须停止工作,撤出人员,切断电源,进行处理。

（5）停风巷道内,瓦斯浓度超过 1% 或二氧化碳浓度超过 1.5% 时,必须制定排放措施,控制风流,使排出的风流在同全风压风流混合处的瓦斯和二氧化碳浓度都不得超过 1.5%,其回风系统内必须停电撤人。

（6）掘进工作面瓦斯涌出量大于 3 m³/min,采用通风方法处理不合理时,应使用移动式瓦斯抽放泵进行瓦斯抽放。

（7）必须建立和执行瓦斯、二氧化碳和其他有害气体及温度检查制度。掘进工作面的瓦斯浓度检查次数:低瓦斯矿井每班至少检查 2 次;高瓦斯矿井每班至少检查 3 次;有煤（岩）与瓦斯（二氧化碳）突出危险、瓦斯涌出量大、变化异常的掘进工作面必须设专人随时检查,并安装甲烷断电仪;无人工作的掘进工作面每班至少检查 1 次;对可能涌出或积聚瓦斯（二氧化碳）的硐室和巷道的瓦斯检查次数,由施工单位总工程师决定。每次检查的结果都必须记入记录手册,并在工作面瓦斯检查牌板上填写清楚。瓦斯浓度超过规定时,瓦检员有权责令停工、撤人、停电。

（8）通风部门的值班人员,必须审阅瓦斯班报,掌握井下瓦斯变化情况,发现问题,及时处理,同时向调度室汇报。对重大的通风、瓦斯问题,通风部门必须立即向调度室和通风副总工程师汇报,并制定措施,报总工程师批准,进行处理。瓦斯日报必须送项目经理和技术负责人审阅并签字。

（9）施工单位总经理、总工程师、项目部经理、技术负责人、通风区队长入井时应携带便携式瓦斯、氧气检测仪,对停风地点进行氧气检查,氧气浓度小于 20% 时,必须设置警标不准人员入内。启封密闭,排放瓦斯恢复通风过程中,也要同时检测瓦斯和氧气浓度。

（10）高瓦斯矿井及有煤（岩）与瓦斯（二氧化碳）突出的掘进工作面应装备瓦斯遥测警报仪进行 24 h 监测,遥测传感器的接收台,可设在调度室由指定人员昼夜值班观察记录,其监测设备要有专业人员安装和维修。

有煤（岩）与瓦斯（二氧化碳）突出的掘进工作面,要设专职瓦检员,配备高、低浓度光学瓦斯检测仪和氧气测定仪。

设置瓦斯传感器必须符合下列要求:

① 瓦斯传感器为本质安全型,满足 AQ6201—2006 标准。安装和使用必须符合国家安全标准 AQ1029—2007 的有关规定。

② 应设置 2 个瓦斯传感器,分别设在距工作面 5～10 m 内和距回风巷风流合流点 10～15 m 处。

③ 设置在掘进工作面风流中的传感器断电瓦斯浓度不得大于等于 1.5%,回风流中的传感器断电瓦斯浓度不得大于等于 1%,复电瓦斯浓度均小于 1%。

④ 瓦斯传感器要垂直悬挂,距顶板（顶梁）不得大于 300 mm,距巷道侧壁不得小于 200 mm。

⑤ 瓦斯监测仪必须定期进行调试和校正,至少每 10 天调校 1 次。

（11）建设单位通风部门应建立通风安全标准计量室,其检测人员需经相关部门培训并颁发计量员证。检测人员负责对国家规定的瓦斯检测仪、风速表和粉尘测定仪进行定期校正和及时检验维修。

三、防灭火管理

(1) 建设矿井要及时鉴定矿井开采范围内的煤层自燃倾向性。开采易自燃、自燃煤层时,必须编制相应的防灭火设计。防灭火工程要与矿井建设同时进行。

(2) 建设矿井内有易自燃和自燃的单一厚煤层或煤层群的,集中运输大巷和总回风巷应布置在岩层内或不易自燃的煤层内,如果布置在易自燃、自燃煤层内,必须采用砌碹或锚喷支护;开采方式必须采用后退式开采。开采易自燃煤层的采区,必须设置至少一条专用回风巷。

(3) 开采易自燃煤层新投产矿井,必须设立以灌浆为主的两种以上综合防灭火系统。

(4) 开采易自燃和自燃煤层的,在采区开采设计中,必须明确选定自然发火观测站或观测点的位置。

(5) 在建矿井必须制定地面和井下防火措施,并报建设单位批准。地面变电所、绞车房、主要通风机房、压风机房、油库、爆破材料库、木料存放和加工厂等,以及井下炸药库、变电所、绞车房等机电碹室均必须有防火措施和制度,并要挂牌板上墙。对其中的消防水池、消防材料及扑灭各类火灾规定使用的灭火器材的类别、数量与设置都要按防灭火要求作出明确的规定。

(6) 井棚和井棚内、井口附近 50 m 内的临时建筑都应用不燃性材料建筑,否则必须有防灭火措施。井口附近 20 m 内不得有明火,并要有警示牌悬挂在醒目的地点。

(7) 井口房和井下不得从事电焊、气焊和喷灯焊接、胶带焊补(以下简称烧焊)作业,必须烧焊时,每次都必须制定安全措施,经施工单位总工程师批准,并指定专人在场检查和监督,而且只允许在井下进风巷道和位于进风系统的主要碹室内作业,并应遵守下列规定:

① 作业地点前后 10 m 内为不燃性材料支护,并有供水管,专人喷水,并至少备 2 只灭火器。

② 在井口房内、井筒、碹室和斜巷内进行烧焊作业时,必须在作业点下方用不燃性材料设施接受火星。

③ 作业点风流中瓦斯浓度不得超过 0.5%。

④ 作业完工后,要再次喷洒水,并应有专人检查 1h,发现异状,立即处理。

⑤ 在有煤(岩)与瓦斯(二氧化碳)突出的矿井作业时,其突出危险区内必须停止一切可能引起突出的工作。

(8) 在立井井筒中进行烧焊作业时,属下列情况之一者,必须制定专项安全措施,报施工单位总工程师审批,报建设单位技术负责人批准:

① 在与老矿回风巷相通的立井井筒中进行的烧焊作业。

② 生产矿井回风井井壁断裂、井筒装备损坏,需拆除更换而进行的烧焊作业。

③ 建井期间,未形成矿井通风系统之前,在做临时回风的井筒中进行的烧焊作业。

立井井筒中的烧焊作业要求停止与之相关的掘进爆破等作业,以控制进入该井筒的风流中瓦斯浓度不超过 0.5%,并应制定瓦斯浓度发生变化时的安全技术措施。

严禁在立井井筒中用氧气切割玻璃钢风筒的连接螺栓和固定卡子。

四、防尘检查

（1）井下必须采用湿式打眼，冻结井施工应有捕尘措施。

（2）井下爆破必须使用水炮泥。

（3）岩（煤）巷爆破前后和耙岩机装岩时必须洒水，并冲洗两帮及支架上的积尘。

（4）在回风流中应设置水幕降尘。

（5）必须采用潮拌料喷浆，喷浆施工的现场人员要佩戴防尘口罩，喷枪操作工应佩戴防护面罩。

（6）井下下列地点必须敷设防尘洒水管路及喷雾的设施：采掘工作面、溜煤眼、翻罐笼、装载点、输送机和其他转载点等。

（7）粉尘测定执行旬测旬报制度。

（8）煤矿施工单位应定期对井下作业人员进行健康检查，严禁安排不适合从事井下作业的人员入井。

（9）必须严格执行巷道定期冲洗制度，每半个月对巷道冲洗一次。

第四节　煤与瓦斯突出防治检查

一、一般检查

（1）矿井井田范围内发生过突出的煤层或者经鉴定有突出危险的煤层，即定为突出煤层。在矿井的开拓、生产范围内有突出煤层的矿井即定为突出矿井。

（2）建设矿井在可行性研究阶段，应当对矿井内掘进工程可能揭露的所有平均厚度在0.3 m以上的煤层进行突出危险性评估。评估结果作为矿井立项、初步设计和指导建井期间揭煤作业的依据。

（3）煤矿地质勘探单位应当查明矿床瓦斯地质情况。井田地质报告应当提供煤层突出危险性的基础资料。

基础资料应当包括下列内容：

① 煤层赋存条件及其稳定性。

② 煤的结构类型及工业分析。

③ 煤的坚固性系数、煤层围岩性质及厚度。

④ 煤层瓦斯含量、瓦斯成分和煤的瓦斯放散初速度等指标。

⑤ 标有瓦斯含量等值线的瓦斯地质图。

⑥ 地质构造类型及其特征、火成岩侵入形态及其分布、水文地质情况。

⑦ 勘探过程中钻孔穿过煤层时的瓦斯涌出动力现象。

⑧ 邻近煤矿的瓦斯情况。

（4）经评估认为有突出危险的建设矿井，建井期间应当对开采煤层及其他可能对掘进活动造成威胁的煤层进行突出危险性鉴定。

（5）突出煤层和突出矿井的鉴定由煤矿企业委托具有突出危险性鉴定资质的单位进行，鉴定单位对鉴定结果负责。

(6) 有突出矿井的煤矿企业、突出矿井应当设置防突机构,建立健全防突管理制度和各级岗位责任制,并根据突出矿井的实际状况和条件,制定区域和局部综合防突措施。

(7) 有突出危险的建设矿井及突出矿井的新水平、新采区,必须编制防突专项设计。设计应当包括开拓方式、煤层开采顺序、采区巷道布置、采煤方法、通风系统、防突设施(设备)、区域综合防突措施和局部综合防突措施等内容。

突出矿井新水平、新采区移交生产前,必须经煤炭主管部门组织防突专项验收。

突出矿井必须建立满足防突工作要求的地面永久瓦斯抽采系统。

(8) 高瓦斯矿井各煤层和突出矿井的非突出煤层,在新水平开拓工程的所有煤巷掘进过程中,应当密切观察突出预兆,并在开拓工程首次揭穿这些煤层时,执行石门和立井、斜井揭煤工作面的局部综合防突措施。

(9) 突出矿井的巷道布置应当符合下列要求和原则:

① 运输和轨道大巷、主要风巷、采区上山和下山(盘区大巷)等主要巷道布置在岩层或非突出煤层中。

② 减少井巷揭穿突出煤层的次数。

③ 井巷揭穿突出煤层的地点应当合理避开地质构造破坏带。

④ 突出煤层的巷道优先布置在被保护区域或其他卸压区域。

(10) 突出煤层的掘进作业应当符合以下规定:

① 掘进工作面与煤层巷道交叉贯通前,被贯通的煤层巷道必须超过贯通位置,其超前距不得小于 5 m,并且贯通点周围 10 m 内的巷道应加强支护。在掘进工作面与被贯通巷道距离小于 60 m 时,被贯通巷道内不得安排作业,并保持正常通风,爆破时不得有人。

② 急倾斜煤层掘进上山时,采用双上山或伪倾斜上山等掘进方式,并加强支护。

③ 煤、半煤岩炮掘,使用安全等级不低于三级的煤矿许用含水炸药(二氧化碳突出煤层除外)。

(11) 突出煤层的任何区域的任何工作面进行揭煤和掘进作业前,必须采取安全防护措施。突出矿井的入井人员必须随身携带隔离式自救器。

(12) 所有突出煤层外的掘进巷道(包括钻场等)距离突出煤层的最小法向距离小于 10 m 时(在地质构造破坏带处小于 20 m 时),必须边探边掘,确保最小法向距离不小于 5 m。

(13) 在同一突出煤层正在掘进的工作面应力集中范围内,不得安排其他工作面进行回采或者掘进。具体范围由矿技术负责人确定,但不得小于 30 m。

突出煤层的掘进工作面应当避开邻近煤层采煤工作面的应力集中范围。

在突出煤层的煤巷中安装、更换、维修或回收支架时,必须采取预防煤体垮落而引起突出的措施。

(14) 清理突出的煤炭时,应当制定防煤尘、防片帮、防冒顶、防瓦斯超限、防火源的安全技术措施。

突出孔洞应当及时充填、封闭严实或者进行支护;当恢复掘进作业时,应当在其附近 30 m 范围内加强支护。

(15) 突出矿井发生突出(非突出矿井首次发生突出)的必须立即停建,并立即分析、查找突出原因,在强化实施综合防突措施、消除突出隐患后,方可恢复施工。

(16) 突出矿井的管理人员和井下工作人员必须接受防突知识的培训,经考试合格后方准上岗作业。

二、揭穿煤层防突检查

（1）石门和立井、斜井揭穿突出煤层前，必须准确控制煤层层位，掌握煤层的赋存位置、形态。

在揭煤工作面掘进至距煤层最小法向距离 10 m 之前，应当至少打 2 个穿透煤层全厚且进入顶（底）板不小于 0.5 m 的前探取芯钻孔，并详细记录岩芯资料。当需要测定瓦斯压力时，前探钻孔可用做测定钻孔；若二者不能共用时，则测定钻孔应布置在该区域各钻孔见煤点间距最大的位置。

（2）石门和立井、斜井工作面从距突出煤层底（顶）板的最小法向距离 5 m 处开始到穿过煤层进入顶（底）板 2 m（最小法向距离）的过程均属于揭煤作业。揭煤作业前应编制揭煤的专项防突设计，报煤矿建设单位的技术负责人批准。

（3）揭煤作业应具有相应技术能力的专业队伍施工，并按照下列作业程序进行：

① 探明揭煤工作面和煤层的相对位置。

② 在与煤层保持适当距离的位置进行工作面预测（或区域验证）。

③ 工作面预测（或区域验证）有突出危险时，采取工作面防突措施。

④ 实施工作面措施效果检验。

⑤ 掘进至远距离爆破揭穿煤层前的工作面位置，采用工作面预测或措施效果检验的方法进行最后验证。

⑥ 采取安全防护措施并用远距离爆破揭开或穿过煤层。

⑦ 在岩石巷道与煤层连接处加强支护。

（4）石门和立井、斜井揭煤工作面的突出危险性预测必须在距突出煤层最小法向距离 5 m（地质构造复杂、岩石破碎的区域，应适当加大法向距离）前进行。

在经工作面预测或措施效果检验为无突出危险工作面时，可掘进至远距离爆破揭穿煤层前的工作面位置，再采用工作面预测的方法进行最后验证。若经验证仍为无突出危险工作面时，则在采取安全防护措施的条件下采用远距离爆破揭穿煤层；否则，必须采取或补充工作面防突措施。

（5）石门和立井、斜井工作面从掘进至距突出煤层的最小法向距离 5 m 开始，必须采用物探或钻探手段边探边掘，保证工作面到煤层的最小法向距离不小于远距离爆破揭开突出煤层前要求的最小距离。

采用远距离爆破揭开突出煤层时，要求石门、斜井揭煤工作面与煤层间的最小法向距离是：急倾斜煤层 2 m，其他煤层 1.5 m。要求立井揭煤工作面与煤层间的最小法向距离是：急倾斜煤层 1.5 m，其他煤层 2 m。如果岩石松软、破碎，还应适当增加法向距离。

（6）在揭煤工作面用远距离爆破揭开突出煤层后，若未能一次揭穿至煤层顶（底）板，则仍应当按照远距离爆破的要求执行，直至完成揭煤作业全过程。

（7）当石门或立井、斜井揭穿厚度小于 0.3 m 的突出煤层时，可直接用远距离爆破方式揭穿煤层。

（8）突出煤层的每个煤巷掘进工作面应编制工作面专项防突设计，报建设单位负责人批准。实施过程中，当煤层赋存条件变化较大或巷道设计发生变化时，还应作出补充或修改设计。

（9）在实施局部综合防突措施的煤巷掘进工作面，若预测指标为无突出危险，则只有当上一循环的预测指标也是无突出危险时，方可确定为无突出危险工作面，并在采取安全防护措施、保留足够的预测超前距的条件下进行掘进作业；否则，仍要执行一次工作面防突措施和措施效果检验。

对瓦斯突出事故一定要填写瓦斯记录卡片（见表 12-1）。

表 12-1　　　　　　　　　　　瓦斯突出记录卡片

编号　　　　　　　　（市、集团）　　　企业名称　　　　　　矿井

						孔洞形状、其轴线与水平面之夹角	
突出日期	年 月 日 时			地点			
标高		巷道类型		突出类型		距地表垂深/m	喷出煤量和岩石量	
突出地点通风系统示意图（注距离尺寸）			突出处煤层剖面图（注比例尺）煤层顶底板岩层柱状图			煤喷出距离和堆积坡度	
煤层特征	名称		倾角/(°)	邻近层开采情况	上部	喷出煤的粒度和分选情况	
	厚度/m		硬度		下部	突出地点附近围岩和煤层破碎情况	
地质构造的叙述（断层、褶曲、厚度、倾角及其变化）				发生动力现象后的主要特征		动力效应	
支护形式		棚间距离/m				突出前瓦斯压力和突出后瓦斯涌出情况	
空顶距离/m		有效风量/m³·min⁻¹				其他	
正常瓦斯浓度/%		绝对瓦斯量/m³·min⁻¹					
突出前作业和使用的工具				突出孔洞及煤堆积情况（注比例尺）			
突出前所采取的措施（附图）				现场见证人（姓名、职务）			
				伤亡情况			
突出预兆				主要经验教训			
突出前及突出当时发生过程的描述			填表人	矿防突机构负责人	矿技术负责人		矿长

三、安全防护措施

（1）有突出煤层的采区必须设置采区避难所。避难所的位置应当根据实际情况确定。

（2）避难所应当符合下列要求：

① 避难所设置向外开启的隔离门,隔离门设置标准按照反向风门标准安设。室内净高不得低于 2 m,深度满足扩散通风的要求,长度和宽度应根据可能同时避难的人数确定,但至少能满足 15 人避难,且每人使用面积不得少于 $0.5 \, m^2$。避难所内支护保持良好,并设有与矿(井)调度室直通的电话。

② 避难所内放置足量的饮用水,安设供给空气的设施,每人供风量不得少于 $0.3 \, m^3/min$。如果用压缩空气供风时,要设有减压装置和带有阀门控制的呼吸嘴。

③ 避难所内应根据设计的最多避难人数配备足够数量的隔离式自救器。

(3) 在突出煤层的石门揭煤和煤巷掘进工作面进风侧,必须设置至少 2 道牢固可靠的反向风门。风门之间的距离不得小于 4 m。

反向风门距工作面的距离和反向风门的组数,应当根据掘进工作面的通风系统和预计的突出强度确定,但反向风门距工作面回风巷不得小于 10 m,与工作面的最近距离一般不得小于 70 m,如果小于 70 m,应设置至少 3 道反向风门。

反向风门墙垛可用砖、料石或混凝土砌筑,嵌入巷道周边岩石的深度可根据岩石的性质确定,但不得小于 0.2 m;墙垛厚度不得小于 0.8 m。在煤巷构筑反向风门时,风门墙体四周必须掏槽,掏槽深度见硬帮硬底后再进入实体煤不小于 0.5 m。通过反向风门墙垛的风筒、水沟、刮板输送机道等,必须设有逆向隔断装置。

人员进入工作面时必须把反向风门打开、顶牢。工作面爆破和无人时,反向风门必须关闭。

(4) 为降低爆破诱发突出的强度,可根据情况在炮掘工作面安设挡栏。挡栏可以用金属、矸石或木垛等构成。金属挡栏一般是槽钢排列成的方格框架。框架中槽钢的间隔为 0.4 m,槽钢彼此用卡环固定,使用时在迎工作面的框架上再铺上金属网,然后用木支柱将框架撑成 45° 的斜面。一组挡栏通常有 2 架,间距为 6~8 m。可根据预计的突出强度在设计中确定挡栏距工作面的距离。

(5) 井巷揭穿突出煤层和突出煤层的炮掘,必须采取远距离爆破安全防护措施。

石门揭煤采用远距离爆破时,必须制定包括爆破地点、避灾路线及停电、撤人和警戒范围等专项措施。

在矿井尚未构成全风压通风的建井初期,在石门揭穿有突出危险煤层的全部作业过程中,与此石门有关的其他工作面必须停止工作。在实施揭穿突出煤层的远距离爆破时,井下全部人员必须撤至地面,井下必须全部断电,立井井口附近地面 20 m 范围内或斜井井口前方 50 m、两侧 20 m 范围内严禁有任何火源。

煤巷掘进工作面采用远距离爆破时,爆破地点必须设在进风侧反向风门之外的全风压通风的新鲜风流中或避难所内,爆破地点距工作面的距离由施工单位技术负责人根据曾经发生的最大突出强度等具体情况确定,但不得小于 300 m。

远距离爆破时,回风系统必须停电、撤人。爆破后进入工作面检查的时间由施工单位技术负责人根据情况确定,但不得少于 30 min。

(6) 突出煤层的采掘工作面应设置工作面避难所或压风自救系统。应根据具体情况设置其中之一或混合设置,但掘进距离超过 500 m 的巷道内必须设置工作面避难所。

工作面避难所应当设在采掘工作面附近和爆破工操作爆破的地点。根据具体条件确定避难所的数量及其距掘进工作面的距离。工作面避难所应当能够满足工作面最多作业人数的避难要求,其他要求与采区避难所相同。

(7) 压风自救系统应当达到下列要求:

① 压风自救装置安装在掘进工作面巷道的压缩空气管道上。

② 在以下每个地点都应至少设置一组压风自救装置:距掘进工作面 25～40 m 的巷道内、爆破地点、撤离人员与警戒人员所在的位置以及回风道有人作业处等。在长距离的掘进巷道中,应根据实际情况增加设置。

③ 每组压风自救装置应可供 5～8 个人使用,平均每人的压缩空气供给量不得少于 0.1 m³/min。

防治煤与瓦斯突出基本流程如图 12-1 所示。

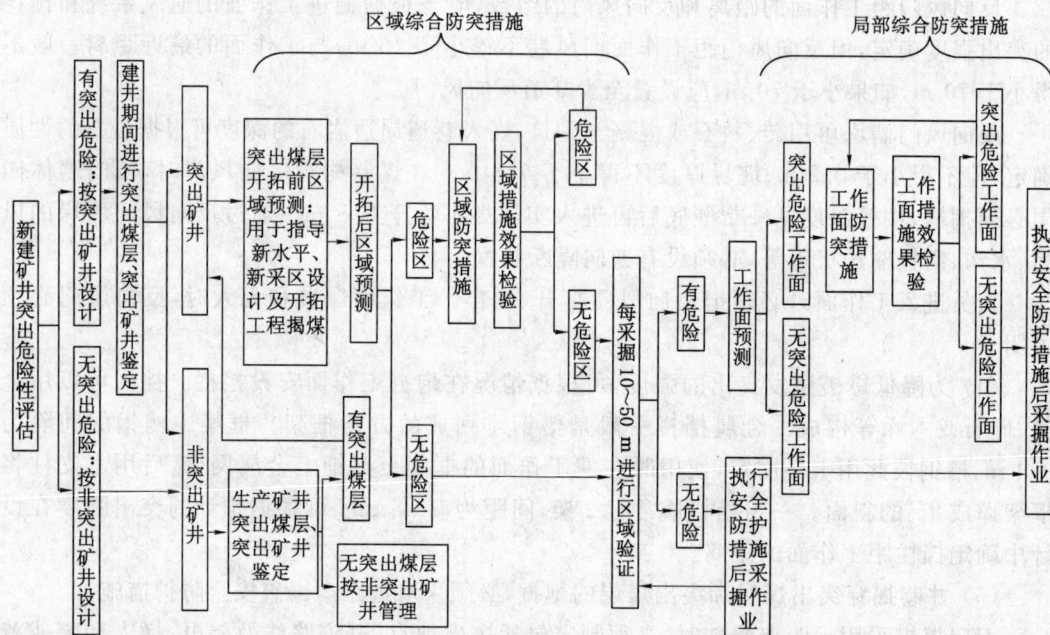

图 12-1 防治煤与瓦斯突出基本流程参考示意图

第五节 爆破材料和井下爆破安全检查

一、爆破材料储运与管理检查

(1) 地面爆炸材料库的建设必须按照火工品管理部门的相关规定执行。

(2) 本规定所指爆破材料是:各类炸药、雷管、导爆索、导爆管、非电导爆系统、起爆药和爆破剂。

(3) 矿井地面爆破材料库必须在工业广场之外选址建筑,并在矿井招标时就应加以明确,一次性纳入工程概算,在井筒开工之前施工准备期一次完成。地面临时性爆破材料库的安全距离、照明、防火措施、管理制度和永久性地面爆破材料库相同。

库房必须选择在干燥的地方,并应有良好的通风和防潮措施。库房周围,必须设简易围墙或铁刺网两层,其高度不得低于 2 m,距库房距离不应小于 5 m,并有警卫或专人昼夜看守。

(4) 井下临时爆破材料发放硐室的最大贮量不得超过 1 天的供应量,同时不得超过 400 kg 的炸药量。

发放硐室必须具备独立的新鲜风流,还必须根据具体条件制定预防爆破材料爆炸的安全措施,管理制度必须同井下爆破材料库相同,同时遵守火工品管理部门的相关管理规定。

(5) 库区值班室与调度室之间应有声光信号或电话联系。

(6) 地面爆破材料库电气照明必须遵守下列规定:

① 外部线路应用铠装电缆埋地敷设或挂设,库房上空禁止电气线路通过。

② 库房内禁止安装电灯照明,可利用天然采光或在库房外投射采光。

③ 爆破材料库院内的照明电源开关应设在库房外的配电箱中。

④ 采用移动照明时,只准使用安全手电筒、汽油安全灯,禁止使用电网供电的移动手提灯。

(7) 地面临时爆破材料库,必须设防雷装置。

(8) 爆破材料应建立台账和领退炸药、雷管管理制度。做到"账、卡、物"相符。

(9) 临时爆破材料库、发放点严禁超贮。

(10) 爆破材料库必须装备雷管检测导通仪,导通试验要有规定的安全设施。

(11) 爆破材料的存放必须遵守下列规定:

① 爆破材料箱(袋)距上层架板的距离不得小于 40 mm,架宽不得超过两箱(袋)的宽度。

② 货架(堆)与墙壁的距离不得小于 200 mm。

③ 堆放导火索、导爆索和硝铵类炸药等的货架(堆)高度不得超过 1.6 m。

(12) 往井下爆破地点运输爆破材料时,必须遵守以下规定:

① 首先通知绞车司机和信号工。

② 用罐笼和斜井绞车运输时,其速度不得超过 1 m/s;用罐笼运输时其升降速度不得超过 2 m/s;运送电雷管的车辆必须加盖、加垫,车厢内以软质垫物塞紧,防止震动和撞击。严禁用刮板输送机、带式输送机运送爆破材料。

(13) 电雷管必须由爆破工亲自运送,炸药由爆破工或在爆破工监护下由经过专门训练的人员运送。

(14) 炸药、雷管要用专用箱装入吊桶,由爆破工分别运送,严禁装在同一吊桶升降。严禁人员和材料同乘吊桶升降。

(15) 爆破材料必须装在具有耐压和抗撞击、防震、防静电的非金属容器内,否则必须有坚固牢靠的隔板将炸药、雷管分开。严禁将爆破材料装入衣袋内。领到爆破材料后,应直接送到工作地点,严禁途中逗留。

(16) 携带爆破材料上下井时,在每层罐笼内搭乘的携带爆破材料的人员不得超过 4 人,其他人员不得同罐上下。

(17) 携带爆破材料人员不得在交接班的时间内上下井。

(18) 井下运送爆破材料的规定:

① 井下炸药与雷管不得同时用一列矿车运输。如果用同一列矿车运输时,装有炸药与

雷管的车辆之间,以及炸药或雷管的车辆同机车之间,必须用空车隔开,空车总长度不得小于 3 m。

② 爆破材料在运输过程中,必须有爆破材料库管理人员或经专门训练的人员护送,除护送人员与司机外,严禁其他人员跟车,护送人员乘尾车;列车速度不得超过 2 m/s,运送爆破材料的列车不得同时运送其他物品。

③ 人力运送爆破材料时,雷管必须由爆破工亲自运送,炸药可由爆破工或在爆破工监护下由熟悉相关规定的人员运送。

(19) 一人一次运送的爆破材料数量不得超过:

同时搬运炸药和起爆材料	10 kg
拆箱(袋)搬运炸药	20 kg
背运原包装炸药	一箱(袋)
挑运原包装炸药	两箱(袋)

(20) 炸药、雷管的管理要严格执行计划、使用和领退制度。

雷管发放前,库管人员要进行导通检查,进行编号。

(21) 经过专门检验,确认失效及不符合技术条件要求或国家标准的爆破材料都应销毁。

(22) 销毁火工品时,按照火工品管理部门有关规定执行。

二、井下爆破安全检查

(1) 一般检查:

① 开凿井筒用的起爆药包(卷)应在地面离井口 50 m 以外的安全地点制作,延伸井筒时经批准后允许在井下某一水平的专用硐室内制作。

② 加工起爆药包(卷)时,应用木质或竹质锥子在炸药包(卷)中心扎一个雷管大小的孔,孔深能将雷管全部插入,不得露出药卷。雷管插入炸药包(卷)后,应用细绳或电雷管的脚线将雷管固定。

③ 必须使用木质炮棍装药,装药前必须将炮眼中的岩(煤)粉用压风机吹净。

④ 深孔装药出现堵塞时,未装入雷管、起爆药卷等敏感爆破材料前,应用铜或木制长杆处理。

⑤ 爆破 15 min 后(竖井 25 min 后),瓦斯检查员进入工作面和电气设备附近检查瓦斯浓度,瓦斯浓度正常时方可恢复送电,然后才允许人员进入工作面。

(2) 掘进中爆破,发爆器的把手、钥匙或电力起爆接线盒的钥匙必须由专职爆破工掌握。任何人不得越职违章行使爆破工职权。

(3) 所有爆破工,包括爆破、送药、装药人员,必须熟悉爆破材料性能和《规程》中有关条文的规定。

(4) 爆破工必须把炸药、电雷管分别存放在工作面专用的爆破箱内,并加锁。严禁乱扔、乱放。爆破箱必须放在顶板完好、支架完整、避开机械和电气设备的地点。每次爆破时,都必须把爆破箱放到警戒线以外的安全地点。

(5) 井下爆破工作必须由专职爆破工做。在煤与瓦斯(二氧化碳)突出煤层中,专职爆破工的工作必须固定在一个工作面,并配备便携式瓦斯报警仪器。

瓦斯矿井中爆破作业,爆破工、班组长、瓦斯检查员都必须在现场执行"一炮三检制"和"三人连锁放炮制"。

爆破工必须由经过专门训练且有 2 年以上采掘工龄并持有爆破员操作证的人员担任。爆破工必须依照爆破说明书进行爆破。

(6) 严禁使用冻结或半冻结的硝酸甘油类炸药。不得使用水分含量超过 0.5% 的铵梯炸药。硬化的硝酸铵类炸药,在使用前应用手揉松,使其不成块状,但不得将药包纸损坏。严禁使用硬化到不能用手揉松的硝酸铵类炸药,也不能使用破裂或不能用手揉松的乳化炸药。不能使用的炸药必须交回爆破材料库。

(7) 有瓦斯或煤尘爆炸危险的煤层中,掘进工作面都必须使用安全等级不低于三级的煤矿许用含水炸药和煤矿许用电雷管。使用煤矿许用毫秒延期电雷管时,最后一段的延期时间不得超过 130 ms。

不同厂家生产的或不同品种的电雷管,不得掺混使用。

(8) 有瓦斯或煤尘爆炸危险的掘进工作面,应采用毫秒爆破,必须全断面一次起爆。不能全断面一次起爆的,必须采取安全措施。

(9) 在高瓦斯矿井中爆破时,都应采用正向起爆,禁止反向起爆。低瓦斯矿井采用毫秒爆破时,可反向起爆,但必须制定安全措施,经建设单位总工程师批准。

(10) 从成束的电雷管中抽取单个电雷管时,不得手拉脚线硬拽管体,也不得手拉管体硬拽脚线,应将成束的电雷管顺好,按住前端脚线将电雷管抽出。抽出单个电雷管后,必须将其脚线末端扭结。

(11) 装配引药时,必须遵守下列规定:

① 装配引药必须在顶板完好、支架完整、避开电气设备和导电体的爆破工作点附近进行。严禁坐在爆破箱上装配引药。装配的引药数量,以当班需要的数量为限。

② 装配引药时,必须防止电雷管受震动、冲击、折断脚线和损坏脚线绝缘层。

③ 电雷管只许由药卷的顶部装入,不得用电雷管代替竹、木棍扎眼。电雷管必须全部插入药卷内。严禁将电雷管斜插在药卷的中部或捆在药卷上。

④ 电雷管插入药卷后,应用脚线将药卷缠住,以便把雷管固定在药卷内。

(12) 装药前,首先必须用掏勺或用压缩空气清除炮眼内的煤粉或岩粉,再用木质或竹质炮棍将药卷轻轻推入,不得冲撞或捣实。炮眼内的各药卷必须彼此密接。潮湿或有水的炮眼,应用抗水炸药和防水套。

装药后,必须把电雷管脚线悬空,严禁电雷管脚线、爆破母线同运输设备、电气设备以及采掘机械等导电体相接触。

间距小于 20 m 的平行巷道,其中一个巷道爆破时,两个工作面的所有人员必须撤至安全地点。

(13) 爆破材料库和爆破材料发放硐室附近 30 m 范围内,严禁爆破。

(14) 在开凿或延深立井井筒,向井底工作面运送爆破材料和在井筒内装药时,除负责装药爆破的人员、信号工外,其他人员都必须撤到地面或上水平巷道中。

(15) 开凿或延深井筒的装配引药工作,可在地面专用的房间内进行,但严禁接近火源、电源。

专用房间距井筒、厂房、建筑物和主要通路的安全距离,必须遵守国家颁布的有关各项规定,距离井筒不得小于 50 m。引药必须同炸药分别装在炮药容器内运往井底工作面。

(16) 在开凿或延深立井井筒时,必须在地面或在生产水平巷道内进行起爆。

在爆破母线同发爆器接通之前,井筒内所有电气设备必须断电。

只有在爆破工完成装药和连线工作,将所有井盖门打开,井筒、井口房内的人员全部撤出,设备、工具提升到安全高度以后,方可爆破。

爆破完恢复通风后,必须仔细检查井筒,清除爆破崩落在井圈上、吊盘上或者其他设备上的矸石。爆破后乘吊桶检查井底工作面时,吊桶不得蹲撞工作面。

第六节　地测与防治水安全检查

一、一般规定

(1) 矿井开工前,为了综合分析并研究制定与地质、测量因素有关的重大自然灾害的防治措施和确保工程按矿井设计所明确的地测工作任务顺利实施,达到安全施工的目的,建设单位根据工程项目必须向施工单位提供下列全部或部分必要的地质、测量、成图资料:

① 井田勘探地质报告。
② 井筒检查孔资料(必须作分层抽水检验)。
③ 矿井水文勘探报告。
④ 工业场地及居住区界址点标定资料。
⑤ 井田范围的 1/2 000、1/5 000 地形图。
⑥ 矿井井田范围内采空区及小煤矿等相关资料。

并应当提供下列资料:
① 井田首采区三维地震补充勘探资料。
② 井田范围内的国家基本控制测量资料。
③ 近井点和井筒十字基桩点资料。

(2) 当水文、瓦斯、工程地质、勘探资料缺乏时,或在井巷工程施工过程中,地质条件发生重大变化时,建设单位必须及时补充相应的地质资料。

(3) 矿井施工期间,为及时准确地指导安全施工,施工单位的地测部门必须建立健全下列主要基础资料:

① 首采区范围内的地质成果报告,首期开采的煤层底板等高线图和简要的文字说明(图纸为原图)。
② 井筒地质预测及实测的井筒地质柱状或剖面图。
③ 各类井巷工程实测的地质素描剖面图。
④ 施工范围内的矿井充水性图及涌水量台账。
⑤ 井上下水动态观测成果资料。
⑥ 各种井巷工程的实测导线、水准测量成果资料。
⑦ 各类工程的施工测量成果资料。
⑧ 各类井筒有关参数的成果、成图资料(主要包括井筒断面、井壁、罐道竖直程度、提升几何关系等)。

⑨ 工业场地及居住区实测平面图(包括地下管线的实际敷设)。

(4) 矿井竣工后,建设单位应适时组织施工单位,编绘新井移交时地质、测量图纸资料,妥善办理地质、测量资料的移交工作,为矿井投产后正常开展地测工作奠定基础。

二、地质与测量

(1) 施工单位地质人员在整个井巷工程施工阶段,应根据工程进度的实际情况,适时编制单位工程地质预测,必须做到一工程一预测。上述预测资料为编制单位工程施工措施和井巷安全施工提供重要依据。该预测资料应由施工单位审批后实施。

(2) 所有井巷工程在施工中,地质人员必须经常深入施工现场进行观测调查,及时编录有关图件资料,若突然出现重大的水文、工程地质、瓦斯异常变化时,必须及时分析整理资料,作出可靠的结论;若暂时无法作出确切结论,应本着有疑必探、先探后掘的原则,利用钻探、巷探或者其他的手段进一步探明,对地质条件变化得出可靠的结论,并经施工单位上一级主管部门审定后,方可提供给设计部门作为修改设计的依据。

(3) 对地质预测资料中分析确认的地质灾害因素,当井巷工程施工至临近可能发生灾害的地段时,施工单位地质人员必须加强地质调查研究,准确确定可能发生灾害的位置,并提前编制专项的探明灾害因素的措施。

(4) 对有煤与瓦斯突出的矿井,施工单位地质人员应准确预测煤层瓦斯赋存的形态及空间位置,并配合通风部门编制揭穿煤层保护煤柱的措施。

(5) 各项测量工作必须严格遵照《煤矿测量规程》要求,坚持独立复测、复算的双复制度,严禁仅一人兼作观测、记录、计算作业,确保按设计要求正确标定和及时准确实测各类工程的几何关系,认真编绘各类工程的成图、成果资料。

(6) 在井巷工程施工期间,施工测量人员必须做到:

① 对所有的贯通测量工程,临近贯通前测量人员必须及时、准确地掌握贯通前的动态距离,事先通知施工单位,以利于施工单位编制贯通安全措施。

② 对已施工的井巷工程,及时绘出采掘工程平面图,不得跨月拖欠。

③ 封闭前,测量人员应按照施工单位的书面通知,及时测绘到掘进工作面,并相应地填绘在采掘工程平面图上。

④ 对矿建、土建、安装三类工程实施的施工测量标定工作必须坚持业务联系书工作制度。

三、防治水

(1) 对水文地质条件复杂的建设矿井,在矿井开工前,建设单位对主要含水层(段)应建立地下水位动态观测系统。矿井施工期间应以合同方式委托施工单位进行水位动态观测,以利于矿井施工。结合以往井上下水位动态观测异常情况,预报及防范水灾。对于矿井范围内的采空、老空、古空的积水、积气情况及时进行调查。

(2) 当水灾是建设矿井的主要灾害时,施工单位应配备必要的水文地质专业人员,根据不同的水文地质条件,制定切实有效的"防、堵、疏、排、截"综合治理措施。

(3) 山区或浅表土层地区的煤矿,对可能发生的水灾因素,应视具体情况采取有效的防范措施:

① 矿井的井巷工程直接受地表水(湖泊、河流、水库等)渗透威胁时,应及时采取堵漏和进行水流改道等措施。

② 在施工的井巷工程范围,可能有废弃的老窑积水威胁时,井巷工程施工前应调查清楚废弃老窑积水的实际范围和积水量,并提前排除积水,杜绝水灾。

③ 井口位置应尽量避开存在山洪、泥石流和山体滑坡等威胁因素的地段,必要时应修筑拦截堤坝,改变泄洪渠道和锚固山坡等安全措施。

④ 有洪水和内涝积水威胁的矿井,必须采取疏通水渠、修筑堤坝和建立排水站等安全措施。

(4) 在斜井、立井井筒施工过程中,永久排水设施未形成之前,对穿过的主要含水层(段),必须采取探水、堵水、排水的施工措施。

(5) 对矿井基岩段施工,应实现安全、快速、打干井的施工目标,应根据井筒涌水量预测资料中的涌水量数据,选择不同的施工方法和治理方案:

① 单层涌水量小于 10 m³/h 的含水层段,可采取强行通过的施工方案。

② 单层涌水量超过 10 m³/h 的含水层段,应采取预注浆堵水的措施。

③ 若立井井筒整个基岩段,预测的单层涌水量大于 10 m³/h,且含水层数多,层段又较集中时,应采取地面预注浆的施工方案。

④ 若立井井筒整个基岩段,预测的单层涌水量虽然超过 10 m³/h,但含水层数少,层段又较分散时,应采取工作面预注浆或短探、短注、短掘的施工方案。

(6) 立井井筒采取工作面探水注浆,工作面深度的静水压力较大时,孔口管应采取防喷、防突装置,施工中应制定切实可行的防喷措施,防止突水淹井。

(7) 探水注浆方案确定后,必须编制探水注浆工程设计,报建设单位组织会审。探水注浆工程实施后,必须做探水、注浆技术工作总结。

(8) 对水文地质条件复杂、富水性强的矿井,采取由回风大巷水平向运输大巷水平施工采区上山时,必须制定相应的综合治水措施。

(9) 矿井永久排水设施未正式形成之前,凡独立施工的片区井巷工程施工范围,必须在井底车场附近适当位置设置临时排水系统,并在分区预测涌水量的基础上确定排水能力。井巷过渡期各阶段的临时排水系统,应在矿井施工组织设计中确定。

(10) 立井井筒到底后,井底附近必须设置一定能力的排水设施。

(11) 当井巷工程施工的工作面或者其他地段发现有突水预兆时(如水温异常、涌水量增大、水色浑浊、地压增大、出现雾气等异常现象),必须立即停止作业,撤出人员,采取有效措施。

(12) 在井巷工程施工期间,遇到下列情况之一者,必须坚持先探后掘、有掘必探原则:

① 要穿过主要导水断层破碎带。

② 临近岩溶富水地段。

③ 要穿过煤系地层主要含水层段。

④ 要穿过或者接近富水的陷落柱。

⑤ 接近被淹没的井巷工程区段。

⑥ 贯通的掘进工作面有积水。

⑦ 有其他可疑情况的。

（13）井巷工程揭露的主要出水点或者地段，都必须进行水温、水量、水化学和表土层段含砂量等项目的水动态综合观测，采取相应措施。

（14）矿井必须建立正常的涌水量观测制度，其具体的观测要求如下：

① 每一个独立施工的井巷片区，每月至少进行 1～2 次的正常涌水量观测，对重要的出水点应加密观测。

② 立（斜）井筒在基岩段施工期间，应每隔 10 m 进行一次观测。揭露时要进行一次实际涌水量观测。

（15）恢复被水暂时淹没的井巷前，应提供突水淹没井巷工程的实际调查报告，为抽排水提供依据。抽排水恢复被淹没的井巷工程，必须在安全措施可靠的前提下实施。恢复被淹没井巷后，应认真总结经验教训，提交总结报告。

（16）防水灾的安全装备必须配备超过主要含水层及水体最大突水量的排水设备、注浆封水设备和探放水设备或装设高防水闸门、构筑防水墙等设施。

第七节　运输与提升安全检查

一、平巷和倾斜巷运输检查

（1）电机车必须有国家认证标志。

（2）在瓦斯矿井中使用机车运输时，必须符合下列要求：

① 在低瓦斯矿井进风（全风压通风）的主要运输巷道内，可使用架线电机车，但巷道必须使用不燃性材料支护。

② 在有瓦斯涌出的矿井不准使用架线电机车。

（3）在煤（岩）与瓦斯（二氧化碳）突出区域，如果使用机车运输，必须使用矿用防爆特殊型蓄电池电机车（含自动消氢电机车）或双缸防爆内燃机车，并必须在机车内装设瓦斯自动检测报警断电（油）装置，严禁使用单缸防爆内燃机车。如果巷道在煤层中或穿过煤层，巷道必须采用不燃性材料支护。

（4）机车司机必须按信号指令行车，在开车前必须发出开车信号。机车运行中，严禁将头或身体探出车外。司机离开座位时，必须切断电动机电源，将控制手柄取下保管好，扳紧车闸，但不得关闭车灯。

（5）必须定期检修机车和矿车、发现隐患及时处理。机车的闸、灯、警铃（喇叭）、连接器以及撒砂装置，任何一项不正常或失爆时，该机车不得使用。

（6）采用矿用防爆型柴油动力装置的双缸防爆柴油机无轨胶轮车必须遵守下列规定：

① 排气口的排气温度不得超过 70 ℃，其表面温度不得超过 150 ℃。

② 排出的各种有害气体被巷道风流稀释后，其浓度必须符合《规程》第一百条规定的要求。

③ 各部件不得用铝合金制造，使用的非金属材料应具有阻燃和抗静电性能，油箱及管路必须用不燃性材料制造，油箱的最大容量不超过 8 h 的用油量。

④ 燃油的燃点应高于 70 ℃。

⑤ 必须配置适宜的灭火器。

（7）采用机车运输时，必须遵守下列规定：

① 列车或单独机车都必须前有照明，后有红灯。

② 正常运行时，机车必须在列车前端，但调车和处理事故时，不受此限。

③ 同一区段轨道上，不得行驶非机动车辆；确需行驶时，必须制定措施并经井下运输调度站同意。

④ 列车通过的风门，必须设有当列车通过时能够发出在风门两侧都能接收到声光信号的装置。

⑤ 巷道内应装设路标和警标。机车行近交岔点、硐室口、弯道、坡度较大或噪声大等地段，以及前面有车辆或视线有障碍时，都必须减速，并发出警号。

⑥ 必须有用矿灯发送紧急停车信号的规定。非危险情况下，任何人不得使用紧急停车信号。

⑦ 两机车或两列车在同一轨道同一方向行驶时，必须保持不少于 100 m 的距离。

⑧ 列车的制动距离，每半年测定一次。运送物料时不得超过 40 m；运送人员时不得超过 20 m。

⑨ 在弯道或司机视线受阻的区段，应设置列车占线闭塞信号，在新建和扩建的大型环型井底车场和运输大巷，应设置信号集中闭合系统。

（8）矿井轨道必须按标准铺设，并应符合下列要求：

① 扣件齐全、牢固并与轨型相符。轨道接头的间隙不得大于 5 mm，高低和左右错差都不得大于 2 mm。

② 直线段两条钢轨顶面的高低差，以及曲线段外轨或内轨按设计加高后的偏差，都不得大于 5 mm。

③ 直线段或曲线段加宽后，轨距偏差为 +5～-2 mm。

④ 在曲线段内应设置轨距拉杆。

⑤ 轨枕的规格及数量应符合标准要求，间距偏差不得超过 50 mm，道砟的粒度及铺设厚度应符合标准要求，轨枕下应捣实。对道床应经常清理，应无杂物、无积水等。同一线路必须使用同一型号钢轨。道岔的钢轨型号，不能低于线路钢轨型号。轨道使用期间应加强维护，定期检修。

（9）架线机车运行的轨道，必须符合下列要求：

① 两平行钢轨之间，每隔 50 m 要连接一根断面不小于 50 mm² 的铜线或其他具有等效电阻的导线。

② 线路（包括道岔）上所有钢轨接缝处，都必须用不小于 50 mm² 的铜线或采用轨缝焊接工艺加以连接，连接后每个接缝处的电阻不得大于规定指标。

③ 不回电的轨道与架线电机车回电轨道之间，必须加以绝缘。第一绝缘点设在两种轨道的连接处，第二绝缘点设在不回电的轨道上，其与第一绝缘点之间的距离必须大于一列车的长度。对绝缘点必须经常维护，保持可靠绝缘。

在与架线电机车联通的轨道上有钢丝绳跨越时，钢丝绳不得与轨道相接触。

（10）架线电机车使用的直流电压，不得超过 600 V。

（11）电机车架空线的悬挂高度，自轨面算起不得小于下列规定：

① 在行人的巷道内、车场内以及人行道同运输巷道交叉的地方不小于 2 m；在不行人

的巷道内不小于 1.9 m。

② 在井底车场内,从井底到乘车场不小于 2.2 m。

③ 在地面或工业场地内,不与其他道路交叉的地方,不小于 2.2 m。

(12) 电机车架空线和巷道顶或棚梁之间的距离不得小于 0.2 m;电机车架空线悬挂点的间距,在直线段内不得超过 5 m,在曲线段内不得超过表 12-2 的规定值。

表 12-2　　　　　　　　　　　　　　电机车架空线悬挂点在曲线段内的最大间距

曲率半径/m	25~22	21~19	18~16	15~13	12~11	10~8
悬挂点间距/m	4.5	4	3.5	3	2.5	2

(13) 长度超过 1 500 m 的主要行人平巷,上下班时必须采用机械运送人员,严禁使用翻斗车、底卸式矿车、物料车和平板车运送人员。

(14) 用车辆运送人员时,必须遵守下列规定:

① 每班发车前,应检查各车的连接装置、轮轴和车闸等。

② 严禁同时运送有爆炸性的、易燃性的或腐蚀性的物品或附挂物料车。

③ 列车行驶速度不得超过 4 m/s。

④ 人员上下车地点应有照明,架空线必须安设分段开关或自动停送电开关,人员上下车时必须切断该区段架空线电源。

⑤ 双轨巷道乘车场必须设信号区间闭锁,人员上下车时,严禁其他车辆进入乘车场。

(15) 乘车人员,必须遵守下列规定:

① 听从司机及乘务人员的指挥,开车前必须将车门或防护链挂好。

② 人体及所携带的工具和零件严禁露出车外。

③ 列车行驶中和尚未停稳时,严禁上下车或在车内站立。

④ 严禁在机车上或任何两车厢之间搭乘人员。

⑤ 严禁扒车、跳车和乘坐矿车。

⑥ 严禁超员乘坐。

⑦ 车辆掉道时,应立即向司机发出停车信号。

(16) 井下蓄电池充电室内必须采用矿用防爆型电气设备。测定电压时,允许使用普通型电压表,但必须在揭开电池盖 10 min 以后进行。

井下矿用防爆型蓄电池机车的电气设备,只允许在车库内打开检修。

(17) 人力推车必须遵守下列规定:

① 推车人必须时刻注意前方和左右有无人员和障碍物,一次只准推一辆车。同向推车的间距:在轨道坡度小于或等于 0.5% 时,不得小于 10 m;坡度大于 0.5% 时,不得小于 30 m;坡度大于 0.7% 时,禁止人力推车。

② 在夜间或在井下,推车人必须备有矿灯;在照明不足的区段,应将矿灯挂在矿车行进方向的前端。

③ 接近道岔、弯道、巷道口、风门、硐室出口处时,推车人都必须及时发出警号。

④ 严禁放飞车。

(18) 不得在能自动滑行的坡度上停放车辆,确需停放时,必须用可靠的制动器将车辆稳住。

(19) 垂直深度超过 50 m 的倾斜巷道,上下班时应用机械运送人员。倾斜井巷运送人员的车辆必须有顶盖,车辆上必须装有可靠的防坠器。当断绳时,防坠器能自动发生作用,也能人工操作。各种车辆的两端必须装置碰头,每端突出的长度不得小于 100 mm。

(20) 倾斜井巷运送人员的列车必须有跟车人,跟车人必须坐在前方;跟车人的手应放在手动防坠器把手或制动器把手的位置上。

每班运送人员前,必须检查人车的连接装置、保险链和防坠器,并必须先放一次空车,证实巷道和轨道不会引起掉道或有其他危险。

(21) 用架空乘人装置运送人员应遵守下列规定:

① 巷道倾角应符合国家相关规定。

② 蹬座中心至巷道一侧的距离不得小于 0.7 m,运行速度不得超过 1.2 m/s,乘坐间距不小于 5 m。

③ 驱动装置必须有制动器;吊杆和牵引钢丝绳之间的连接不得自动脱扣。

④ 在下人地点前方,必须设有能自动停车的安全装置。

⑤ 在运行中人员要坐稳,不得引起吊杆摆动,不得手扶牵引钢丝绳,不得触及邻近的任何物体。

⑥ 严禁同时运送携带爆炸物品的人员。

⑦ 每日必须对整个装置检查 1 次,发现问题,及时处理。

(22) 运送人员的倾斜井巷中,必须设置使跟车人在运行途中任何地点都能向司机发送紧急停车信号的装置。

多水平运输时,从各水平发出的信号必须有区别。人员上下地点必须有信号牌。任一区段行车时,各水平皆需有信号显示。

(23) 在倾斜井巷内使用串车提升时,必须遵守下列规定:

① 在井口和井巷内安设能够将运行中断绳、脱钩的车辆阻止住的跑车防护装置。

② 在上部平车场安设能够防止车辆滑入非运行车场或区段的阻车器。

③ 在上部平车场入口安设能够控制车辆进入摘挂钩地点的阻车器。

④ 在变坡点下方略大于一列车长度的地点,设置能够防止未连挂的车辆继续往下跑车的挡车器。

⑤ 在各车场安设甩车时能发出警告的信号装置。

阻车器必须经常关闭,放车时方准打开。兼作行驶人车的倾斜井巷,在提升人员时,倾斜井巷中的挡车装置和跑车防护装置必须是常开状态,并可靠地锁住。

(24) 使用绞车提升的倾斜井巷,必须符合下列规定:

① 钢轨的铺设应符合《规程》第三百五十三条的有关规定,并采取轨枕防滑措施。

② 托绳轮(辊)应按设计要求设置,并保持转动灵活。

③ 在倾斜井巷的上端,必须有足够的过卷距离(从上部过卷开关算起),过卷距离应根据巷道的倾角、设计载荷、最大提升速度和实际制动力等参数计算确定,并有 1.5 倍的备用系数。

④ 串车提升的各车场应设有信号硐室和躲避硐室;运人斜井各车场应设有信号和候车硐室,候车硐室应具有足够的空间。

斜井串车提升,严禁蹾钩。行车时严禁行人。

运送物料时,每次开车前把钩工必须检查牵引车数、各车的连接和装载情况。牵引车数超过规定、连接不良,或装载物料超重、超高、超宽或偏载严重有翻车危险时,严禁发出开车信号。

(25) 倾斜井巷的运输工作,必须建立严格的岗位责任制,由各专业人员对轨道、钢丝绳、绞车、驱动装置、人车、矿车、箕斗、连接装置以及保险装置和其他装置等进行检查、维修和调试,保证这些装置经常处于良好状态。

(26) 采用滚筒驱动带式输送机运输时必须遵守下列规定:

① 必须使用阻燃输送带,带式输送机托轮的非金属材料和包胶滚筒的胶料,其阻燃性和抗静电性必须符合有关规定。

② 巷道内要有充分照明。

③ 必须装设驱动轮防滑保护、烟雾保护、温度保护和堆煤保护装置。

④ 必须装设自动洒水装置和防跑偏装置。

⑤ 在主要运输巷道内安设的带式输送机还必须装设:输送带张紧力下降保护装置和防撕裂保护装置;在机头和机尾防止人员与驱动滚筒和导向滚筒相接触的防护栏。

⑥ 在倾斜井巷中使用带式输送机,上运时必须设防逆转装置或制动装置。

⑦ 液力偶合器严禁使用可燃性传动介质(调速型液力偶合器不受此限)。

⑧ 严禁乘人或运输物料。

⑨ 带式输送机巷道中行人跨越带式输送机处应设过桥。

⑩ 带式输送机应加设软启动装置,下运带式输送机应加设软制动装置。

(27) 单轨吊车和胶套轮车的运行坡度、运行速度和荷载重量,不得超过设计规定的数值,胶套轮材料和钢轨的摩擦系数不得小于 0.4。轨道应采用不小于 22 kg/m 钢轨。车头上必须装设车灯和喇叭,车尾设有红灯。

二、立井提升检查

(1) 立井中升降人员,必须使用罐笼或带乘人间的箕斗。如果在井筒内作业或其他原因,需要使用普通箕斗或救急罐升降人员时,必须制定安全措施。凿井期间,立井中升降人员可采用吊桶,但必须遵守下列规定:

① 应采用不旋转提升钢丝绳。

② 吊桶必须沿钢丝绳罐道升降。在凿井初期尚未装设罐道时,吊桶升降距离不得超过40 m;凿井时吊盘下面不装罐道的部分也不得超过 40 m。井筒深度超过 100 m 时,悬挂吊盘的钢丝绳不得兼作罐道使用。

③ 必须佩戴保险带。

④ 吊桶上方必须装保护伞。

⑤ 吊桶边缘上不得坐人。

⑥ 装有物料的吊桶不得乘人,吊桶的装满系数不许超过 90%。

⑦ 用自动翻转式吊桶升降人员时,必须有防止吊桶翻转的安全装置,严禁用底开式吊桶升降人员。

⑧ 吊桶提升到地面时,人员必须从井口平台进出吊桶,并只准在吊桶停稳和井盖门关

闭以后进出吊桶,双吊桶提升时,井盖门不得同时打开。

(2) 专为升降人员和升降人员与物料的罐笼(包括有乘人间的箕斗),必须符合下列要求:

① 罐顶应设置可以打开的铁盖或铁门,两侧装设扶手。

② 罐底必须满铺钢板,并不得有孔。如果罐底下面有阻车器的连杆装置时,必须设牢固的检查门。

③ 两侧用钢板挡严,靠近罐道部分不得有孔。

④ 提升矿车的罐笼内必须装有阻车器。

⑤ 罐笼每层内一次能容纳的人数应明确规定,并应在井口公布。超过规定人数时,把钩工有权制止。

(3) 提升装载的最大重量和最大载重差应在井口公布,严禁超载运行。箕斗提升必须使用定量装载装置。

(4) 升降人员或升降人员和物料的单绳提升罐笼(包括带乘人间的箕斗),必须装设可靠的防坠器。

建井期间使用无防坠器的临时罐笼升降人员时,必须有防止坠罐的安全措施。

(5) 使用罐笼提升的立井,井口、井底和中间运输巷的安全门必须与罐笼提升信号联锁。罐笼未到位安全门打不开。安全门未关闭,只能发出调平和换层信号,但发不出开车信号。井口、井底和中间运输巷都必须设置摇台,并与罐笼停止位置、阻车器和提升信号联锁。罐笼未到位,放不下摇台。摇台未放下,打不开阻器。摇台未抬起,不发出开车信号。井口和井底使用罐座的立井,必须对罐座设置闭锁装置,罐座未打开,发不出开车信号。升降人员时,严禁使用罐座。

(6) 提升容器的罐耳在安装时同罐道之间所留的间隙,钢轨罐道每侧不得超过 5 mm。木罐道每侧不得超过 10 mm。钢丝绳罐道的罐耳滑套直径与钢丝绳直径之差不得大于 5 mm,采用滚轮罐耳的组合钢罐道的辅助滑动罐耳,每侧间隙应保持 10～15 mm。

(7) 罐道和罐耳的磨损达到下列程度时,必须更换:

① 木罐道任一侧磨损量超过 15 mm 或其总间隙超过 40 mm。

② 钢轨罐道轨头任一侧磨损量超过 8 mm,或轨腰磨损量超过原有厚度的 25%。罐耳的任一侧的磨损量超过 8 mm,或在同一侧罐耳和罐道的总磨损量超过 10 mm,或者罐耳和罐道的总间隙超过 20 mm。

③ 组合钢罐道任一侧的磨损量超过原有厚度 50%。

④ 钢丝绳罐道和滑套的总间隙超过 15 mm。

(8) 立井提升容器和井壁、罐道梁、井梁之间的最小间隙,必须符合规定。

凿井时,两个提升容器的导向装置最突出部分之间的间隙,不得小于 $(0.2 + H/3\,000)$ mm(H 为提升高度,m);井筒深度小于 300 m 时,上述间隙不得小于 300 mm。

(9) 对金属井架、井筒罐道梁和其他装备的固定和锈蚀情况,应每年检查一次,如发现松动,应采取加固或其他措施。如果发现防腐层剥落,应补刷防腐剂。检查和处理结果,都应留有记录。

建井用金属井架,每次移设后都应涂防腐剂。

(10) 检修井筒或处理事故人员如果需站在罐笼或箕斗顶上工作时,必须遵守下列规定：

① 在罐笼或箕斗顶上，必须装设保护伞和栏杆。

② 佩戴保险带。

③ 提升容器的速度，一般为 0.3～0.5 m/s，最大不超过 2 m/s。

④ 检修用信号必须安全可靠。

⑤ 必须有安全措施。

(11) 提升装置的各部分，包括提升容器、连接装置、防坠器、罐耳、罐道、阻车器、罐座、摇台、装卸设备、天轮和钢丝绳，以及提升绞车各部分，包括滚筒、制动装置、深度指示器、防过卷装置、限速器、调绳装置、传动装置、电动机和控制设备以及各种保护和闭锁装置等，每天必须由专职人员检查一次，每月还必须由机电负责人组织检查一次。如果发现问题，必须立即处理，检查和处理结果，都应留有记录。

(12) 井口和井底车场都必须有持证上岗的把钩工。

人员上下井时，必须严格遵守乘罐制度，听从把钩工的指挥。开车信号发出后严禁进出罐笼。

严禁在同一层罐笼内，人员和物料混合提升。

(13) 每一提升装置，都必须装有从井底把钩工发给井口把钩工和从井口把钩工发给绞车司机的信号装置。井口信号装置必须同绞车的控制回路相闭锁，只有在井口把钩工发出信号后，绞车才能启动。除常用的信号装置外，还必须有备用的信号装置。井底车场和井口之间，井口和绞车司机台之间，除有上述信号装置外，还必须装设直通电话和电视监视器。

一套提升装置供给几个水平使用时从各水平所发出的信号必须有区别。

(14) 井底车场的信号必须经由井口把钩工转发，不得越过井口把钩工直接向绞车司机发出信号，但有下列情况之一时，不受此限：

① 发出紧急停车信号。

② 箕斗提升(不包括带乘人间的箕斗的人员提升)。

③ 单容器提升。

④ 井上下信号联锁的自动化提升系统。

(15) 用多层罐笼升降人员或物料时，井上下各层出车平台，都必须设有把钩工。各把钩工发送信号，必须遵守下列规定：

① 井下各水平的总把钩工必须在收齐该水平各层把钩工的信号后，方可向井口总把钩工发出信号。

② 井口总把钩工必须在收齐井口各层把钩工信号，并接到井下总把钩工信号后，方可向绞车司机发出信号。

③ 信号系统必须设有保证按上述顺序发出信号的闭锁装置。

(16) 采用永久提升系统用于建井施工时，在提升速度大于 3 m/s 的提升系统内，必须设置防过卷和防蹲罐装置。防撞梁必须能够挡住过卷后上升的容器或平衡锤，以避免撞击天轮、导轮或摩擦轮。托罐装置必须能够将撞击防撞梁后再下落的容器或平衡锤接住，并使其下落的距离不超过 0.5 m。

三、钢丝绳和连接装置检查

（1）提升钢丝绳的使用和保管，必须遵守下列规定：

① 新绳到货后，必须由施工单位送有资质的检验单位进行检验，检验合格后方可使用。

② 每卷钢丝绳都必须保存有完整的原始资料（包括出厂合格证、验收证书等）。

③ 保管超过一年的钢丝绳，在悬挂前必须再进行一次试验，合格后方可使用。

④ 直径不大于 18 mm 的专为提升物料用的钢丝绳，有厂家合格证书，外观检查无锈蚀和损伤，可以不做本条文所要求的试验。

（2）提升钢丝绳的定期试验，应遵守下列规定：

① 升降人员或升降人员和物料用的钢丝绳，自悬挂时起每隔 6 个月试验 1 次。悬挂吊盘的钢丝绳，每隔 12 个月试验 1 次。有条件的应进行探伤。

② 升降物料用的钢丝绳，自悬挂时起经 12 个月进行第 1 次试验，以后每隔 6 个月试验 1 次。

摩擦轮式绞车用的钢丝绳、平衡钢丝绳以及直径在 18 mm 及 18 mm 以下的专为升降物料用的钢丝绳，不受此限。

（3）新钢丝绳悬挂前的试验（包括验收试验）和在用绳的定期试验，必须按下列规定执行：

① 新绳悬挂前的检验。必须对每根钢丝做拉断、弯曲和扭转三种检验，并以公称直径为准对检验结果进行计算和判定。

② 在用绳的定期检验。可只做每根钢丝的拉断和弯曲两种检验。检验结果仍以公称直径为准进行计算和判断：不合格钢丝的断面积与钢丝总断面积之比达到 25% 时，该钢丝绳必须更换；以合格钢丝拉断力总和为准计算出的安全系数，如低于《规程》第四百条的规定时，该钢丝绳必须更换。

（4）摩擦轮式提升钢丝绳的使用期限不得超过 2 年，平衡钢丝绳的使用期限不得超过 4 年。如果钢丝绳的断丝、直径缩小和锈蚀程度不超过规定，并经建设单位总工程师批准，可以继续使用，但不得超过 1 年。

井筒中悬挂水泵、抓岩机的钢丝绳，一般使用期限为 1 年。悬挂水管、风管、输料管、安全梯和电缆用的钢丝绳，一般使用期限为 2 年。到期后经检查鉴定，锈蚀程度不超过《煤矿安全规程》第四百零五条的规定，可以继续使用。

（5）提升钢丝绳、罐道绳必须每天检查 1 次，平衡钢丝绳、架空乘人装置钢丝绳、钢丝绳牵引带式输送机的钢丝绳和井筒悬吊钢丝绳至少每周检查 1 次。对易损坏和断丝或锈蚀较多的一段应停车详细检查。断丝的突出部分应在检查时剪下。检查结果应记入钢丝绳检查记录簿。

（6）钢丝绳在运行中遭受到卡罐、突然停车等猛烈拉力时，必须立即停车检查，发现有下列情况之一者，必须将受力段剁掉或更换全绳：

① 钢丝绳产生严重扭曲或变形。

② 断丝超过规定

③ 直径减少值超过规定。

④ 遭受猛烈拉力的一段，其长度拉伸 0.5% 以上。

（7）钢丝绳的钢丝有变黑、锈皮、点蚀麻坑等损伤时，不得用做升降人员。

钢丝绳锈蚀严重、点蚀麻坑形成沟纹、外层钢丝松动时，不论断丝数或绳径变细多少，都必须立即更换。

（8）使用有接头的钢丝绳，必须遵守下列规定：

① 有接头的钢丝绳，只准在下列设备中使用：平巷运输设备；30°以下倾斜井巷中专为升降物料的绞车；斜巷无极绳绞车；斜巷架空乘人装置；斜巷钢丝绳牵引胶带输送机。

② 在倾斜井巷中使用的钢丝绳插接长度，都不得小于钢丝绳直径的 1 000 倍。

（9）主要提升装置必须有检验合格的备用钢丝绳。

对使用中的钢丝绳，根据井巷条件及锈蚀情况，至少每月涂油一次。

摩擦轮式提升装置的提升钢丝绳，只准涂、浸专用的钢丝绳油（增摩脂），但对不绕过摩擦轮部分，必须涂防腐油。

（10）立井提升容器同提升钢丝绳的连接，应采用楔形连接装置。每次更换钢丝绳时，必须对连接装置的主要受力部件进行探伤检验，合格后方可继续使用。楔形连接装置的累计使用期限为单绳提升不得超过 10 年，多绳提升不得超过 15 年。

倾斜井巷运输时，矿车之间的连接、矿车和钢丝绳之间的连接，都必须使用不能自行脱落的连接装置，并加装保险绳。

倾斜井巷运输用的钢丝绳连接装置，在每次换钢丝绳时，必须用两倍于其最大静荷重的拉力进行试验。

矿车连接装置至少每年进行 1 次两倍于最大静荷重的拉力试验。

（11）新安装或大修后的防坠器，必须进行脱钩试验，合格后方可使用。对使用中的立井罐笼防坠器，每半年应进行 1 次不脱钩试验，每年应进行 1 次脱钩试验。使用中的斜井人车防坠器，每日进行 1 次手动落闸试验，每月进行 1 次静止松绳落闸试验，每年进行 1 次重载全速脱钩试验。防坠器的各个连接和传动部分必须经常处于灵活状态。

（12）开凿立井和倾斜井巷时，升降人员和物料的提升装置的连接装置，不得作其他用途。

四、提升装置检查

（1）天轮到滚筒上的钢丝绳，最大内、外偏角都不得超过 1°30′。单层缠绕时，内偏角应保证不咬绳。

（2）各种提升装置的滚筒上缠绕钢丝绳的层数，必须符合下列要求：

① 立井中升降人员或升降人员和物料的，只准缠绳 1 层。专为升降物料的，准许缠绳 2 层。如果经验算滚筒强度满足要求且滚筒边缘高度符合规定，经审批可多层缠绕。

② 在倾斜井巷中升降人员或升降人员和物料的，准许缠绳两层；升降物料的，准许缠绳三层。

③ 移动式的或辅助性的专为提升物料的（包括矸石山和向天桥上的提升等）准许多层缠绕。

（3）滚筒上缠绕 2 层或 2 层以上钢丝绳时，必须符合下列要求：

① 滚筒边缘应高出最外 1 层钢丝绳的高度，至少应为钢丝绳直径的 2.5 倍。

② 滚筒上必须设有带绳槽的衬垫。

③ 钢丝绳由下层转到上层的临界段（相当于绳圈 1/4 长的部分）时必须经常对其加以检查，并应在每季度将钢丝绳移动 1/4 绳圈的位置。

对现有不带绳槽衬垫的在用绞车，只要在滚筒板上刻有绳槽或用 1 层钢丝绳作为底绳，就可继续使用。

（4）钢丝绳绳头固定在滚筒上时，必须符合下列要求：

① 必须有特备的容绳或卡绳装置，不得系在滚筒轴上。

② 绳孔不得有锐利的边缘，钢丝绳的弯曲不得形成锐角。

③ 滚筒上缠绕的钢丝绳不得少于 3 圈，用以减轻固定处的张力；还必须留几圈作定期试验用的补充绳。

（5）通过天轮的钢丝绳必须低于天轮的边缘，其高差要求：提升天轮不得小于钢丝绳直径的 1.5 倍；悬吊天轮不得小于钢丝绳直径的 1 倍。使用带衬垫的天轮，各段衬垫的磨损达到一个钢丝绳直径深时，或沿侧面磨损达到钢丝绳直径的 1/2 时，必须更换衬垫。

（6）摩擦提升装置的绳槽衬垫磨损剩余厚度不得小于钢丝绳直径，绳槽磨损深度不得超过 70 mm。任一根提升钢丝绳的张力同平均张力之差不得超过 ±10%。更换钢丝绳时，必须同时更换全部钢丝绳。

（7）斜井提升容器的最大速度和最大加、减速度，必须符合下列规定：

① 升降人员时的速度不得超过 5 m/s，并不得超过人车设计的最大允许速度；升降人员时的加速度和减速度不得超过 0.5 m/s²。

② 用矿车升降物料时速度不得超过 5 m/s，用箕斗升降物料时速度不得超过 7 m/s。当铺设固定道床并采用大于或等于 38 kg/m 的钢轨时，速度不得超过 9 m/s。

（8）提升装置必须装设下列保险装置，并符合相关要求：

① 防止过卷装置。当提升容器超过正常终端停止位置（或出车平台）0.5 m 时，必须能自动断电，并能使保险闸发生作用。

② 防止过速装置。当提升速度超过最大速度 5% 时，必须能自动断电，并能使保险闸发生作用。

③ 过负荷和欠电压保护装置。

④ 自动限速装置。提升速度超过 3 m/s 的提升绞车必须装设自动限速装置，以保证提升容器（或平衡锤）到达终端位置时的速度不超过 2 m/s。如果限速装置为凸轮板，其在一个提升行程内的旋转角应不小于 270°。

⑤ 深度指示器失效保护装置。当指示器的传动系统发生断轴、脱销等故障时，能自动断电并使保险闸发生作用。

⑥ 闸瓦过磨损保护装置。当闸瓦磨损超限时能自动报警或自动断电。

⑦ 松绳报警装置。缠绕式提升绞车必须设置松绳保护装置并接入安全回路，在钢丝绳松弛时能报警或自动断电。

⑧ 满仓保护装置。箕斗提升的井口煤仓应装设满仓保护装置，仓满时能报警或自动断电。

⑨ 减速功能保护装置。提升容器（或平衡锤）到达设计减速位置时，能示警并开始减速。防止过卷装置、限速装置和减速功能保护装置应设置为相互独立的双线形式。主井、斜井缠绕式提升绞车应加设定车装置。

(9) 提升绞车必须装设深度指示器,开始减速时能自动示警的警铃,司机不离开座位即能操纵的常用闸和保险闸,保险闸必须起到自动制动作用。

常用闸和保险闸共同使用 1 套闸瓦制动时,操纵和控制机构必须分开。双滚筒提升绞车的 2 套闸瓦的传动装置必须分开。

提升绞车除设有机械制动闸外,还设有电器制动装置。

司机严禁离开工作岗位去擅自调整制动闸。

(10) 保险闸必须采用配重式或弹簧式制动装置,除可由司机操纵外,还必须能自动抱闸,并且在抱闸同时使提升装置自动断电。

常用闸必须采用可调节的机械制动装置。

滚筒直径在 0.8 m 及其以下的绞车或提升重量在 8 t 以下的凿井用稳车可用手动闸。

(11) 立井、斜井缠绕式提升绞车,除有制动装置(常用闸和保除闸)外,还应加设定车装置,在调整滚筒位置或检修制动装置时使用。

(12) 开凿立井时,悬挂吊盘、水泵和其他设备和稳车,必须装设可靠的制动装置和防逆转装置,并设有电器闭锁。

(13) 保险闸或保险闸第一级由保护回路断电时起至闸瓦接触到闸轮上的空动时间:压缩空气驱动闸瓦式制动闸不得超过 0.5 s;储能液压驱动闸瓦式制动闸不得超过 0.6 s;盘式制动闸不得超过 0.3 s。对斜井提升,为保证上提紧急制动不发生松绳而必须延时制动时,上提空动时间不受此限。盘式制动闸的闸瓦与制动盘之间的间隙不大于 2 mm。保险闸施闸时,杠杆和闸瓦不得发生显著的弹性摆动。

(14) 主要提升装置必须配有正、副司机。正、副司机均培训合格,并持证上岗。

在交接班升降人员的时间内,必须由正司机操作,副司机必须在旁监护。

在每班开始升降人员时,应先开一次空车,检查绞车动作情况,但连续运转时,可不受此限。发生故障时司机必须立即向主管部门或调度室报告。

(15) 新安装的矿井提升装置,必须经验收合格后方可投入使用。进入运行的设备,必须每年进行 1 次检查,每 3 年进行 1 次测试,认定合格后方可继续使用。

检查验收和检测的内容,应包括下列项目:

① 《规程》第四百二十七条所规定的保险装置。

② 天轮的垂直和水平程度、有无轮缘变形和轮辐弯曲现象。

③ 电气传动装置和控制系统的情况。

④ 各种调整和自动记录装置以及深度指示器的动作状态和精密程度。

⑤ 检查常用闸和保险闸的各部间隙及连接、固定情况,并验算其制动力矩和防滑条件。

⑥ 测试保险闸空动时间和制动减速度,对于摩擦轮式绞车,要检验在制动过程中钢丝绳是否打滑。

⑦ 井架的变形、损坏、锈蚀和震动情况。

⑧ 井筒罐道的垂直度及固定情况。

⑨ 测试盘形闸的贴闸压力。

检查和试验结果必须写成报告书,对所发现的缺陷,必须提出改进措施,并限期解决。

(16) 主要提升装置,必须具备下列文件,并妥善保管:

① 绞车说明书。

② 绞车总装配图。

③ 制动装置的结构图和制动系统图。

④ 电气系统图。

⑤ 提升装置(绞车、钢丝绳、天轮、提升容器、防坠器和罐道等)的检查记录簿。

⑥ 钢丝绳的试验和更换记录簿。

⑦ 岗位责任制。

⑧ 操作规程和设备完好标准。

⑨ 司机交接班记录簿。

⑩ 安全保护装置试验记录簿。

制动系统图、电器系统图、提升装置的技术特征和岗位责任制等必须悬挂在绞车房内。

第八节　凿井设备安全检查

一、空气压缩机安全检查

(1) 空气压缩机必须有压力表和安全阀。压力表必须定期校验。安全阀和压力调节器必须动作可靠。安全阀动作压力不得超过额定压力的 1.1 倍。润滑油泵应装设断油保护装置或断油信号。水冷式空气压缩机应有断水保护装置或断水信号显示装置。

(2) 单缸空气压缩机的排气温度不得超过 190 ℃,双缸的不得超过 160 ℃。空气压缩机吸气口必须安设过滤装置。应装设各级排气温度保护装置,在超温时能自动切断电源。螺杆式压缩机排气温度按有关设计规定执行。

(3) 空气压缩机的风包,在地面应设在室外阴凉处,在井下应设在空气流通良好的地方。在井下,固定式压缩机和风包应分别设置在两个硐室内。风包内的温度应保持在 120 ℃以下,并装有超温保护装置,在超温时能自动切断电源并报警。

风包上应装有动作可靠的安全阀和放水阀,并有检查孔。风包内的油垢必须定期清除。新安装或检修后以 1.5 倍的工作压力做水压试验。在风包出口管路上应加装释压阀,释压阀的口径不得小于出风管的直径。

二、凿井井架安全检查

(1) 凿井井架是凿井提升及悬吊设备的专用设备,井架的选择要满足以下条件:能够安全承担施工中的全部荷载;保证足够的过卷高度;跨距和天轮平台的尺寸应满足井下施工材料、设备运输,提升、悬吊天轮的布置需要。

(2) 井架周围及顶棚不得使用易燃材料。立井提升井架应使用符合国家标准的材料。

(3) 斜井井架应使提升钢丝绳的牵引力方向与斜井轨道方向平行。

(4) 斜井井架的过卷开关向下至第一个道岔的距离大于 1.5 倍允许列车的长度。

(5) 斜井井口处必须安设安全挡车门。

(6) 斜井天轮处的钢丝绳距轨道面高度应大于提升容器与钢丝绳连接处轨道面高度 200 mm。

(7) 翻矸平台的高度除满足溜矸槽倾角要 36°～45°外,溜矸槽下缘与排矸矿车或汽车通过部分的距离应大于 500 mm。

（8）封口盘和封口盘井盖门周围必须安设栏杆，并有便于开、关的栅栏门。井盖门转动灵活、位置准确、关闭严密。

（9）固定盘盘面除管线通过孔外，其余应用钢板铺严。吊桶通过的喇叭口周围应设围栏。转水盘可以是月牙形的，但在弦缘处应设高度不低于 1.2 m 的安全栏杆。受力钢梁要进行承载强度验算。

（10）双层（或多层）吊盘应根据施工中承受的载荷分别对各层盘的钢梁和立柱及连接部分进行强度验算，保证有足够的强度。

（11）吊盘的突出部分与永久井壁或混凝土模板的间隙不大于 100 mm。各层吊盘周围应安设不少于四个可伸缩的固定插销或液压装置，用以固定吊盘。严禁用大楔固定吊盘。

（12）吊盘上应设置吊桶通过的喇叭口。并应满足伞钻等大型凿井设备安全通过要求的。吊盘上安置的各种施工设施，应均匀分布，使得吊盘绳承受荷载能大致相等，并保持吊盘的平稳。

三、凿井稳车安全检查

（1）各种凿井绞车实行短期工作制，不宜吊重长期连续运转使用。每次连续运行时间不得超过 2 h（配有直齿减速器的长绳悬吊绞车除外）。

（2）多台凿井提升机采用集中控制时，须遵守下列规定：

① 用于集中控制的电缆不得埋入地下，不得将其接头置于易被水短接的环境中。

② 非工作期间，用以启动各台凿井绞车的动力电源开关必须置于分闸状态。

③ 各台凿井绞车动力电源的总开关在每次合闸前，必须确认各分绞车的电源开关处于分闸状态，严禁在各分绞车电源处于合闸位置的情况下对总电源合闸。

（3）对采用蜗轮、蜗杆传动的凿井绞车，必须定期检查其蜗轮、蜗杆的磨损度，发现超限，立即停止使用。

（4）开凿立井时，悬挂吊盘、水泵和其他设备的稳车，必须装设可靠的制动装置和防逆止装置，并设有电气闭锁。

用于事故情况下撤离人员的安全梯稳车的防逆止装置，其棘轮、棘爪必须灵活可靠，无断裂、不缺牙，并设有闭锁装置。

（5）凿井绞车（稳车）的电气保护装置必须齐全，保护数据整定合格。声光信号清晰可靠，各种仪表指示正确。

（6）凿井绞车的各部件必须在齐全、完好的状态下方可运行。严禁在没有减速器、没有电动机、没有工作制动器的方式下利用绞车的安全闸下放重物。

四、提升容器、钩头、滑架

（1）罐体、罐耳、顶盖、挡板、车挡、罐帘、悬吊装置、保险链（绳）等必须完整齐全。安全门必须装卸的开关灵活。罐体无严重变形，无开焊框架，铆钉不松动、无变形。

（2）悬吊装置必须与罐笼几何中心线对称，不得用电焊修补。转动部分及活动铰链处不得缺油。

（3）吊桶上必须安设保护伞。保护伞滑架灵活可靠，保护伞与提升中所通过的喇叭口的安全距离应不小于 100 mm。

（4）每班井口把钩工接班后首先检查吊桶（包括附属装置）保护伞等，各部分灵活可靠时方可升降物料或人员。

（5）使用中的吊桶，每班至少检查一次，吊桶筒体不得出现严重变形，凹凸不得大于 30 mm，桶梁及销轴、耳环、耳柄等不得用电焊修补；销轴与孔径的最大磨损间隙，直径 30 mm 及以下者不大于 0.7 mm，直径 30 mm 以上者不大于 1 mm。

（6）底卸式吊桶的闭锁装置必须安全可靠。

（7）必须设置防止桶梁从吊桶内脱出的安全闭锁装置。

（8）滑架中的滑套应使用尼龙套或钢套。

（9）螺栓、螺帽、背帽、垫圈、开口销等紧固件、防脱件必须齐全完好，要定期进行检查。

五、吊泵与水泵

（1）涌水量 30～50 m³/h 的掘进井筒所安装的水泵，排水能力不应小于正常涌水量的 2 倍。涌水量大于 50 m³/h 的掘井井筒所安装的水泵，排水能力应不小于 1.5 倍的正常涌水量。备用水泵能力不低于井内在用水泵，并有便于与井内管路相连接的附件，电动机电压等级与井内在用泵相同，状态良好。水灾严重的井筒，备用泵酌情增加。

（2）泵的扬程要高于额定扬程 20％以上。多级排水时，除工作面一级以外，其他级水泵要有 1/5 以上额定扬程的储备。

（3）多级排水时，中转水仓必须能容纳下一级 4 h 的最大排水量。水仓应定期清理淤泥杂物。

（4）吊泵与井壁的间隙应不小于 300 mm；两台吊泵外缘的间隙应不小于 500 mm。

（5）工作面的吊泵悬挂方式必须保证吊泵能随时升降。

（6）工作面的吊泵司机旁必须安设直通井口信号房的电话和信号器。

（7）应有两趟排水管路，每趟均应能独立满足正常排水要求。

（8）井筒中悬吊的管线与永久井壁的距离不小于 30 mm（固定于井壁的管线按设计施工）。

第九节　电气安全检查

一、一般要求

（1）建井期间的临时供电应符合下列规定：

① 35 kV（或 10 kV）及以上等级的电源，宜利用永久电网供电。

② 立井施工应设两回路电源线路，变电所应设两台主变压器，当一条线路，一台主变压器停电时，另一条线路和另一台主变压器应能保证供电的连续性，担负全部负荷。

③ 斜井或平硐施工应设双电源供电，对井下涌水量较大或有煤与瓦斯突出、煤尘爆炸危险的矿井，应设两回路电源线路、两台主变压器。

（2）对主要通风机、立井提升人员的绞车、井下中央变电所应各有两回路电源直接由变（配）电所供电。当一回路停电时，另一回路应及时送电。

(3) 250 kV·A 及以下的变压器可采用杆上安装，杆上安装的变压器应平衡、牢固，其底部距地面不应小于 2.5 m。250 kV·A 以上的变压器应采用地面安装，变压器平台应高出地面 0.3 m，平台四周应装设高度不小于 1.7 m 的栅栏，栅栏与变压器外廓的距离不得小于 1 m，并在明显部位悬挂警示牌。

(4) 严禁井下变压器中性点接地，严禁由地面中性点直接接地的变压器或发电机向井下供电。

(5) 电气设备检修、搬迁时必须停电（包括电缆和电线）。必须在瓦斯浓度小于 1%、没有淋水积水的地点进行井下电气设备检修。检修时，严格执行停送电作业制度。

(6) 操作电气设备时，必须遵守下列规定：

① 非专职或非电气值班人员，不得擅自操作电气设备。

② 操作 6 kV 及以上电气设备主回路时，操作人员必须戴绝缘手套，穿电工绝缘靴，站在绝缘台上。

③ 操作 380 V、660 V 电气设备主回路时，操作人员必须戴绝缘手套，穿电工绝缘靴。

④ 127 V 手持式电气设备的操作手柄和工作中必须接触的其他设备部分应有良好绝缘。

⑤ 发生电气事故时，应首先切断电源，然后再进行处理。

(7) 一切容易碰到的、裸露的电气设备及其带动的机械外露的转动和传动部分（靠背轮、链轮、胶带和齿轮等），都必须加装护罩或遮拦等防护设施。

(8) 井下低压配电系统同时存在 2 种以上电压时，应在低压电气设备上明显地标出其额定电压。

(9) 防爆电气设备入井前，应检查"产品合格证"、"煤矿矿用产品安全标志"及安全性能，经电气试验和防爆检查合格后方可入井。

二、电气设备和保护

(1) 井下高压电动机、动力变压器的高压控制设备应具有短路、过负荷和欠电压释放保护。井下采区变电所、移动变电站或配电点引出的馈电线上，必须装设短路、过负荷和漏电保护装置。低压电动机的控制设备应具有短路、过负荷、单相断线漏电闭锁保护装置及远程控制装置。

(2) 为了防止地面雷电波及井下引起瓦斯、煤尘以及火灾等灾害，必须遵守下列规定：

① 经由地面架空线路引入井下的供电线路（包括电机车架线），必须在入井处装设避雷装置。

② 由地面直接入井的轨道、露天架空引入（出）的管路，都必须在井口附近对金属体进行不少于两处的良好的集中接地。

③ 通信线路必须在入井处装设熔断器和避雷装置。

(3) 井下机电设备硐室应用不燃性材料支护，不应有滴水现象，硐室入口处必须悬挂"非工作人员，禁止入内"标志牌，硐室内有高压设备时，入口处加挂"高压危险"标志牌。硐室内的设备必须分别编号，标明用途，并有停送电标志。

三、井下电缆安全检查

（1）井下选用电缆，一般要求：

① 严禁采用矿用铝包电缆，严禁使用油浸纸绝缘电缆，禁止使用铝芯电缆。

② 对固定敷设的高压电缆要求。在立井井筒或倾角45°及45°以上的井巷内，应采用聚氯乙烯粗钢丝铠装聚氯乙烯护套电力电缆、交联聚氯乙烯绝缘粗钢丝铠装聚氯乙烯护套电力电缆；在水平巷道或倾角45°以下的井巷内，应采用矿用聚氯乙烯绝缘钢带或细钢丝铠装聚氯乙烯护套电力电缆、交联聚氯乙烯绝缘钢带或细钢丝铠装聚氯乙烯护套电力电缆。

③ 移动变电站必须采用监视型屏蔽橡套电缆。

④ 对低压动力电缆的要求固定敷设应采用 MVV 铠装或非铠装电缆或对应电压等级的移动橡套软电缆；非固定敷设的高低压电缆，必须采用符合 MT 818 标准的橡套电缆。移动式和手持式电器设备应使用专用橡套电缆；照明、通信、信号和控制用的电缆，应采用铠装或非铠装通信电缆、橡套电缆或 MVV 型塑力缆。

（2）溜放煤、矸、材料的溜道中严禁敷设电缆。

（3）敷设电缆（与手持式或移动式设备连接的电缆除外）必须遵守下列规定：

① 电缆必须悬挂。在水平巷道或倾角30°以下的井巷中，电缆应用吊钩、帆布带吊挂，严禁用铁丝吊挂。在立井井筒或倾角30°及30°以上的井巷中，电缆应用卡子、卡箍或其他夹持装置进行敷设。夹持装置应能承担电缆重量，并且不得损伤电缆。电缆敷设严禁有绞、拧、铠装压扁、护层断裂和表面严重划伤等现象。

② 水平或倾斜井巷中悬挂的电缆应有适当的弛度，在承受意外重力时能自由坠落。其悬挂高度应能使电缆在有矿车掉道时不至于受撞击；在电缆坠落时，不至于落在轨道或输送机上。

③ 电缆悬挂点的间距：在水平巷道或倾斜井巷内不得超过 3 m，在立井井筒内不得超过 6 m。

④ 沿钻孔敷设的电缆必须紧卡在钢丝绳上，钻孔必须加装套管。电缆穿过墙壁部分应用套管保护，并严密封堵管口。

（4）电缆不应悬挂在压风管或水管上，不得受到淋水。在电缆上严禁悬挂任何物件。如果电缆同压风管、供水管在巷道同侧敷设时，必须设在管子上方，并保持 0.3 m 以上的距离。井筒和巷道内的通信和信号电缆应同电力电缆分挂在井巷的两侧，如果受条件所限达不到上述要求，在井筒内，应敷设在距电力电缆的上方 0.1 m 以上的地方。

高、低压电力电缆敷设在巷道同一侧时，高、低压电缆的间距应大于 0.1 m。高压电缆之间和低压电缆之间的距离不得小于 50 mm。电缆的首端、末端和分支处应设标志牌。

井下巷道内的电缆，沿线每隔一定距离在拐弯或分支点以及连接不同直径电缆的接线盒两端、穿电缆的墙的两边都应设置注有编号、用途、电压和截面的标志牌。

接线盒不得受到淋水，分放在巷道两侧。

四、电气设备保护接地和电气管理安全检查

（1）127 V 及以上的和由于绝缘损坏可能带有危险电压的电气设备的金属外壳、构架、铠装电缆的钢带套（或钢丝）铅皮或屏蔽护套等，都必须有可靠的保护接地。井下所有的电

气设备的保护接地网上任一保护接地点测得的接地电阻值不得超过 2 Ω。每一移动式和手持式电气设备同接地网之间的保护接地用的电缆芯线（或其他接地导线）的电阻值，都不得超过 1 Ω。

（2）下列地点应装设局部接地极：

① 每个装有电气设备的硐室。

② 每台（套）单独装设的高压电气设备。

③ 每个低压配电点上巷道内应至少设置一个局部接地极。

④ 连接动力铠装电缆的各接线盒。

（3）井下供电应做到：

① 三无：无"鸡爪子"、无"羊尾巴"、无明接头。

② 四有：有过流和漏电保护装置，有螺钉和弹簧垫，有密封圈和挡板，有接地装置。

③ 二齐：电缆悬挂整齐，设备硐室清洁整齐。

④ 三全：防护装置全、绝缘用具全、图纸资料全。

⑤ 三坚持：坚持使用检漏继电器，坚持使用照明信号综合保护，坚持使用瓦斯电和风电闭锁。

（4）电气设备或线路需要停电检修时，应遵守下列规定：

① 依据可靠的联系方式，得到批准后由专职电工切断线路和设备电源。

② 应在瓦斯浓度低于 1% 的地方充分对地放电（特别是高压电缆及设备）后，经验电确认无电并接地后方可作业。

③ 各有关工作地点，均应悬挂相应的标示牌。

五、照明、通信和信号

（1）井下下列地点，必须有足够的照明：

① 井底车场及其附近。

② 机电设备硐室、调度室、机车库、候车室、信号站、爆炸材料库等。

③ 使用机车的主要运输巷道、升降人员的绞车道，其照明灯的间距不得大于 30 m。

④ 主要巷道的交岔点（不包括回风巷道）和采区车场。

⑤ 从地面到井下的专用人行道。

（2）矿灯的管理和使用，必须遵守下列规定：

① 每盏矿灯都应编号，经常使用矿灯的人员必须专人专灯。

② 矿灯应完好无损，如果有电池漏液、亮度不够、电线破损、灯锁不良、灯头密封不严、灯头圈松动、玻璃破裂等情况，严禁发放。发出的矿灯，最低应能连续正常使用 11 h。

③ 严禁拆开、敲打、撞击矿灯。人员出井后，必须及时将矿灯交还灯房，矿灯必须有可靠的短路保护装置，高瓦斯矿井应装有短路保护器。

（3）井底车场、井下调度室、上下山绞车房、采区变电所等主要机电硐室，都应安装电话。井下主要泵房、井下中央变电所、地面变电所和地面通风机房的电话，应能与地面总调度室和地面总交换台直接联系。

（4）井下电话线路，严禁利用大地作回路。电机车架空线或动力线路可供载频通信、信号和控制用。

(5)电气信号必须符合下列要求：

① 矿井中的电气信号，除信号集中闭塞外，应能同时发声和发光。

② 升降人员和地面绞车房的信号装置的直接供电线路上，不应分接其他负荷。

第十节　土建工程安全检查

一、一般检查

(1)施工现场的道路、管线和各种临时搭建的建筑物必须符合有关安全、消防要求和国家有关规定。施工单位对因建设工程施工可能造成损害的毗邻建筑物、构筑物和地下管线等，应当采取专项防护措施。施工现场应设置必要的急救设施。

(2)施工单位应向作业人员提供安全防护用具和安全防护服装，并书面告知危险岗位的操作规程和违章操作的危害。

(3)施工现场周边应设置高度不小于1.8 m的围挡封闭。在现场的洞、坑、沟、升降口、漏斗口、楼梯口、电梯井口、基坑边沿、脚手架、施工起重机械、临时用电设施、变压器、配电室周围、爆破物及有害气体和液态存放处等危险地点，必须设置明显的安全警示标志。安全警示标志必须符合国家标准。工程靠近临街建筑的外侧时，应采用密目安全网或其他装置进行遮护。

(4)施工现场应严格依照《中华人民共和国消防法》的规定，建立和执行用火、用电、使用易燃易爆材料等消防管理制度和相应的操作规程，设置符合消防要求的设施，消防通道、消防水源，并保持完好的备用状态。在容易发生火灾的部位施工或储存易燃、易爆器材时，应采取特殊消防安全措施。

(5)建筑物、构筑物顶部及高处工作面上的浮动物必须及时清理或固定，以防坠落伤人。立体交叉作业时相互之间必须采取安全隔离措施。

(6)在土石方施工及山沟、河流两岸铺设交通线路或设置临时建筑时均应事先了解地形、地质、最高洪水位等情况，应切实做好防塌方、防滑坡、防泥石流、防流沙和防扬尘等安全防护措施。

(7)施工现场的入口处应当设置工程总平面图、工程概况牌、管理人员及监督电话牌、安全生产牌、消防保卫牌和文明施工管理制度牌，要求内容齐全，并接受群众监督。

二、基坑支护安全检查

(1)基坑支护应编制专项施工方案。在挖土方前对周围的环境要做认真的检查，不能在危险岩石或建筑物下面进行作业。

(2)人工挖基坑时，作业人员之间要保持足够的安全距离，一般大于2.5 m；多台机械开挖时，间距应大于10 m，挖土要自上而下逐层进行，严禁先挖坡脚等危险作业。

(3)基坑开挖应严格按要求放坡，操作时应随时注意边坡的稳定情况，发现问题及时加固处理。机械挖土多台同时作业时，应验算边坡的稳定，根据规定和计算结果确定挖土机距离边坡的安全距离。

(4)深基坑四周应设置防护栏杆，人员上下要有专用爬梯，基坑四周严禁超堆荷载。弃土距基坑边缘不得小于 1.2 m,堆置高度不超过 1.5 m,基坑周边 2 m 以内严禁堆放材料、构件和机械设备。

三、脚手架工程安全检查

(1)脚手架工程应列入单位工程施工组织设计。脚手架搭设人员必须是经过现行国家标准《特种作业人员安全技术考核管理规则》(GB5036)考核合格的专业架子工。上岗人员应定期体检,合格后持证上岗。

(2)作业层上的施工荷载应符合设计要求,不得超载。不得将模板支架、缆风绳、泵送混凝土和砂浆的输送管等固定在脚手架上;严禁悬挂起重设备。

在脚手架使用期间严禁拆除下列杆件:

① 主节点处的纵、横向水平杆,纵、横向扫地杆。

② 连墙件。

(3)不得在脚手架基础及其邻近处进行挖掘作业,否则应采取安全措施。在确保安全的前提下进行脚手架的维修、加固,并应编制专项施工方案。严禁使用钢木混合脚手架,当架体高度超过 24 m 时严禁使用单排脚手架。

单、双排脚手架,应采用刚性连墙件与建筑物可靠连接,严禁使用仅有拉筋的柔性连墙件。架体连墙件的搭设必须随脚手架搭设同步进行,严禁滞后或者搭设完毕后补做。

(4)在脚手架上进行电、气焊作业时,必须有防火措施和专人看守。

(5)在脚手架上同时进行多层作业时,各作业层之间应设置可靠的防护棚。脚手架上应设置供操作人员上下使用的安全扶梯、爬梯或斜道。作业人员严禁攀爬脚手架上下。

(6)搭拆脚手架时,地面应设置围栏和安全警示标志,并派专人看守,严禁非操作人员入内。

四、洞口和临边防护安全检查

(1)洞口防护:在建工程的楼梯口、电梯口、通道口、预留洞口、上料口、桥梁口、隧道口等必须进行有效防护,视洞口情况采取设置围栏、装防护门、设固定盖板、挂安全网、搭防护棚等设施。暗处或夜间应设照明或红灯示警。

(2)临边防护:在建工程尚未安装拦板的阳台和楼梯、屋面周边、框架楼层周边、平台侧边、马道侧边和卸料平台两侧、斜道两侧边、基坑边等临边作业处必须做 1.2 m 高的防护栏并挂安全网。

(3)在建工程靠近街道、房屋、人行过道等时必须搭设防护棚。防护范围及棚顶结构以确保行人及房屋安全为准。

(4)洞口和临边防护必须做好必要的安全防护技术措施,严格执行现行的《建筑施工高处作业安全技术规范》(JGJ 80—1991)等有关规范和标准。

五、临时用电安全检查

(1)施工现场临时用电应编制专项方案。临时用电工程必须经编制、审核、批准部门和使用单位共同验收,合格后方可投入使用。

(2)专用电源中性点直接接地的 220 V/380 V 三相四线制低压电力系统,必须符合三级配电系统、TN—S接零保护系统、二级漏电保护系统的原则。

(3)施工现场配电系统应设总配电箱、分配电箱、开关箱,实行三级配电。每台用电设备必须有各自专用的开关箱,严禁用同一个开关箱直接控制2台及2台以上用电设备(含插座)。

(4)施工现场必须采用二级漏电保护系统,即在供配电系统的总配电箱和开关箱中,设置漏电保护器。

(5)施工现场临时用电工程必须建立定期检查制度,施工单位(项目部)现场每月检查一次,建设单位每季度检查一次。特殊情况下(如:大雨、大风、自然灾害等)要专门进行检查,检查工作按分部分项进行,查出的隐患要及时处理,并履行复查验收手续。

(6)施工现场临时用电必须严格执行现行的《施工现场临时用电安全技术规范》(JGJ 46—2005)和《建筑施工安全检查标准》(JGJ 59—1999)等有关规范和标准。

六、起重机械安全检查

(1)起重机械安装、拆卸应编制专项施工方案。起重机械的安装和使用应按照国家规定的程序检验检测、登记,取得建设行政主管部门颁发的登记证后方可使用。登记证应挂在设备的显著位置。

(2)起重机械在周围建筑物、构筑物防雷保护范围以外的,应作防雷接地。起重机械任何部位与架空线路的距离应符合有关规定。使用单位应建立起重机械安全管理档案。

(3)起重机械的吊钩应为锻造吊钩,并装设防脱棘爪。严禁补焊打孔。

(4)塔式起重机的安装、顶升、拆卸和施工电梯的安装、拆卸必须按原厂家规定进行,由具备资质的专业队伍承担安装或拆卸工作,并要求有经企业总工程师批准的安全技术措施方准施工。

(5)塔式起重机和施工电梯的使用、维修、保养应严格按现行的《建筑塔式起重机安全规程》(GB 5144—2006)和《塔式起重机操作使用规程》(JG/T 100—1999)等有关规范和标准执行。

(6)塔式起重机的路基必须符合《建筑塔式起重机安全规程》(GB 5144—2006)的有关规定。施工电梯应严格执行现行的《施工升降机安全规则》(GB 10055—2007)等有关规范和标准。

(7)龙门架和井字架安装与拆除应由有资质的施工单位进行施工作业,作业前,应根据现场工作条件及设备情况编制作业方案。对作业人员进行技术交底,确定指挥人员,划定安全警戒区域并设监护人员。

(8)架体必须按规定设置缆风绳或附墙架,卷扬机、地滑轮必须设置可靠的地锚。

(9)提升系统必须有信号装置、超高限位器、超载限位器、吊盘停层装置、吊篮安全门、断绳保护装置、下极限限位装置、通信装置。上料口应有安全防护棚和防护门。出料口必须设停靠栏杆。吊盘进出口必须设防护门。

(10)龙门架和井字架组装完成后应进行验收,并进行空载、动载和超载实验,在明显部位标明最大提升荷载重量,严禁超载运行。

(11)龙门架和井字架在防雷保护范围之外必须安装防雷装置。卷扬机操作棚必须符合规程要求。升降机应有专职机构和专职人员管理,司机应经过专业培训,持证上岗,严禁载人升降,禁止攀登架体及从架体下面穿越。工作完毕后吊盘必须落到地面上,并切断电源。

(12) 定期检查、维修,确保运行安全。严格执行现行的《龙门架及井架物料提升机安全技术规范》(JGJ 88—1992)等有关规范和标准。

七、拆除工程

(1) 根据采用的拆除方法(人工拆除或机械拆除、爆破拆除)制定有针对性的安全作业措施。严格执行现行的《建筑拆除工程安全技术规范》(JGJ 147—2004)等有关法律、规范和标准。

(2) 项目经理必须对拆除工程的安全生产负全面领导责任。设专职安全员,确定现场安全监护人员的名单和职责。有可能影响公共安全和周围居民正常生活的情况时,应在施工前做好宣传工作,并采取可靠的安全防护措施。必须在工程作业区周围设置硬质封闭围挡,划定危险区域,设置警戒线、安全警示标志,非作业人员不得进入施工区,并派专人监管。

(3) 拆除工程施工前,必须对施工作业人员进行书面安全技术交底。必须制定生产安全事故应急救援预案。

(4) 拆除工程施工前,切断原给排水、电、暖、燃气等源头,拆除各种管道、线网;施工所需的水、电应另行设计专用的临时配电线路、供水管道。

(5) 拆除建(构)筑物,应按照自上而下对称、分段进行,先拆除非承重结构,再拆除承重部分。严禁数层同时拆除。严禁立体交叉作业。

(6) 进行人工拆除作业时,楼板上严禁聚集或堆放材料,作业人员应站立在稳定的结构或者脚手架上操作,被拆除的构件应有安全的放置场所。

(7) 严禁采用掏掘或推到的方法进行建筑墙体的拆除。

(8) 拆除管道及容器时,必须在查清楚残留物的性质,并采取相应安全措施后方可进行施工。

(9) 采用机械拆除时,应按照施工组织设计选定的机械设备及吊装方案进行施工,严禁超载作业或任意扩大使用范围。作业中机械不得边回转边行走。

(10) 从事爆破拆除工程的施工单位,必须持有工程所在地法定部门核发的《爆炸物品使用许可证》,承担相应等级的爆破拆除工程。爆破拆除设计人员应具有承担爆破拆除作业范围和相应级别的爆破工程技术人员作业证。施工人员应持证上岗。

第十一节　安装工程安全检查

一、一般检查

(1) 安装工程开工前必须编制施工安全技术措施,无措施或措施未贯彻不得开工。

(2) 施工人员必须定期进行体检,严禁身体条件不符合作业要求的人员参加施工。

(3) 特殊工种人员必须持证上岗,入井人员必须经培训合格后方可上岗作业。

(4) 进入施工现场的人员必须佩戴相应的劳动防(保)护用品。

(5) 开工前应先清理施工现场,并符合安全施工要求:

① 施工现场交通运输畅通。使用轨道水平运输时,其坡度不应大于 0.5%。坡道运输时,不应大于 30°。

② 在场地内有井口、悬崖、陡坡、深坑和施工预留洞眼等时,必须有防护设施并挂安全警示标志。

③ 材料、构件、设备的堆放要整齐稳定,不得超高。废料应及时清理,保持现场整洁。

④ 施工现场必须设有满足施工安全要求的夜间照明。用电线路、用电设施的安装和使用必须符合有关规程、规范的要求,严禁任意拉线接电。

⑤ 施工现场的管理人员和工人进入施工现场应佩戴证明其身份的证件,严禁非工作人员进入现场。

(6) 必须摸清施工现场地面、地下设施的种类、用途、位置、走向,并根据施工需要制定合理可行的保护、搬迁措施。

(7) 施工现场必须制定防用火管理制度、配备符合消防要求的消防设施,并使其保持完好状态。

(8) 施工现场使用、存放易燃易爆的器材以及在生产过程中使用容易造成环境污染的工艺,必须采取安全防护措施。

(9) 施工现场中的脚手板、斜道板、跳板和交通运输道应随时清扫,如果有雨水、冰雪时要采取防滑措施。

二、高空和井筒作业

(1) 高空作业必须系安全带,衣着要灵便,应穿系带鞋,禁止穿硬底鞋、带钉的鞋、带跟的鞋和拖鞋等。高空作业地点应有符合要求的防护设施。

(2) 高空作业所用的材料要放置平稳,小型工器具要装入专用的工具袋内,易脱手的工具要用绳拴住,使用时将绳套在手腕上,不用时应挂在可靠的地方,上下传递物件时禁止抛掷。

(3) 雨天和雪天进行高空作业时,必须采取可靠的防滑、防寒和防冻等措施。遇有恶劣气候(六级以上大风、大雾、下大雪等),禁止进行高空作业。

(4) 梯子不得缺档,不得垫高使用,梯子横档间距宜采用 300 mm。使用时上端要靠稳或扎牢,下端应采取防滑措施,单面梯与地面夹角以 75°±5° 为宜。禁止两人同时在梯子上作业。如需加长使用,必须根据梯子的强度确定加长长度。人字梯底脚要拉牢。

(5) 同一空间,严禁同时在同一垂直方向多层作业。如需同时作业,上层作业不得威胁到下层人员的安全。

(6) 井筒中作业应有牢靠的立足处,并视具体情况配置防护栏网、栏杆或其他安全设施。所有用的索具、脚手板、吊篮、平台等其承载能力均需经验算核实合格方可使用。施工中严禁超载。吊盘上的物品应放置牢靠,小件必须放入工具箱,工具箱与吊盘应固定牢靠。

三、吊装作业

(1) 各种起重机械应标明最大起吊重量和起重速度,并配齐相应的安全保护。

(2) 各种起重机械在使用前,应检查并试吊。起重指挥人员和司机,必须持证上岗熟悉起重机械的性能。信号统一,司机应严格执行指挥信号,发现特殊紧急情况,应立即采取有效措施,防止事故的发生。

起吊时起重臂下不得有人停留或行走。

(3)采用扒杆起吊时,扒杆、索具等必须可靠,缆风绳和地锚必须牢固,在起重过程中应有专人监护。

起重机工作时,臂架、吊具、辅具、钢丝绳、缆风绳及重物等与输电线的最小距离不应小于规定值。

(4)在立井中提放有关设备及管材时,必须用专用吊装环,严禁用捆绑绳作吊装环用。

在斜井中下放设备、材料应使用专用矿车,捆绑牢靠,速度适宜。

(5)各种起重机械严禁斜吊或拔物,在起吊过程中吊运物体上严禁站人。

(6)装运易倒设备时应用专用架子,卸下后应放稳、支牢。吊装时应用卡环,不得用吊钩。

(7)用三角架起吊时,三脚架张开必须均匀,下脚支牢,并应有防滑措施。手动葫芦应垂直起吊,移动时必须有防止倾倒的措施。

(8)采用人字扒杆起吊时,扒杆两腿间的夹角不应大于 45°,受力部位应在两腿中间。缆风绳应固定牢固。

(9)滑行法吊装应遵守下列规定:

① 两扒杆或四扒杆吊装时,扒杆的前倾或后仰应一致,并选用同种型号。同转速的卷扬机和同直径的钢丝绳,并应有同样的缠绳层数。在控制方面要求其既可集中控制,又可单独操作。如两台卷扬机起吊一个点时,应加装平衡滑轮。

② 起吊重物宽度大于 3 m 时,应设两套溜绳,其间要有平衡轮调节,使滑轮或滑轮组受力一致,并要求溜绳的滑轮组应有防止扭转措施。

③ 缆风绳、过桥绳要合理布置、松紧均匀,缆风绳与扒杆顶应用卡环连接,缆风绳与地锚连接后,应采用绳卡扎死。缆风绳跨越公路时,最低点架空高度不应低于 5 m,与高压线应有可靠的安全距离。

(10)旋转法起吊时,设备的重心、扒杆和基础中心应在同一平面内,采用多根主缆风绳时应有调节受力的装置,在滑轮组的反向应有制动措施。

(11)吊装 80 t 以上的设备和构件等,必须编制专门的安全技术措施,经施工单位的总工程师批准后方可进行。风力达五级以上(包括五级)时应停止吊装。

(12)起重机的工作地点要有足够的照明和畅通的吊运通道,并且应与附近的设备、建筑物保持一定的安全距离。

(13)钢丝绳套应装有保护环。用插接法时,其插接长度不得小于钢丝绳直径的 15 倍,最短不得小于 300 mm。用卡子作绳套时,卡子的数量应满足起吊重量的要求,但不得少于3 副。钢丝绳在卷筒上要固定牢固,但不得套在轴上,当重物降到最低位置时,留在卷筒上的钢丝绳不得少于 5 圈。

(14)起重钢丝绳具有下列情况之一者,必须处理或更换:

① 拉成死弯。

② 钢丝绳直径减小 10%。

③ 遭受猛烈冲力的一段,其伸长长度在 0.5% 以上。

④ 钢丝绳锈蚀严重,点蚀麻坑形成沟纹。

四、焊接安全检查

（1）电焊、气焊、切割必须遵守下列规定：

① 工作场地必须通风良好，无易燃、易爆物品。各类气瓶要距明火 10 m 以上。氧气瓶距乙炔瓶 5 m 以上。在重点防火、防爆区进行焊接作业时，必须办理用火审批单，并制定防火、防爆措施。

② 在焊接或切割装过易燃、易爆品或情况不明的物品容器时，必须事先对其清理干净后，方可实施。

③ 进入设备内部或容器内进行焊接、切割时，必须在确认无易燃、易爆气体或物品后，采取安全措施方可作业。

④ 各种气瓶的连接处，胶带接头、试压器等，严禁污染油脂，各种气瓶应避免在阳光下暴晒，搬动时不可碰撞。

⑤ 电焊设备及工具的绝缘和焊机外壳的接地必须良好。

⑥ 在采用电子线路技术控制的设备上进行焊接时，必须采取防止电控系统受到焊接电流冲击的措施。

（2）在井下必须烧焊时，必须遵守下列规定：

① 井下烧焊必须制定安全措施，经有关部门批准，并指定专人检查、监督后，只允许在井下进风巷道和位于进风系统的主要硐室内作业。

② 作业点前后 10 m 内，为不燃性材料支护，并有供水管专人喷水，同时至少配 2 台灭火器。

③ 在井棚内，井筒和斜巷内进行烧焊作业时，必须在作业点下方用不燃性材料接收火星。

④ 作业点风流中瓦斯浓度不得超过 0.5%。

⑤ 作业完工后，要再次喷洒水，并应有专人检查，发现异状，立即处理。

⑥ 设专人随时检测瓦斯浓度的变化。

（3）在立井井筒中进行烧焊作业时，属下列情况之一者，必须制定专项安全措施，报有关部门审核，安全第一责任人批准，必要时汇报相关单位：

① 生产矿井回风井井壁断裂、井筒装备损坏，需拆除更换而进行的烧焊作业。

② 建井期间，未形成矿井通风系统之前，在做临时回风的井筒中进行的烧焊作业。

立井井筒中的烧焊作业，需停止与之相关的掘进爆破等作业，以控制进入该井筒的风流中瓦斯浓度不超过 0.5%，并应制定防止瓦斯浓度发生变化的安全技术措施。

严禁在立井井筒中用氧气切割玻璃钢风筒的连接螺栓和固定卡子。

（4）井下发生火灾时按矿井灾害预防和应急预案组织灭火，并遵守火灾事故的处理规定。

第十三章　煤矿应急救援系统的安全检查

第一节　灾害预防与处理计划的检查

一、一般要求

（1）是否每年编制年度《矿井灾害预防与处理计划》（本节简称《计划》，下同）。

（2）每年 12 月末，技术负责人（矿总工程师）负责组织各有关单位进行下一年度主要灾害的排查及灾害预防处理计划的编制工作。

（3）矿井主要灾害的排查工作于每年 12 月 15 日前由总工程师组织排查，领导小组及成员参加，每年 1 月份前根据排查情况完成矿井主要灾害处理计划的编制、审批和下发落实工作。

（4）煤矿企业主要负责人（矿长）对本企业的主要灾害预防工作全面负责。

（5）矿井主要灾害排查工作和矿井（主要）灾害预防与处理计划在公司审批后，上报县市有关部门备案，不得隐瞒不报或谎报。

（6）矿井主要灾害的预防或处理资金，从煤矿安全技术措施计划专项费用中列支，由财务科长负责具体实施资金的落实，并保证资金及时到位。

（7）已批准的《计划》应立即向全体职工（包括全体矿山救护队员）贯彻，组织学习，并进行考试。没有学习过或考试不及格，不熟悉《计划》有关内容的干部和工人，不准下井工作。《计划》如有修改补充，还应组织职工重新学习。

（8）每年必须至少组织 1 次矿井救灾演习。对演习中发现的问题，必须采取措施，立即改正。

（9）《主要灾害预防计划》的修订：在每季开始前 15 天，由矿总工程师根据矿井自然条件和采掘工程的变动情况，组织有关部门进行修改和补充；特别情况下，如生产系统发生重大变化或受冲击地压、火灾等影响较大时，应立即修订相应的主要灾害预防处理计划的内容。

（10）编制、审批完的《计划》由技术科负责存档保管。

二、内容检查

1. 附图及有关处理各种事故必备的技术资料

（1）矿井通风系统图。

（2）反风试验报告以及反风时保证反风设施完好可靠的检查报告。

（3）矿井供电系统图和井下电话的安装地点。

（4）井下消防——洒水管路、排水管路和压风管路系统图。

（5）地面和井下消防材料库位置及其储备的材料、设备、工具的品名和数量登记表。

（6）地面、井下对照图。

2．文字说明

（1）可能发生事故的地点以及这些地点的自然条件、生产条件及预防的事故性质、原因和预兆。

（2）保证人员安全撤退的措施。

（3）预防、处理各种事故和恢复生产的具体技术措施。

（4）实施预防措施的单位及负责人。

（5）参加处理事故指挥部的人员组成、职责、分工和其他有关人员名单、通知方法和顺序。

3．安全迅速撤退人员的措施

（1）及时通知灾区和受威胁地区人员的方法及所需材料设备。

（2）人员撤退路线及该路线上需设的照明设备、路标、自救器及临时避难硐室的位置。

（3）风流控制方法、实现步骤及其适用条件。

（4）发生事故后，对井下人员的统计方法（一般采用矿灯牌和考勤记录统计在井下的人数及其姓名）。

（5）救护队员向遇灾人员接近的行走路线。

（6）向待救人员供给空气、食物和水的方法。

4．处理灾害和恢复生产措施的编制原则

（1）处理火灾事故原则。

（2）处理爆炸事故原则。

（3）其他事故的预防和处理措施。

第二节　矿井重大灾害应急救援预案的检查

一、应急准备检查

（1）应急救援组织机构设置、组成人员和职责划分。

设置分级应急救援组织机构。

组成人员应包括主要负责人及有关管理人员、现场指挥人员，明确其职责。

（2）在煤矿事故应急救援预案中应明确预案的资源配备情况。包括应急救援保障、救援需要的技术资料、应急设备和物资等，并确保其有效使用。

（3）应急保障检查

应急救援保障分为内部保障和外部保障。

内部保障的内容：确定应急队伍；各种技术资料的存放地点、保管人员；各种保障物资；各种制度。

外部保障的内容：互助的方式，请求政府、集团公司如何协调应急救援，应急救援信息咨询，专家信息。

（4）应急救援应提供的技术资料：矿井平面图、矿井立体图，巷道布置图，采掘工程平面图，井下运输系统图，矿井通风系统图以及排水、防尘、防火注浆、压风、充填、抽放瓦斯等管路系统图，井下避灾路线图，安全监测装备布置图，瓦斯、煤尘、顶板、水、通风等数据，程序、作业说明书和联络电话号码及井下通信系统图等。

（5）应急设备和物资一般包括：报警通讯系统，井下应急照明和动力，自救器、呼吸器，安全避难场所，紧急隔离栅、开关和切断阀，消防设施，急救设施和通讯设备。

（6）教育、训练与演练。

（7）互助协议。

小煤矿的应急力量与资源相对薄弱，应事先寻求与外部救援力量建立正式互助关系，签订互助协议，做出互救的规定。

二、应急响应内容

（1）报警、接警、通知、通讯联络方式。确定 24 h 有效的报警装置；24 h 有效的内部、外部通讯联络手段；事故通报程序。

（2）预案分级响应条件。

（3）指挥与控制。

（4）煤矿事故发生后应采取的应急救援措施。

（5）警戒与治安。预案中应规定警戒区域划分、交通管制、维护现场治安秩序的程序。

（6）人员紧急疏散、安置。

（7）危险区的隔离。

（8）检测、抢险、救援、消防、控制事故扩大的措施。

（9）受伤人员现场救护、救治与医院救治。

（10）公共关系。依据事故信息、影响、救援情况等信息发布要求，明确事故信息发布批准程序；媒体、公众信息发布程序；公众咨询、接待、安抚受害人员家属的规定。

（11）应急人员安全。

第三节　矿井井下安全避险系统的检查

一、一般要求

（1）各煤矿企业要建立安全避险"六大系统"的管理制度。

（2）要加强安全避险"六大系统"的日常管理，整理完善各系统图纸等基础资料，并根据井下采掘系统变化情况，及时补充、建设、完善安全避险"六大系统"。

（3）要定期对各系统完好情况进行检查，加强系统维护，保证系统灵敏可靠。

（4）要建立应急演练制度，科学确定避灾路线，编制应急预案，每年开展一次安全避险"六大系统"的联合应急演练。

（5）要赋予企业生产现场带班人员、班组长和调度人员在遇到险情时第一时间下达停产撤人命令的直接决策权和指挥权。

（6）加强对入井人员的培训，使其熟悉各种灾害的避灾路线，并能正确使用安全避险设施,充分发挥其作用。

(7) 要认真绘制符合井下实际情况的通讯系统图、压风管路系统图和防尘供水管路系统图,并随情况变化及时填绘。准确地标明井下电话、支管、阀门、避难硐室、洒水点等的具体位置。

二、井下安全避险"六大系统"的检查

1. 矿井监测监控系统检查

(1) 能否实现对煤矿井下瓦斯、一氧化碳浓度,温度、风速等的动态监控。

(2) 是否按要求进行系统设备维护,定期进行调试、校正,及时升级、拓展系统功能和监控范围,确保设备性能完好,系统灵敏可靠。

(3) 是否建立矿井监测监控系统中心站并实行 24 h 值班制度。

(4) 当系统发出报警、断电、馈电异常信息时,能否迅速采取断电、撤人、停工等应急处置措施,充分发挥其安全避险的预警作用。

2. 煤矿井下人员定位系统检查

(1) 是否所有入井人员均携带识别卡(或具备定位功能的无线通讯设备)。

(2) 是否实时掌握井下各个作业区域人员的动态分布及变化情况。

3. 井下紧急避险系统检查

(1) 是否为入井人员配备额定防护时间不低于 30 min 的自救器。

(2) 煤与瓦斯突出矿井是否建设采区避难硐室;突出煤层的掘进巷道长度及采煤工作面走向长度超过 500 m 时,必须在距离工作面 500 m 范围内建设避难硐室或设置救生舱。

(3) 煤与瓦斯突出矿井以外的其他矿井,从采掘工作面步行,凡在自救器所能提供的额定防护时间内不能安全撤到地面的,是否在距离采掘工作面 1 000 m 范围内建设了避难硐室或救生舱。

4. 矿井压风自救系统检查

(1) 是否所有采掘作业地点在灾变期间都能够满足提供压风供气的要求。

(2) 空气压缩机是否设置在地面。

(3) 是否符合不得使用滑片式空气压缩机的要求。

(4) 是否采取井下压风管路保护措施,防止灾变破坏。

(5) 突出矿井的采掘工作面是否按照《防治煤与瓦斯突出规定》要求设置压风自救装置。其他矿井掘进工作面要安设压风管路,并设置供气阀门。

5. 矿井供水施救系统检查

(1) 煤矿企业必须按照《规程》的要求,建设完善的防尘供水系统。

(2) 除按照《规程》要求设置三通及阀门外,是否在所有采掘工作面和其他人员较集中的地点设置供水阀门,保证各采掘作业地点在灾变期间能够实现应急供水的要求。

(3) 是否采取供水管路维护措施,不得出现跑、冒、滴、漏现象。

(4) 能否保证阀门开关灵活。

6. 矿井通讯联络系统检查

(1) 是否建设井下通讯系统,并在灾变期间能够及时通知人员撤离和实现与避险人员通话的要求。

（2）是否在主副井绞车房、井底车场、运输调度室、采区变电所、水泵房等主要机电设备硐室和采掘工作面以及采区、各水平最高点安设电话。

（3）是否在井下避难硐室（救生舱）、井下主要水泵房、井下中央变电所和突出煤层采掘工作面、爆破时撤离人员集中地点等设有直通矿调度室的电话。

（4）是否使用井下无线通讯系统、井下广播系统。

（5）在发生险情时，能否及时通知井下人员撤离。

第十四章　煤矿现场管理安全检查

第一节　现场管理安全检查主要内容

1. 严查"三违"

在煤矿发生的事故中,据统计绝大多数是由"三违"行为造成的,人的不规范行为是煤矿最大的不安全因素。无数血的教训告诉我们,"三违"不除,事故不断。就目前我国煤矿而言,"三违"现象普遍存在,有的管理较差的单位还很严重。"三违"行为之所以屡禁不止,说到底是人的整体素质不高。具体分析有三个方面原因:一是培训不够,对"三违"可能造成的后果认识不足,或者不知道怎样操作才是正确的,不知道什么才是规范的行为,不懂法规;二是教育不深入,法制观念不强,侥幸心理严重,明知违章却图省事、怕麻烦;三是管理不严,处罚不力,"三违"禁而不绝。严查"三违"是每个安全检查员的一项重要任务,抓住"三违"一定要认真登记,按规定给予处罚和帮教,决不能姑息迁就,对可能造成重大事故的严重"三违"决不能放过,有的单位采取举办"三违"学习班、"三违"人员恳谈会等办法,对"三违"人员进行帮教,并以此警示他人。

2. 查禁止使用和淘汰的煤矿设备及工艺

下列煤矿设备及工艺已经属于淘汰设备及工艺:

采用 DW10 型断路器的矿用隔爆型馈电开关;

QC83－80/660、QC83－80 /660 N、QC83－120/660(380)、QC83－225/330(380)型矿用隔爆型电磁启动器;

煤矿用隔爆型插销开关,PB2、PB3、PB4 型矿用隔爆高压开关;

油浸式低压电气设备(井下硐室外禁止使用);

BJO2 系列隔爆型三相异步电动机、BJ3 系列隔爆型三相异步电动机;KJ1600/1220 单筒缠绕式矿井提升机;

非防爆运输机车(煤与瓦斯突出矿井和瓦斯喷出危险区域禁止使用);

钢丝绳牵引的耙装机(高瓦斯区域、煤与瓦斯突出危险区域煤巷掘进工作面禁止使用);

ZYZ、ZY3 型液压支架;

单光源矿用安全帽灯(按国家煤矿安全监察局煤安监监察字[2005]30 号文件执行);

柳条(藤条、竹条)矿用安全帽;

非阻燃抗静电输送带;

非阻燃电缆;

非阻燃抗静电风筒;

铝包电缆;

铝芯电缆(采区低压电缆禁止使用);

黑火药、冻结或半冻结的硝酸甘油类炸药;

导爆管、普通导爆索和火雷管;

巷道采煤方法:

前进式采煤方法[高瓦斯矿井、煤与瓦斯突出矿井、开采易自燃和自燃的煤层(薄煤层除外)矿井的采煤工作面禁止采用];

QC8、QC10、QC12 系列电磁启动器;

采用 CJ8、CJ10 系列接触器的矿用隔爆型电磁启动器;

采用 JR0、JR9、JR14、JR15、JR16－A、B、C、D 系列热继电器的矿用隔爆型电磁启动器和综合保护装置;

采用 DZ10 系列塑壳断路器的矿用隔爆型馈电开关;

HD6、HD3－100、HD3－200、HD3－400、HD3－600、HD3－1000、HD3－1500 型刀开关;

GL 动圈式反时限过流继电器,KSJ、KSJL 系列变压器;

油断路器;

TKD 型绞车电控;

非本质安全电话机(包括普通电话机和矿用隔爆磁石电话机和矿用隔爆磁石电话机);

非防爆柴油机无轨胶轮车;

单缸防爆柴油机无轨胶轮车;

JKA 型矿井提升机;

KJ 型矿井提升机;

XKT 型矿井提升机;

水阻调速的调度绞车;

JBT 型局部通风机;

回采工作面木支柱支护(800 mm 以下煤层除外);

回采工作面金属摩擦支柱支护(2009 年底起禁止使用);

仓储式采煤法;巷道式采煤(指不能形成全风压通风,没有两个安全出口,以掘代采的采煤方式);高落式采煤(指开采厚煤层或急倾斜煤层时,作业人员进入无支护空顶区,通过挑顶或放顶人工回收顶煤的方式)。

3. 查"一通三防"安全措施的落实

"一通三防"是指加强矿井通风,防瓦斯、防煤尘、防火灾事故。它是煤矿企业安全工作的重中之重,也是杜绝重大事故、实现安全状况根本好转的关键。所以煤矿安全检查工作和安全检查员都要把"一通三防"作为安全检查的重中之重。

4. 查特种作业人员持证上岗

重点查各种司机、爆破工、瓦斯检查员、电工、钳工等特种作业人员是否经过具有相关资质的培训机构培训,是否持证上岗。无证者不准操作,违者按严重违章处理,同时要追究允许、安排无证上岗的有关人员的责任。

5. 查规程的编制、审批、贯彻、学习、考试情况

煤矿有三大规程,即《煤矿安全规程》《操作规程》和《作业规程》,还有《各工种岗位作业

标准》、《防止重大事故措施》、《矿井灾害预防处理计划》以及企业制定的规章制度和措施。相对应的单位都有对这些规章制度的编制、审批、贯彻学习和考核的规定,安全检查员可以通过班前会了解,也可以到井下现场抽查,具体检查规章制度的执行情况。对审批手续不全、学习考试不认真的单位提出检查整改意见,特别要把住无章不准作业、无规程不准开工投产的关口。对无措施施工的责任者要按规定给予严肃处理。

6. 查工程质量、操作质量、设备完好

工程质量、操作质量和设备完好是煤矿安全工作的基础,安全检查中应随时随地对工程质量、操作质量、设备完好和电气防爆进行检查,必要时要开展专项检查。对存在的问题和隐患要认真对待、严肃处理。

7. 查区队的安全活动、班前安全教育和规程学习

查活动开展形式,是否有主要干部主持;查是否有专题和内容;查是否有签到和记录。区队的安全活动是发动群众宣传、学习规程和有关会议精神、文件,讲评本单位安全工作的重要,可以对工人进行全方位、多角度的安全培训教育,提高职工安全素质,增强安全意识,具有较强针对性的好形式,是安全系统工程中的重要一环。因此应列入安全检查内容,要抓紧抓好。

8. 查区队干部跟班上岗情况

区队干部靠前指挥、跟班上岗,是煤矿安全工作的一大特色和优良传统,也是加强现场安全管理的需要。作业现场,尤其是采掘工作面,多工种、多单位交叉作业现场,危险性和工作难度较大的作业现场(如运输综采液压支架等)特别需要干部到岗到位,加强指挥和组织协调。对此,安全管理部门要指派责任心和业务能力较强的安全检查员或干部到现场监督检查。

9. 入井安全检查

入井安全检查主要是针对《规程》对入井人员的具体规定而进行的安全检查活动。凡是入井的人员,无论工种和职业,也无论是管理干部还是普通工人,都必须遵守入井须知和有关规定,接受安全检查员的安全检查,并且要互相监督,共同遵守有关规定。每位职工从入井开始就要自觉养成安全生产的好习惯,自觉用安全规章约束自己。入井安全检查不是小事,每个安全检查员和安全管理人员都应做好入井安全检查。入井安全检查内容如下:

(1) 所有入井人员上班前不准饮酒。酒精对人的中枢神经有抑制作用,饮酒以后,特别是饮酒过量,轻的精神亢奋,重的东倒西歪、精力不集中、反应迟钝、语无伦次,极易造成事故。所以安全规程明确规定入井前不准饮酒。在检查工作中,一般以观察和检测为准。检查员能从喝了酒的人的呼吸中闻到酒味,或观察到他面色泛红、泛白等异常现象。检测的方法是借助酒精检测仪来检测。另外同班工人和干部在班前会上或更衣时也能发现喝了酒的人。井口检身工要认真负责,详细检查。

(2) 下井前要休息好,保证精力充沛,睡眠时间不少于 7 h。特别是上夜班前一定要休息好。凡是休息不好、精神萎靡、疲惫不堪、哈欠连连的不要入井。此外,因家庭或亲人发生较大变故,精神恍惚,情绪反常的,如婚姻家庭破裂、失恋,或生气打架,或探亲刚刚返矿等特殊情况,检查员也要阻止其入井或采取特殊帮保措施。

(3) 不准带香烟及点火工具入井。井口检身工一定要逐人严格检查并提醒大家。对单个岗位人员,如库工和进出频繁的电机车司机,更要严格检查。

（4）所有入井人员都要按规定穿好工作服和胶靴，戴好安全帽，戴好矿灯和自救器，不准穿化纤衣服，要衣帽整齐，否则不准入井。

（5）按规定乘坐人车、罐笼或其他载人设备，不准爬蹬跳车和违章乘车，更不准爬带式输送机。不准在禁止行人的大巷和斜井内行走，不准走轨道中间，不准骑钢丝绳行走，对企业安全行走的规定必须严格执行。

（6）在通过斜井时，一定要经过上下把钩工和信号工同意，坚持"行车不行人，行人不行车"的原则，防止车辆伤害事故发生。

（7）不准进入无风盲巷和设有栅栏、禁止入内的巷道。在行走和工作中应注意风流和风量的变化，如果发现风量变小或无风要立即停止前进，撤到安全地点。

（8）在井下不准乱动电气设备和信号。要熟悉和掌握井下信号，注意来往车辆。当车辆驶近时，要正确躲避，在躲避来车时要先看另一股道上有无来车，防止两股道会车时受到伤害。实在无法躲避时应用矿灯紧急摇晃发出紧急信号并尽量靠贴巷道较宽一侧的帮壁。

（9）无论是工作、行走或是停留休息，都必须在支护完好齐全的地方，不准在无支护或支护不完好及断梁折柱下工作、休息和通过。井下不准睡觉，更不准关闭矿灯坐卧在巷道和有轨道的地方睡觉和休息。

（10）要熟悉周围巷道进出口，了解避灾路线，掌握紧急避灾自救措施。

（11）养成随手关闭风门的好习惯。不准通过风门后不关风门，不准同时打开两道风门。

（12）随身携带的工具要妥善保管，尤其是较长、较重和带有尖刃的工器具，如锚杆、钻杆、镐头、钎子、刀锯等。一要防止器具直接伤人；二是在有架线的矿井，要特别注意不能接触架线，防止触电事故发生；三是较重的工具或有索链的工具，如手葫芦等，注意不要被机器、矿车等挂住索链而把人拉扯进去造成事故，较重的工具在搬运时要注意防止掉落砸人。

10. 检查工业卫生与文明生产情况

（1）所有巷道和作业点都应干净卫生，无积水、无浮煤、无浮矸、无杂物，材料应在材料场码放整齐，不影响行人、通风和行车。

（2）各种管线电缆都不准拖地，应按规定要求吊挂敷设并且整齐规范。

（3）大巷要按规定定期清洗，照明齐全。各种巷道都要支护良好并不得失修。

第二节 矿井通风现场管理的安全检查

一、通风管理的安全检查

矿井通风是靠井上安装的通风机和井下设置的密闭（有的地方叫风墙）、风门、风桥和风障、局部通风机、风筒等通风设施，把新鲜风流送到各个工作地点。不通过局部通风机就能正常通风的叫全风压通风，通过局部通风机送风的叫局部通风。从井上进风井新鲜风流进入到回风井出风的全过程构成了矿井的通风系统。为使风流及风量按照人的意志顺畅流动和分布，必须采取一系列引导和隔离风流的措施，构筑和装设必要的建筑物及设备，这些统称通风设施。安全检查员对通风系统和通风设施进行安全检查的重点如下：

（1）井下各硐室、巷道和作业点必须按规程要求合理配风，有足够的风量，风速符合要求。安全检查员要检查是否有风速过小或风速超限、风量过小、微风或无风现象。

（2）检查是否存在串联通风现象,串联通风是否经过批准,有无专门措施及措施的执行情况。

（3）掘进巷道贯通前是否按规程规定,综掘在贯通前 50 m、普通掘进在贯通前 20 m,停止一方掘进并有专门调风和控制风流、防止风流紊乱的措施。

（4）需要设置密闭、风门的地点是否及时构筑密闭、风门,并保证质量良好、无漏风现象。收尾停采后的采煤工作面是否在规定期限内撤出设备,及时构筑密闭予以封闭。

（5）采掘工作面,尤其是掘进头,在揭穿采空区、老空区、老巷等时,有无防止有害气体和风流紊乱的专门措施,是否认真执行。

（6）临时停工的掘进巷道是否按规定供风或设置栅栏,挂设禁止入内的警戒或予以密封。盲巷管理是否符合规程规定。

（7）所有通风设施、管理措施和规定是否严格执行,是否有专门牌板和按规定进行巡回检查和测定。

（8）所有通风设施是否有损坏、失修情况,能否发挥作用,有无跑风、漏风现象。各进风、回风巷特别是回风巷有无断面缩小、堵塞或积水杂物而影响通风的现象,有无冒顶、片帮、支护损坏等现象。

二、局部通风的安全检查

局部通风是由局部通风机和风筒把新鲜风流送入工作地点的通风方式。在煤矿几乎所有的掘进工作面都是采用压入式局部通风。局部通风地点瓦斯涌出一般都比较大,而局部通风机的供电和控制系统又容易受到供电系统断电等停电故障的干扰而停风。有的单位对局部通风机管理不严,甚至有人擅自人为关停风机而使井下局部通风机停风的现象时有发生,造成掘进巷道停风,瓦斯积聚超限,给安全生产带来极大威胁。煤矿发生的瓦斯爆炸事故大部分都发生在掘进巷道,而绝大多数瓦斯事故与局部通风机管理不严、巷道停风有关。因此对局部通风的管理是煤矿安全的又一重点,也是安全检查员必须经常检查的一个重点。具体检查重点如下:

（1）检查局部通风机的安装位置。局部通风机的安装位置必须位于巷道口进风侧、距巷道口不小于 10 m 的安全地点,风机吸入风量必须小于新鲜风巷道内全风压供风量,防止出现循环风。

（2）局部通风机必须有风电闭锁装置。当风机停运时,必须能够自动切断局部通风机供风巷道内的电源;在高瓦斯矿井还应具备瓦斯电闭锁装置;掘进工作面的局部通风机应采用"三专"(专用线路、专用开关、专用变压器)供电。

（3）风筒吊挂整齐平直,接口合格无死弯、挤压、漏风、跑风现象,掘进迎头出风口风量符合要求,风筒口距迎头距离不超过规定。

（4）瓦斯报警仪、瓦斯传感器(主要指高瓦斯矿井)的安装位置符合规定且灵敏可靠。

（5）一旦局部通风机停机,要立即停止作业,将所有人员撤至进风大巷。局部通风机计划外停风,必须按照重大事故隐患认真追究和处理,查明原因,制定措施防止重复发生。

（6）不准擅自关停风机。启动风机前必须先检测风机附近瓦斯浓度、局部通风机送风巷道内的瓦斯浓度,只有符合规定才可启动风机恢复送风。巷道内瓦斯浓度超过 1.0%或二氧化碳浓度超过1.5%,最高瓦斯浓度和二氧化碳浓度不超过3%时,必须采取安全措施,控制风流排放瓦斯。

（7）风筒破损必须立即修复,如果风筒破损和受挤压而使掘进迎头出现微风和无风时,应停止作业、撤出人员,排除风筒故障,修好风筒后才可恢复工作。

第三节　矿井瓦斯的安全检查

强化煤矿瓦斯管理、预防瓦斯事故,是煤矿安全的重中之重。本节只就安全检查员在日常安全检查中经常遇到的、与安全关系密切的检查项目和检查内容作重点叙述。

一、瓦斯检测和管理的安全检查

（1）矿井必须建立瓦斯、二氧化碳和其他有害气体的管理检查制度,加强领导、明确责任,健全管理组织和队伍,配备足够的管理检查人员,并严格管理,把瓦斯管理和监测作为矿井管理和安全工作的重要内容,切实抓紧抓好,保证矿井安全,杜绝瓦斯事故的发生。

（2）矿长、矿井技术负责人、爆破工、采掘区队长、工程技术人员、班长、流动电钳工下井时,必须携带便携式瓦斯检测仪。瓦斯检查工必须携带便携式瓦斯检测报警仪或便携式光学瓦斯检测仪。

（3）所有采掘工作面,硐室,使用中的机电设备的设置地点,有人作业的地点都是瓦斯和二氧化碳的检查范围。

（4）采掘工作面的瓦斯浓度检查次数必须符合规程规定,即:

① 低瓦斯矿井每班至少检查2次;

② 高瓦斯矿井每班至少检查3次;

③ 有煤（岩）与瓦斯突出危险的工作面,有瓦斯喷出的采掘工作面和瓦斯涌出较大、变化异常的采掘工作面,必须有专人经常检查,并安设瓦斯断电仪。

（5）采掘工作面二氧化碳浓度每班至少检查2次;有煤（岩）与二氧化碳突出危险的采掘工作面,二氧化碳涌出量较大、变化异常的采掘工作面,必须有专人经常检查二氧化碳浓度。

（6）未进行生产作业的采掘工作面,瓦斯和二氧化碳应每班至少检查1次;可能涌出或积聚瓦斯或二氧化碳的硐室和巷道的瓦斯或二氧化碳应每班至少检查1次。

（7）瓦斯检查人员必须执行瓦斯巡回检查制度和请示报告（汇报）制度,并认真填写瓦斯检查班报。每次检查结果必须记入瓦斯检查班报手册和检查地点的记录牌上,并通知现场工作人员。瓦斯浓度超过规定时,瓦斯检查工有权责令现场人员停止工作,撤到安全地点。

（8）有自然发火危险的矿井,必须定期检查一氧化碳浓度、气体温度的变化情况。

（9）井下停风地点栅栏外风流中的瓦斯浓度每天至少检查1次,挡风墙外的瓦斯浓度每周至少检查1次。

（10）通风值班人员必须审阅瓦斯班报,掌握瓦斯变化情况,发现问题及时处理,并向矿调度室汇报。

通风瓦斯日报必须送矿长、矿技术负责人审阅,一矿多井的矿必须同时报井长、井技术负责人审阅。对重大通风瓦斯问题,应制定措施进行处理。

二、预防瓦斯事故措施的安全检查

加强矿井通风管理和瓦斯管理,防止瓦斯积聚和浓度超限,杜绝瓦斯超限作业,杜绝引爆火源是预防瓦斯事故的根本措施。在日常检查中,安全检查员对预防瓦斯事故相关措施的安全检查重点如下:

(1)矿井必须加强"一通三防"管理工作,加强领导,明确责任制度,完善管理制度,从严管理,切实把预防瓦斯事故当做矿井管理和安全工作的重中之重,抓紧落实,务求实效,坚决杜绝瓦斯事故的发生。

(2)加强通风管理,防止瓦斯积聚超限。严格按规定对瓦斯进行检查,杜绝瓦斯检查中空班漏检和假检现象,健全有效的瓦斯检查和控制的"三道防线"。杜绝超限作业是防止瓦斯事故的关键。

(3)矿井总回风巷或一翼回风巷中瓦斯或二氧化碳浓度超过0.75%时,必须立即查明原因,进行处理。

(4)采区回风巷、采掘工作面回风巷风流中的瓦斯浓度一旦超过1.0%或二氧化碳浓度超过1.5%时,必须停止工作,撤出人员,采取措施,进行处理。

(5)采掘工作面及其作业地点风流中瓦斯浓度达到1.0%时,必须停止用电钻打眼;爆破地点附近20 m以内风流中的瓦斯浓度达到1.0%时,严禁爆破。

采掘工作面及其作业地点风流中、电动机或其开关安设地点附近20 m以内风流中的瓦斯浓度达到1.5%时,必须停止工作,切断电源,撤出人员,进行处理。

采掘工作面及其他巷道内体积大于0.5 m³的空间内积聚的瓦斯浓度达到2.0%时,附近20 m范围内必须停止工作,切断电源,进行处理。

因瓦斯浓度超过规定被切断电源的电气设备,必须在瓦斯浓度降到1.0%以下时方可通电启动。

(6)采掘工作面风流中二氧化碳浓度达到1.5%时,必须停止工作,撤出人员,查明原因,制定措施,进行处理。

(7)矿井必须从采掘生产管理上采取措施,防止瓦斯积聚。发生瓦斯积聚时,必须及时处理。

矿井必须有因停电和检修主要通风机停止运转或通风系统遭到破坏后进行恢复通风、排瓦斯和送电的安全措施。恢复正常通风后,所有受到停风影响的地点,都必须经过通风、瓦斯检查人员的检查,证实无危险后,方可恢复工作。所有安装电动机及其开关的地点附近20 m的巷道内,都必须检查瓦斯,只有瓦斯浓度符合规程规定后方可开启。

临时停工的地点不得停风,否则必须切断电源、设置栅栏,揭示警标,禁止人员进入,并向矿调度室报告。停工区内瓦斯或二氧化碳浓度达到3.0%或其他有害气体浓度超过《规程》第一百条的规定不能立即处理时,必须在24 h内封闭完毕。

恢复已封闭的停工区或采掘工作面时,必须首先排除其中积聚的瓦斯,排除瓦斯工作必须制定安全技术措施。

(8)严禁在停风或瓦斯超限的区域内工作。

(9)高瓦斯矿井煤巷、半煤巷掘进工作面应安设隔(抑)爆设施。

（10）杜绝引爆火源。要加强机电设备管理，消灭电气设备失爆现象；按钮、电铃、打点器等常用的、移动的"五小"电气设备应作为防爆和检查的重点。

（11）加强对带式输送机的管理，底托辊和输送机机头是关键部位，要防止输送带打滑和底输送带摩擦发热着火引爆瓦斯。要有防滑保护、煤仓堆煤保护和过热保护，安设烟雾报警、断电和自动喷水灭火装置。

（12）液力偶合器应使用难燃液，确保易熔保险塞良好有效，防止过载发热发生火灾，导致瓦斯爆炸事故。

（13）供电系统坚持使用漏电断电保护，防止电缆漏电、短路着火并引爆瓦斯。所有电缆要认真吊挂不准拖地，电缆上不准有"羊尾巴"及明接头。

（14）加强采空区管理，及时封闭采空区，杜绝采空区跑风、漏风，防止采空区产生高温火点引爆瓦斯。

（15）加强爆破管理，严格规范装配引药、装药和爆破操作，封泥长度必须符合规程规定并使用水炮泥，严禁放糊炮、明炮和明火爆破，防止爆破引爆瓦斯。

（16）井下严禁拆卸矿灯；严禁带电移挪电气设备。

第四节　采煤系统的现场安全检查

一、采煤辅助系统的安全检查

采煤工作面是煤矿的主要生产场所，工作面采出的原煤，经输送机运到煤仓或装车点，装入矿车（或胶带输送机）运出地面。与采煤工作面相配套的辅助系统，一般由回风平巷（为回风、运料、行人用）、运输平巷（为运煤、进风用）、煤仓、装车点以及分布其间的各种设备、设施组成。工作面是安全检查工作的重点。

（一）装车点

无论是较大型煤矿还是小型煤矿，采煤工作面辅助系统的终点都是装车点。装车点布置在运输大巷或盘区运输大巷。装车点应有正规设计，其巷道宽度、高度、轨道布置、人行道宽度、装车操作平台、车辆调度方式及设备、架线高度、照明、通讯、信号等应该在设计中有明确规定，并符合设计施工要求。

在对装车点进行安全检查时，要对照下列设计要求和规程规定进行逐项检查：

（1）巷道宽度，在装车点车场范围内，巷道两侧人行道宽度应不小于 1 m。在双轨巷道中每股道上车辆外沿间距不小于 0.7 m。

（2）使用架线机车的矿井，架线高度应不小于 2.0 m。

（3）照明、信号、通讯设备齐全、有效。

（4）绞车安装位置合理，绞车稳固、防护、操作、信号和钢丝绳符合要求。

（5）装车平台应高出轨面 0.5 m，宽度不小于 0.6 m，长度不小于 1.6 m，距矿车外沿距离不小于 0.4 m，便于装车工操作和查看车内情况。装车时必须逐车检查，以防装煤埋了人和设备。

（6）装车点的给煤机或煤仓漏斗挡板完好、灵活。

（7）绞车司机、装车工持证上岗。

(8) 煤仓如堵塞卡仓,不准探头进入观察,更不准探身或进人捅仓。

(9) 煤仓堵塞需爆破处理时必须制定专门措施并经矿长批准,并使用被筒炸药,同时要严格执行瓦斯检查等规定。

(10) 煤仓上口必须设有栅栏,防止人员坠入。煤仓上口还要有防水灌入煤仓的措施,如砌筑挡水围墙等。

(11) 煤仓堵塞不准从上面用水冲处理。如果向煤仓灌水,必须编制专门处理措施,严防溃仓事故发生。

(12) 装车点要设置洒水降尘设施,并认真进行洒水降尘工作,防止煤尘飞扬。

(13) 严禁放空煤仓,防止由此导致的风流紊乱。有涌水的煤仓可以放空,但必须关闭闸门,并设引水管。

(14) 装车点应有清扫制度,保持装车点的清洁卫生,无浮煤堆积,无积水、无杂物,做到文明生产。

（二）回风平巷

回风平巷一般在工作面上方,巷道内一般都铺设有轨道和与之配套的小绞车及其电控设备和信号设备;综采工作面还配备有移动变电站、乳化液泵站、水泵、工作面机械的电气控制设备及集中操作控制台等系列车和小型备件库房;炮采、普机采煤和高档采煤工作面还配备有慢速回柱绞车等。所有采煤工作面的回风平巷内都铺设有供(排)水管路、供电电缆、信号电缆、通信电缆以及(高瓦斯矿井)瓦斯监测电缆及瓦斯监测探头、空气净化水幕、隔爆水棚(袋)、煤层注水装置(钻机、注水管、水表)等。巷道环境的安全状况和这些设备的完好状况、防爆性能,都是安全检查的项目。应重点检查的项目如下:

(1) 通风管理方面。检查风流风速是否正常。如果发现风速减小,风流、气温异常,要立即查明原因、找出问题并及时排除。

(2) 瓦斯管理方面。检查瓦斯检查员的工作情况,查看瓦斯牌板是否按规定填写;用便携式瓦斯检测仪测定工作面回风区域不同地点(回风巷、尾巷、上出口、上隅角)的瓦斯浓度,检查瓦斯浓度是否超限或是否存在瓦斯积聚;查看瓦斯探头安设位置和隔爆水棚(袋)完好状况,发现问题须查明原因并及时解决。

(3) 煤尘管理方面。主要检查浮尘积尘情况,掌握除尘制度和措施执行情况及存在问题。查看煤层注水情况。

(4) 所有绞车的稳固、防护、信号、操作、控制设施是否齐全有效、灵活好用,钢丝绳完好状况以及相配套的地辊是否齐全灵活。

(5) 轨道、道岔、轨枕是否铺设合格,有无不平不稳情况,轨距、间距、平整度是否符合要求。

(6) 水管电缆敷设是否符合要求,包括吊挂高度、吊钩间距、电缆拖垂度及各种电缆间距是否整齐合格,有无拖地现象。

(7) 所有电气设备特别是电话、电铃、照明灯具、信号装置是否防爆,有无螺丝松动现象。

(8) 检查巷道支护和环境卫生。不论是什么类型的支架,都必须符合规程要求,无空棚缺柱,无断梁折柱,无空帮空顶现象,支护要齐全坚固,迎山有力,顶帮刹严刹紧。地面无杂物、无积水、无浮煤,材料靠帮码放整齐且不影响通风、行车和行人,应有指定的材料码放场。

（9）检查巷道内的超前支护。采煤工作面由于采煤推进,顶板压力峰值区随着工作面的推进而前移,压力集中区显现在工作面煤壁线往外 1～3 m 处;同时由于工作面推进,巷道原来的支护被拆除或遭破坏、改动,因而要求工作面端头往外的巷道支护需要提前采取应对措施,这就是超前支护。

采煤工作面端头矿山压力集中,控顶面积大,设备体积大而且需要移动(工作面输送机头、机尾)以及移动造成的支架替换等使端头安全受到很大威胁,加之端头又是工作面的出入口,人员、材料、设备和电缆都要经过此处进出工作面,所以端头安全是采煤工作面的一个重大问题和重要环节。20 世纪 80 年代前,由于煤矿企业对工作面端头维护和巷道超前支护重视不够,事故频繁,成为顶板事故的多发地带。

检查端头巷道超前支护主要检查两个方面内容:一是支架数量够不够,要求从工作面煤壁往外 20 m 范围内加强支护,应按作业规程要求逐架检查。二是质量是否符合要求,不管哪种形式的超前支护,必须紧固有力,支设位置及其排距柱距都要符合作业规程要求,误差不得超过 +0.1 m。

（三）运输平巷

运输平巷通常布置在采煤工作面的下方,一般铺设有带式输送机或刮板输送机、转载机、破碎机以及与机械设备配套的供电控制设备和信号设备;各转载点有喷雾洒水降尘设施,有慢速回柱绞车、胶带张紧绞车(慢速);巷道内还敷设有各种电缆、水管。对运输平巷的检查项目和要求与回风平巷大多相同,在此不再重述,只将运输平巷特有的检查项目与内容重点分述如下:

（1）在上部煤仓口要有煤位信号或有自动的仓煤报警保护装置。无论是带式输送机还是刮板输送机,运煤入仓都要在仓满以后报警和自动停机,防止堆煤摩擦胶带或拉回煤造成事故。

（2）各转载点必须有喷雾洒水装置并正常运行,防止煤尘飞扬。

（3）带式输送机应具备断带、慢速、跑偏、过热等保护装置。

（4）带式输送机要保持上下托辊齐全灵活,下托辊不准被浮煤埋住,底输送带下应无浮煤、块煤、石头等阻塞卡磨现象。

（5）运输平巷内设有足够的过人跨越天桥,人行天桥要稳牢,两侧有扶手及上下天桥的梯子。

（6）刮板输送机及刮板式转载机的刮板数量齐全,机车平整,运行平稳,不得有斜刮板、缺螺丝的刮板现象,更不准出现漂链现象。

（7）带式输送机及刮板输送机要张紧适度,带式运输机不准有打滑现象,输送带边缘无伤口、接口整齐严密。

（8）转载机的机尾或靠近工作面的第一部刮板输送机的机尾必须在放顶线内,不得在采空区留尾巴。机尾应有防翻措施(如支设压柱等)。

（9）破碎机必须设置保护栅栏,防止人员进入。

二、伪斜柔性掩护支架采煤工作面的安全检查

伪斜柔性掩护支架采煤方法主要适用于急倾斜煤层。其落煤方式多为风镐和爆破落煤,工作面煤炭可经安设的搪瓷溜槽自溜至工作面下部的溜煤眼内,其机械化程度低,产量也相对较低。根据煤层厚度不同,年产量一般在 5 万～20 万 t 左右。目前柔性掩护支架的形式有多种,下面主要对"八"字形柔性掩护支架工作面的安全检查重点进行介绍。

(1) 柔性掩护支架必须按作业规程要求安装和铺设。钢绳接头必须用绳卡卡紧、卡牢,并按规定保证一定的搭接长度。支架要按要求均匀铺设,支架间必须用垫木撑住,铺设时应向顶板方向适当倾斜,靠顶板铺成直线。钢绳必须拉紧绷直,支架螺丝必须一次卡紧、拧牢。

支架钢绳、绳卡、螺帽等每班必须进行检查,发现问题要及时进行紧固和处理。

(2) 保证工作面上出口畅通。在支架安装铺设前,必须首先采好地沟。地沟要布置在煤层中间,顶板侧煤层不宜采净,其深度、宽度必须符合要求,保证行人、通风。

(3) 设置溜煤斜坡的工作面,工作面与斜坡交叉处的斜坡口必须加强支护,保证该处顶板完好。同时要采取防坠措施,以利于人员过往。

(4) 回柱放顶必须采用风动回柱绞车放顶,初次放顶必须编制放顶专门措施。绞车必须稳定牢固,绞车司机持有特种作业操作资格证书上岗。

(5) 回柱放顶前,先撤出回柱区内的所有人员,并检查回柱区域的瓦斯浓度,在未超过规定的情况下方可回柱;回柱放顶时,应逐架回撤,拉一架捡一架。捡料必须由有经验的工人担任,随时观察、注意作业地点的安全,发现断梁折柱必须及时停止放顶工作,加固处理后方可继续放顶。同时必须保证退路畅通,严禁进入老空区捡料;回柱完毕后,应对靠近放顶区附近的架棚支架进行加固。

(6) 替大棚、铺支架和放顶作业不得同时进行。

(7) 工作面采煤只能顺向(由下向上)进行,严禁反向采煤。回采过程中,各斜坡推进度必须保持一致,一次采通。严禁一个斜坡出现两个台阶。

(8) 支架落架时要前呼后应,待附近人员躲避好后方可落架。当支架放不下来时,必须停止放架和作业,及时采取措施将支架放下来后才能继续作业。严禁只采煤不落架。

(9) 支架必须始终紧贴顶板下放,工作面伪斜倾角必须保持在作业规程规定范围内,超过规定必须及时调整。

(10) 支架回撤前,必须先进行加固处理,然后再拆卸螺栓、撤钢绳。一次松动螺栓不得超过 5 根支架。支架回撤时,可用风动绞车或钢丝绳进行回撤,一次拉一架。绞车或钢丝绳必须固定牢固。

(11) 剔大棚、铺支架、放顶和回撤支架地点 15 m 范围内不得采煤、落架。

(12) 对放顶距离、支架回撤滞后工作面的位置应在作业规程中明确规定。

三、综采工作面的安全检查

综采工作面生产能力大,一般年产都在 50 万～100 万 t,高产高效工作面及放顶煤工作面的年产均在 150 万～300 万 t 之间,甚至更多。由于开采强度大,瓦斯涌出多,因而工作面配风较大,供风量达 1 000～2 000 m³/min,工作面产尘量大,采煤生产工艺基本上是全机械化和自动化,装备水平高,电机功率大,电压等级高,工作面动力电压一般为 1 140 V 或者更高,因此机电管理要求高。综采工作面安全检查工作重点如下:

(1) 工作面端头维护必须符合规程要求,安全出口必须畅通无阻,且安全出口高度不小于 1.8 m,宽度不得低于 0.8 m。

(2) 工作面煤壁、刮板输送机和液压支架排列整齐,在移架前或移架后均须成一条直线,拉线检查误差不得大于+0.1 m,在倾角大于15°时必须采取支架防滑防倒措施。

(3)液压支架不得有咬架、歪斜等现象,支架立柱不得有漏液、跑液和自动降架现象,顶梁及护帮升降收放灵活,不得有自动卸载松动现象。

(4)工作面的推进以及推溜拉架的顺序都要保证工作面支架和刮板输送机不下窜上缩。

(5)液压支架必须接顶。顶板破碎时应超前支护和拉架,在处理液压支架上方冒顶时必须制定专门安全措施,报矿总工程师批准。

(6)采煤机采煤后,必须及时拉架。采煤和拉架之间的悬顶距离,应在作业规程中明确规定。超过规定距离或发生冒顶、片帮时,必须停止采煤活动进行处理。

(7)严格控制采高。严禁采高超过支架允许的最大高度,以防倒架和支护无力。当煤层变薄时,采高不得小于支架允许的最小高度,以防压死支架而无法拉架。

(8)当采高超过3 m或片帮严重时,液压支架必须有护帮板,防止片帮伤人。

(9)在处理倒架、歪架、压架以及更换支架或拆修顶梁、立柱、座箱等大型部件时,必须有安全措施。

(10)工作面因地质构造等原因需要爆破时,必须遵守爆破安全规定,并由经培训考核合格持有安全操作资格证的爆破工操作,同时必须制定保护液压支架及其他设备的安全措施。

(11)乳化液的配制、水质化验、配比等,必须符合有关规定,否则不准使用。

(12)工作面及采煤机上的内外喷雾、架间喷雾必须齐全好用,并能有效起到降尘作用。

(13)工作面要干净卫生,无浮煤杂物和积水,实现文明生产。

(14)工作面信号、通信、照明设备以及设备启动前的预警装置和紧急停车装置必须灵活可靠。

(15)采煤机、刮板输送机启动前必须发出预警信号,确定采煤机周围和刮板输送机里无人时才可启动设备。

(16)采煤机停运要断电,切割部隔离手把和电气操作手把都要打到零位。处理摇臂、滚筒故障和检查维护摇臂、滚筒以及更换截齿时,必须断电闭锁后才可进行。

(17)检查维修和处理采煤机、刮板输送机故障时,必须与控制台取得联系,停止刮板输送机运转并就地封闭。紧停闭锁装置时,其他人不得擅自复位。

(18)综采工作面的安装调试、收尾撤架以及运架都是技术性很强、事故多发的工作,因此对上述工作要特别重视,必须制定专门措施,加强组织、领导、协调工作和现场指挥。对此,安全检查要作为重点检查项目和内容,对照专门措施,指派专门人员认真进行专项检查、跟踪全过程检查和盯面监督检查。

(19)综采放顶煤采煤,必须制定专门设计,报省级煤炭管理部门批准。综采放顶煤工作与作业规程须报企业技术负责人审批。

(20)煤与瓦斯(二氧化碳)突出煤层,坚硬顶板和坚硬不易冒落的煤层,不得使用放顶煤采煤。

(21)综采放顶煤工作面如果出现大块煤卡住放煤口时,严禁用炸药爆破。具体处理办法应在作业规程中明确规定。

四、炮采工作面的安全检查

炮采工作面最大的特点是爆破落煤,人工攉煤,机械化程度低。工作面主要机械设备是刮板输送机、手持式煤电钻、回柱绞车及配套的开关电缆。炮采工作面安全检查重点如下:

(1) 工作面不少于 2 个安全出口,安全出口必须畅通无阻,高度不小于 1.6 m,人行宽度不小于 0.7 m,且支护良好。

(2) 工作面端头支护的形式、材料、规格必须在作业规程中明确规定,总的要求应该是加强支护且有长梁抬棚,抬棚梁的长度应能保证在移动输送机机头机尾、替换支柱时不松动顶板,一般长度应为最大控顶距加循环进度。一梁三或四柱,两梁并列交错排列,形成双抬棚,两梁的交错长度应为一个循环进度,并且按照规程柱距要求,连续架设四组(巷道帮往工作面算起)。这样才能加强端头支护,保证交错迈步移梁柱而不松动顶板。

(3) 工作面支架、煤壁、刮板输送机都要保持直线,拉线检查误差不得大于 0.1 m。支架排距、柱距符合规程要求,误差不得大于 0.1 m,支架必须坚固完好,迎山有力,不准有缺梁缺柱或折损弯曲和松动空顶的"等劲柱"。

(4) 放顶回柱在作业规程中必须有明确规定。密集支设,安全出口及回柱方法、顺序必须符合规程要求。

(5) 整个回柱工作必须在有经验的老工人指挥下进行,并且要清理好安全退路,一旦顶板发生险情,能立即撤离险区。采空区要每隔一段距离留设一个信号柱。

(6) 工作面打眼爆破必须遵守作业规程中爆破说明书的规定。坚持"一炮三检"制,坚持使用水炮泥,封泥符合规定。爆破前要按规定撤人,设置警戒岗哨。炮线长度要符合规定,杜绝短线爆破,不准放明炮、糊炮和明火爆破。采用分组装药爆破时,一组装药必须一次起爆,严禁一组装药分次起爆。爆破时应注意控制每组的数量,防止"压死"输送机。

(7) 起爆前必须清点人员,确认警戒区内所有人员已全部撤出后再发出爆破警号,5 min 后方可发爆。连线和发爆必须由持证的爆破工一人进行,发爆钥匙(或把手)由爆破工随身携带,不得交给别人。

发爆不响,需静候 5 min,再由爆破工进去查找原因。拒爆必须按规定处理,当班未放完的炮或未处理的瞎炮要向接班爆破工交接清楚。

(8) 炸药雷管要按规定分箱加锁妥善保存,装炸药雷管的箱子要放在干燥、安全和无电气设备的地点,当班未用完的必须按规定及时退库。

(9) 爆破后,要由爆破工、瓦斯检查员和班组长先进入爆破区检查通风、瓦斯和支架情况及爆破效果,扶(补)起被炮崩倒(坏)的支架,并逐段敲帮问顶,用镐头处理伞檐、活石等隐患,确认安全后才可解除爆破警戒,恢复作业。

(10) 爆破后如果发现顶板破碎,要从输送机外侧支设探到煤帮的前探支架,以支护爆破区的顶板。

(11) 攉(装)煤工站在输送机外侧有支护的地点用锹先在炮帮侧挖出柱窝,打上临时护柱后才可进人,在临时柱的掩护下攉(装)煤。攉(装)煤时要清理好退路,身子不能靠近煤帮,更不要靠近煤帮攉(装)煤,以防漏顶片帮伤人。

(12) 工作面要保持清洁卫生,无浮煤、无杂物、无积水,做到文明生产。

第五节　掘进与支护的现场安全检查

矿井煤巷、岩巷、半煤岩巷的掘进,有很多共同之处,比如运输、支护装载等。掘进运输一般由矿车轨道运输及其配套的绞车、蓄电池机车等牵引设备,刮板输送机和带式输送机运等完成。

一、机掘工作面的安全检查

机掘是当今我国煤矿掘进工程中最先进的一种方式,机械化、自动化程度高。掘进工序中的巷道开挖、装载全部实现了机械化并且大多配套有锚杆支护、胶带输送机或梭车运输,所以劳动强度小,工作效率高,掘进速度快(一般煤巷月进度为 500~1 000 m),大大降低了掘进成本,为集约化生产和建设高产高效矿井奠定了基础。机掘工作面配备了先进的大功率除尘风机,以及与这些设备相配套的乳化液泵、水泵、供电及电气控制设备。机掘工作面安全检查重点有:

(1) 局部通风机应有消音装置,风筒(袋)吊挂平直规范,无死弯,无漏风跑风,工作面风筒出风风量充足,出风口与迎头距离不超过规程规定。

(2) 瓦斯监测传感器(探头)安装的位置符合规程要求。工作面空气净化水幕设置符合要求,能够正常喷雾降尘。

(3) 运输轨道铺设质量符合规程要求,牵引绞车稳固完好,电气设备防爆性能好,信号装置齐全好用。

(4) 带式输送机或刮板输送机平、直、稳,运行良好。带式输送机具备堆煤满仓保护、跑偏保护、断带保护、慢速保护及高温保护等装置;输送带完好无损伤,上下托辊齐全、转动灵活。刮板输送机刮板齐全,刮板无歪斜和缺螺丝现象。

(5) 吸出式除尘风机及综掘机的除尘设备齐全、运行良好,除尘降尘效果好。

(6) 掘进机往外巷道内管线吊挂整齐规范,巷道内无积水、无杂物、无浮煤,材料场内材料码放整齐且不影响行人、行车和通风。工作面的图、牌、板齐全规范。

(7) 巷道断面、中线符合规程要求。中线偏差不大于+0.05 m,巷壁或棚子保持直线,偏差不大于+0.10 m。

(8) 乳化液配比、泵站压力符合规程规定。

(9) 掘进和支护之间的关系合理,最大空顶距符合规程的规定。

(10) 棚子质量合格,棚梁平齐,刹顶刹帮严紧,无空帮空顶现象。棚子梁腿结构严实,无吊口(唇)抚肩、后空、后硬现象,棚腿插角合格,迎山有力,无歪斜现象。

(11) 锚杆眼的布置和深度、角度符合要求,托板齐全,螺丝用力矩扳手拧紧。锚杆外露部分不超过 0.05 m,螺丝必须满扣拧紧。锚杆拉拔试验初锚力和锚固力符合规程要求。

(12) 掘进机照明良好,操作手柄和按钮灵活可靠。司机和副司机持证上岗。

(13) 掘进机切割顺序和轨迹符合规程要求,巷道成型规范不切割顶板。

(14) 掘进机开机前必须先发出信号,机器前不准有人,喷雾正常后才可开机。机器后退或调整位置也必须先发出信号,活动范围内所有人员撤出后才可移动机器,并且要操作平稳,速度适中。

(15) 停机前先把切割头后退,切割头落地后关机,关机后断开电源和磁力启动器的隔离开关。

(16) 切割头和切割臂不得用来托举棚梁等。

(17) 检查修理综掘机时,必须先断开电源和磁力启动器的隔离开关,防止误操作伤人。

二、炮掘架棚支护工作面的安全检查

炮掘是我国大多数煤矿的掘进方式,其主要特点是打眼爆破,巷道爆破成型,装载方式有人工装车,也有装煤机、装岩机、耙斗机等机械装载,也有的是将刮板输送机直接铺到掘进迎头,用铁锹把煤或矸石装入输送机运到装车点等。支护形式有架棚(木棚、金属棚)、锚杆、锚喷、锚网、砌碹等。本节叙述炮掘架棚支护的安全检查重点。

(1) 检查局部通风机供风情况。要求局部通风机运行平稳,风筒吊挂平直规范,无跑风漏风现象。工作面风筒出风量充足,风筒出口距迎头符合规程规定。

(2) 巷道内管线吊挂整齐规范,干净卫生,无积水、无浮煤、无杂物,材料场内材料码放整齐,不影响通风、行人和行车。

(3) 工作面图、牌、板齐全规范,内容符合标准化要求。

(4) 瓦斯报警仪安装位置符合规定,空气净化喷雾装置运行良好。

(5) 必须坚持打眼前检查瓦斯,爆破前、装药前和爆破后检查瓦斯,只有瓦斯浓度不超过规定时才可操作。

(6) 炸药、雷管必须按规定严格管理,按规定要求装配引药。当班未用完的炸药、雷管必须及时退库。

(7) 按规程规定布置炮眼。巷道周边炮眼必须按爆破说明书的设计布置,眼距、孔深、角度必须合格,保证巷道成型效果良好。

(8) 严守由持证的爆破工装药爆破的规定,不准裸露爆破和明火爆破。坚持使用水炮泥,封泥长度要符合规程的规定。

(9) 爆破母线必须按要求悬挂,长度符合规程要求,必须由爆破工连接母线和雷管脚线。爆破前先将所有人员撤至规定的避炮地点,按规定设置警戒岗哨,并清点人员,确认爆破区内已无人员后,发出爆破警号,5 min 后发爆。

(10) 发爆不响应时静候 5 min 后由爆破工进去查找原因。

(11) 发爆不响必须严格按规程要求进行处理。

(12) 爆破前要加固支架,并在距迎头 10 m 范围内采取防倒措施。

(13) 爆破时,装药、连线和发爆必须由爆破工本人进行。发爆器钥匙(或把手)必须由爆破工随身携带,不得交给别人。

(14) 爆破后吹散炮烟后,必须先由爆破工、班组长和瓦斯检查员进入爆破区,检查通风、瓦斯、支架和顶板情况,洒水降尘,修理、扶正被爆破崩松崩倒的棚子,然后在棚子支护下进行敲帮问顶,确认安全后才可解除爆破警戒,恢复作业。

(15) 巷道支架必须齐全紧固。顶板刹严刹紧,不准缺棚或有断梁折柱和空帮空顶现象。棚子必须达到安全质量标准化的要求,棚距、中线、巷道断面规格以及棚腿插角必须符合要求,误差不大于±0.1 m。棚子梁腿接口严实,不得出现吊口(唇)、后空、后硬、抚肩、射箭以及歪斜等问题。

(16) 爆破后最大空顶距不得超过作业规程的规定,金属架棚巷道必须架设前探支架临时支护爆破后暴露出来的空顶。在前探支架掩护下,尽快支护新棚子,形成永久支护。

(17) 坚持采用湿式打眼。

(18) 机电设备要做到防爆完好,对接线盒、电铃、信号、电话等小型电气设备更要严格要求,杜绝失爆。

(19) 在把刮板输送机铺到工作面迎头时,刮板输送机机尾要采取打压柱或地锚等措施,防止翻机伤人。

三、锚喷支护巷道的安全检查

(1) 锚杆、锚喷和锚网支护对巷道断面成型要求严格。在综合掘进机开挖时要严格掌握成型要求;在爆破成型时更要认真做好光面爆破,巷道周边炮眼的布置、眼距、孔深、角度及装药量必须严格执行规程设计规定,保证巷道成型质量。

(2) 锚杆眼的布置、眼距、孔深、角度必须符合规程要求,锚杆角度应垂直于顶、帮平面。

(3) 锚杆无论是楔缝式还是树脂药卷式,在装设锚杆时必须按规定要求的程序装设,特别是药卷浸水入孔搅拌,在浸水时间和搅拌力度上必须按规定操作,保证锚杆的锚固质量。

(4) 锚杆固定(凝固)后,把托板或托梁钢带等戴好上平,与顶、帮岩石贴紧,如无法贴紧时要用木板垫好,螺帽要戴满丝扣,用力矩扳手拧紧。锚杆外露长度应小于 0.05 m。

(5) 锚杆支护要定期做拉拔(拉力)试验,发现锚固力小于规定的须采取补打锚杆或增加架棚等措施。

(6) 采用锚喷或锚网支护时,要按规定布置锚杆眼并及时支设锚杆。

(7) 无论是锚杆支护、锚喷支护还是锚网支护,最大控顶距、最小控顶距、初喷与复喷的间距都要在规程中明确规定并严格执行。

(8) 喷浆的配比必须符合要求,水泥标号符合要求,喷体强度要定期取样检验。

(9) 要保证初喷和复喷质量,巷道顶部和帮壁喷层厚度必须达到要求。喷浆前要先用水冲洗巷道帮壁,喷浆后巷道帮壁平整,断面规格和中线符合要求,不准出现吊脚、穿裙现象。帮壁凹进部分要逐次补喷,必要时要挂网喷浆,每次补喷厚度不大于 0.1 m。

(10) 做好喷浆时的防尘工作,操作者要戴好个体防尘口罩。喷浆时要撤出设备,不能撤出的要遮盖保护。喷浆作业时要停止其他作业。

(11) 用风钻、电钻钻孔必须湿式凿岩,不准干打眼。

(12) 水泥、石子、速凝剂等材料要加强管理,堆放整齐,巷道内做到干净、文明生产。

(13) 喷浆机完好,操作控制设备灵活,电气设备防爆。喷浆机司机和喷浆手须经培训合格持证上岗。

四、砌碹支护巷道的安全检查

砌碹支护是 20 世纪我国煤矿主要井巷的重要支护形式。近年来由于锚杆支护和锚喷支护技术的推广应用,服务年限较长的主要井巷支护大量采用了这项新技术,但是在喷锚技术还未广泛应用的矿井和地质条件差,顶、帮破碎压力大的分部巷道仍然采用砌碹支护的形式。其安全检查重点如下:

(1) 砌碹料石的材质和几何尺寸必须符合规程要求并经检验合格,不准用风化石料。

（2）换棚必须有专门安全措施,在巷道原棚梁下要支设木柱或顺架抬棚,保证顶板不松动并支护良好。

（3）工作台搭设的材料和规格必须符合相关规程规定,做到牢固平稳。

（4）开挖基础、砌墙、立拱架、支模（混凝土碹支盒子板）、铺拱板、拆拱架等在规程中要有具体规定,明确拼棚长度和立拱架长度、砌墙和扣拱之间的距离以及永久支护（砌碹）和临时支架之间的距离。

（5）砌墙和扣拱必须做到灰浆饱满,不准有干缝、瞎缝,不准出现重缝现象。砌墙时必须把料石用石楔支平。基础深度必须符合要求,墙体垂直。当碹墙高度超过 1.5 m 时,要采取防倒措施。

（6）拱架之间必须有撑杆拉手,拱架要支稳支牢,保证巷道中线、腰线符合规定。

（7）壁后必须做好充填,做好隐蔽工程记录。充填物不准用煤炭等易碎易燃物,要用片石,较大空顶空棚要用木垛充填。

（8）砌体要保证足够的养护期,不准提前拆拱架。

（9）顶板不好时要有专门措施,实行短掘短砌。要明确最大空顶距,且不准超过最大空顶距。空顶区应用无腿托钩棚、前探支架等措施进行支护,无腿棚的棚梁、托钩和托钩插入岩帮的深度必须符合规定,无腿棚的上部要刹紧接顶。

第六节　提升运输系统及机电设备检查

一、提升安全检查

矿井提升系统是煤矿生产系统中立井、斜井运输的重要系统,通常有罐笼、箕斗、矿车等提升方式,担负着矿井煤炭、材料、人员、矸石的运输任务。其安全检查重点如下:

（一）供人员上下的提升

供人员上下的主要有罐笼和斜井人车。

（1）罐笼乘人必须规定每罐乘人人数,不得超载。人员进出罐笼时必须等罐笼停稳,打开罐门和罐帘,按顺序出入,听从指挥,不要拥挤。进出罐笼时必须走规定通道。

（2）罐笼乘人时要与绞车房取得联系,升降速度符合乘人要求。规范、谨慎操作,不得过卷过速,避免蹾罐事故发生。

（3）斜井人车必须有合格的乘车点,乘车点照明良好,地面防滑,每车乘坐人数不得超过规定。

（4）上、下人车时听从指挥,不得拥挤,按顺序上下车。上车后挂好车门防护链,待所有人员都进入车内后才可发出信号开车。

（5）人车必须有专门司乘信号工,跟车司乘人员负责在紧急情况下操作手动防跑车装置并迅速向绞车房发出紧急停车信号。

（6）无论人车还是罐笼,所有搭乘人员不得将头、手及身体其他部位伸出车外,较长的随身工具必须妥善保管,不准伸出车外。乘坐过程中不能戏耍打闹。

（7）人车和罐笼要定期检查钢丝绳、轨道、罐道情况,并按规定检测钢丝绳磨损情况,做好验绳记录。

(8) 防跑车和罐笼防坠装置必须灵活有效,按规定进行日常检查和保养,并定期做防坠、防跑车试验。

(9) 人车在每班运行前,必须先检查钩头及连接装置情况和各车辆之间的连接情况,并设保险绳。正式运人前应最少进行一次空车运行,确认安全可靠后才可运人。

(10) 信号、通讯设施完好可靠。

(二) 运送煤炭及物料、矸石提升

(1) 提升物料时每钩(罐)的车辆数量必须符合规定,不得超载和多挂车辆。

(2) 车场的挡车、阻车、推车、摇台信号及通讯等设施必须完好、灵活可靠。

(3) 运送超大超重物件时,必须有专门措施防止倾覆、滑落等事故发生。

(4) 对天轮、钢绳、钩头、连接装置、防坠防跑车装置、过卷保护装置等的检查要求同上所述,不再重复。

二、平巷运输的安全检查

(1) 巷道干净卫生,无杂物、煤尘和积水,水沟盖板齐全。

(2) 轨道、轨枕、道岔、扳道器、信号、通信、照明等必须符合规定。巷道无失修现象。

(3) 交叉道口信号、照明良好,无人看守道口要有司控道岔和信号自动闭锁系统。

(4) 人车乘车点要有区间闭锁。当人员上下人车时,其他车辆不能进入人车车站。

(5) 在同一轨道上同向行驶的车辆,两列车间距不得小于 100 m。

(6) 车辆驶近道岔、巷道交叉口、装车点和会车时,应减速鸣铃(号)并仔细瞭望,发现前方有人或障碍物时要及时刹车。

(7) 电机车铃(号)、灯齐全,刹车装置灵活可靠,尾车上装有红色尾灯,防止追尾事故发生。

(8) 平巷乘车要遵守安全规定,在乘车点上下车,不准爬车、跳车。每车乘坐人数不得超员,车门挂好防护链(杆),乘车人的头、手及身体其他部位不准伸出车外,超长工具妥善保管且不准伸出车外。人车行驶发生异常情况时,如掉道脱轨等,乘车人员应向司机紧急晃灯和喊叫,发出紧急停车信号。

(9) 人车行驶速度不得超过 4 m/s。

三、斜井运输的安全检查

(1) 上下车场把钩信号工和绞车司机必须培训合格持证上岗。

(2) 上下车场绞车房之间必须有可靠的声光信号。斜坡上每隔 10 m 或巷道交叉口处在绞车启动后应亮起警戒红灯。

(3) 斜井中轨道应保持合格,巷道卫生干净,管线吊挂整齐规范。巷道内不准有杂物、浮煤和流水。兼作行人的斜井必须留有人行道,其宽度不小于 0.8 m,砌筑有人行踏步台阶。

(4) 斜井必须设有防跑车装置,严格遵守"一坡三挡"规定。防跑车装置要有日常检查维修和试验制度,确保灵活可靠。

(5) 人员上下通过斜井时必须与把钩信号工取得联系,在人员上下时绞车不得运行,做到"行车不行人,行人不行车"。

(6) 上部车场必须有可靠的挡车装置。放车前应先检查钩头连接及各车辆之间的连接,确认连接安全后才可打开挡车器向绞车司机发信号开车。

(7) 上下车场挂车时,余绳(即松开的绳)不得超过 1 m,防止放车时经过变坡点后车辆突然加速崩断钢绳导致跑车。

(8) 绞车稳固牢靠,钢丝绳在绳筒上排列整齐,不准有跑偏、咬绳现象。挡绳板等防护装置齐全有效,设备完好,电气防爆,绞车制动装置安全可靠。

(9) 斜井巷道底部要有转动灵活的托绳地辊。

四、机电设备的安全检查

(1) 井下所有电钳工和各种机电司机必须经过培训并取得特种作业操作证书后方可上岗。无证人员严禁操作、维护、修理和移挪机械和电气设备。

(2) 井下机械设备必须保持完好,电缆吊挂必须规范、敷设合格,电气设备防(隔)爆性能良好,无失爆。低压开关必须上架,摆放牢稳。

(3) 井下低压供电三大保护(漏电、接地、过流)必须齐全合格,灵活有效,过流保护整定值正确。

(4) 井下供电应做到"三无、四有、两齐、三全、三坚持"。

三无:无鸡爪子,无羊尾巴,无明接头。

四有:有过流和漏电保护装置,有螺钉和弹簧垫,有密封圈和挡板,有接地装置。

两齐:电缆悬挂整齐,设备硐室清洁整齐。

三全:防护装置全,绝缘用具全,图纸资料全。

三坚持:坚持使用检漏继电器,坚持使用煤电钻、照明和信号综合保护,坚持使用风电、瓦斯电闭锁装置。

(5) 要严格执行"十不准"规定。

① 不准带电检修和搬迁电气设备;

② 不准甩掉无压释放装置和过流保护装置;

③ 不准甩掉检漏断电器、煤电钻综合保护和局部通风机风电、瓦斯电闭锁装置;

④ 不准明火操作、明火打点、明火爆破;

⑤ 不准用铜、铝、铁丝等代替熔断器中的熔件;

⑥ 不准使用停风、停电的采掘工作面未经瓦斯检查;

⑦ 不准使用失爆设备和失爆电器;

⑧ 不准在井下拆卸矿灯;

⑨ 有故障的供电线路不准强行送电;

⑩ 电气设备保护失灵时不准送电。

(6) 进行电气设备停电检修、搬迁等作业时,必须严格遵守停电、验电、放电、装设接地线、挂指示牌和装设遮栏等规定和要求。必须严格执行"谁停电、谁送电"的停送电制度,必须把有关线路的电源全部断开。与停电设备有关的变压器,必须高低压两侧断开,防止反送电。停电开关操作机构必须锁住,并在操作手把上悬挂"有人作业,禁止合闸"的标示牌。检修完毕恢复送电时,必须由原来执行停电并悬挂标示牌的操作人员取下标示牌,然后合闸送电。

（7）井下不准带电检修、搬迁电气设备（包括电缆和电线）。检修或搬迁前，必须切断电源，检查瓦斯，巷道风流中瓦斯浓度低于 1.0%时，再用与电源电压相适应的验电笔检验；检验无电后，方可进行导体对地放电。所有开关手把切断电源时都应闭锁，并悬挂"有人工作，不准送电"字样的警示牌，只有执行这项工作的人员才有权取下此牌并恢复送电。

（8）必须带电搬迁设备时，应制定安全措施，并报矿总工程师批准。

第七节　矿井防尘、防火、防水害的安全检查

一、防尘的安全检查

（1）矿井必须健全防尘管理制度，组建防尘组织和队伍，做到制度健全、责任具体、管理严格，防尘措施落实有效。

矿井每年应制定综合防尘措施、预防和隔绝煤尘爆炸措施以及相应的管理制度，并认真组织实施。

矿井每周至少检查 1 次隔爆设施的安装地点、数量、水量或岩粉量及安装质量是否符合要求。

（2）矿井必须建立完善的防尘供水系统。无防尘供水管路的采掘工作面不得进行生产作业。主要运输巷、带式输送机斜井与平巷、上山与下山、采区运输巷与回风巷、采煤工作面运输巷与回风巷、掘进巷道、煤仓放煤口、溜煤眼放煤口、卸（转）载点等都必须敷设防尘供水管路，并安设支管和阀门。

（3）井下所有煤仓和溜煤眼都应保持一定的存煤，不得放空；有涌水的可以放空，但放空后放煤口闸板必须关闭，并设置导水管。溜煤眼不得兼作风眼使用。

（4）产生煤（岩）尘的地点应采取下列防尘措施：

① 掘进井巷和硐室时，必须采取湿式钻眼，冲洗井壁巷帮，使用水炮泥，坚持爆破喷雾、装煤（岩）洒水和净化风流等综合防尘措施。

② 采煤工作面应采取煤层注水防尘措施。

③ 炮采工作面应采取湿式打眼，使用水炮泥；爆破前后应冲洗煤壁，爆破时应喷雾降尘，出煤时洒水。

④ 采煤机必须安装内外喷雾装置，割煤时喷雾降尘。喷雾水压必须符合要求，无水或喷雾装置损坏时必须停机。掘进机作业时，应使用内外喷雾装置。如果内喷雾水压小于 3 MPa 或无内喷雾装置，必须使用外喷雾装置和除尘器。

液压支架和放顶煤采煤工作面的放煤口必须安装喷雾装置，降柱、移架或放煤时同步喷雾。破碎机必须安装防尘罩和喷雾装置或除尘器。

⑤ 采煤工作面回风巷应安设风流净化水幕。

⑥ 井下煤仓溜煤眼放煤口、输送机转载点和卸载点与地面筛分厂、破碎车间、胶带走廊、转载点等处，必须安设喷雾装置或除尘器，作业时进行喷雾降尘或除尘器除尘。

⑦ 在煤岩层中钻孔应采取湿式作业。

（5）开采有煤尘爆炸危险煤层的矿井，必须有预防或隔绝煤尘爆炸的措施。矿井的两翼、相邻的采区、相邻的煤层、相邻的采煤工作面间，煤层掘进巷道同与其相连的巷道间，煤

仓同与其相通的巷道间,采用独立通风并有煤尘爆炸危险的其他地点同与其相连通的巷道间,必须用隔爆水棚或岩粉棚隔开。

必须定时清除巷道中的浮煤,清扫或冲洗沉积煤尘,定期撒布岩粉;定期对主要大巷刷浆。这些措施和具体间隔时间应有明确规定,并作为矿井的管理制度认真执行。

二、防灭火的安全检查

(1) 生产和在建矿井必须制定井上、井下防火措施,建立矿井防灭火责任制度,加强领导,严格管理,认真落实,防止和杜绝矿井火灾事故。

(2) 矿井必须设地面消防水池和井下消防管路系统。井下消防管路系统应每隔 100 m 设置支管和阀门,但在带式输送机巷道中应每隔 50 m 设置支管和阀门。

(3) 井下严禁使用灯泡取暖和使用电炉。

(4) 井下和井口房内不得从事电焊、气焊和喷灯焊接等工作。如果必须在井下主要硐室、主要进风巷和井口房内进行电焊、气焊和喷灯焊接等工作时,每次必须制定安全措施,并严格遵守《规程》中有关规定。

(5) 井下使用的汽油、煤油和变压器油必须装入盖严的铁桶内,由专人押运至使用地点。剩余的汽油、煤油和变压器油必须运回地面,严禁在井下存放。

井下使用的润滑油、棉纱、布头和纸等,必须存放在盖严的铁桶内。用过的棉纱、布头和纸,也必须放在盖严的铁桶内,并由专人定期送到地面处理,不得乱放乱扔。严禁将剩油、废油泼洒在井巷或硐室内。

井下清洗风动工具时,要在专用硐室内进行,并必须使用不燃性和无毒性清洗剂。

(6) 井上、井下设置有消防材料库,并严格遵守《规程》有关规定。

(7) 井下爆炸材料库、机电设备硐室、检修硐室、材料库、井底车场、使用带式输送机或液力耦合器的巷道以及采掘工作面附近的巷道中,必须备有灭火器材,其数量、规格和存放地点,符合灾害预防和处理计划的规定。

井下工作人员熟悉灭火器材的使用方法,熟悉本职工作区域内灭火器材的存放地点。

(8) 在开采容易自燃和自燃的煤层时,采区要有符合规程要求的防火设计,采煤工作面必须采用后退式开采,并采取预防性灌浆、喷洒阻化剂、注阻化泥浆、注凝胶、注惰性气体、均压等防灭火措施。采煤工作面回采结束后,必须在 45 天内进行永久封闭。采用放顶煤采煤法开采容易自燃和自燃的厚及特厚煤层时,必须编制防止采空区煤层自然发火的措施,遵守《规程》有关规定。

(9) 在容易自燃和自燃的煤层中掘进巷道时,巷道中出现冒顶区必须及时进行防火处理(如喷浆封闭等),并定期检查。

(10) 任何人发现井下火灾时,应视火灾性质、灾区通风和瓦斯情况,立即采取一切可能的方法直接灭火,控制火势,并迅速报告矿调度室。矿调度室在接到井下火灾报告后,应立即按灾害预防和处理计划通知有关人员,组织抢救灾区人员实施灭火工作。

矿值班调度和在现场的区长、队长、班组长应依照灾害预防和处理计划规定,将所有可能受火灾威胁地区的人员疏散、撤离,并组织人员灭火。电气设备着火时,应首先切断电源;在切断电源前,只准使用不导电的灭火器材进行灭火。

抢救人员和灭火过程中,必须指定专人检查瓦斯、一氧化碳、煤尘及其他有害气体和风向、风量的变化,必须采取防止瓦斯、煤尘爆炸和人员中毒的安全措施。

(11)井下火区管理、监测和启封火区的工作都必须有具体的制度规定和措施,并符合《规程》有关规定。

三、防水害的安全检查

(1)煤矿企业要查明矿区和矿井的水文地质条件,编制中长期防治水规划和年度防治水计划,并组织实施。

(2)水文地质条件复杂的矿井,必须针对主要含水层(段)建立地下水动态观测系统,进行地下水动态观测、水害预测分析,制定相应的"探、防、堵、截、排"等综合防治措施。

(3)煤矿企业每年雨季前必须对防治水工作进行全面检查。雨季受水威胁的矿井,应制定雨季防治水措施,并组织抢险队伍,储备足够的防洪抢险物资。

(4)井口和工业场地内建筑物的高程必须高于当地历年最高洪水位;在山区,必须避开可能发生滑坡、泥石流的地段。井口和工业场地内建筑物高程低于当地历年最高洪水位时,必须修筑堤坝、沟渠或采取其他防排水措施。乡镇煤矿应将此作为安全检查的重点。

(5)井口附近或塌陷区内外的地表水体可能溃(灌)入井下时,必须按照《规程》的规定,采取相应防治水措施。对附近煤矿和小煤矿要加强检查,制定措施,防止相互连通发生水害事故。

(6)采掘工作面或其他地点发现有挂红、挂汗、空气变冷、现场雾气、水叫、顶板淋水增大、顶板来压、底板鼓起或产生裂隙出现渗水、水色变浑、有臭味等突水征兆时,必须立即停止作业,采取措施,并报告矿调度室,发出警报,撤出所有受水威胁地点的人员。

(7)矿井必须做好水害分析预报,坚持"有疑必探、先探后掘"的防治水原则。探水或接近积水地区掘进前或排放被淹井巷的积水前,必须编制探放水设计,并采取防止瓦斯和其他有害气体危害等安全措施。探放水设计对探水眼的布置、超前距离、安全措施等要有明确规定。

(8)在探水掘进过程中,班组长必须在掘进工作面交接班时,交接清楚允许掘进的剩余距离,严禁超掘。

掘至批准位置时,其最后 0.5 m 停止爆破,用手镐修齐迎头,以保证下次探水时安全套管不致安设在被爆破震松的煤岩层中。

附表　煤矿安全检查表

一、编制的目的

为了进一步强化煤矿安全监督管理,督促煤矿规范化安全生产,我省将在主要产煤县各煤矿派驻安全生产监督员,对煤矿安全生产工作实施零距离、强化过程、重在现场的在线监督,落实煤矿安全主体责任,因此,安全检查人员的业务素质和能力,必将直接影响煤矿安全管理水平和质量。本检查表旨在督促煤矿检查人员能自觉履行岗位职责,熟悉煤矿安全生产相关的法律法规,提高业务素质,做到严格检查、重点监控,有效预防、及时发现、控制、处理和消除煤矿隐患,促进煤矿安全生产形势好转。

二、编制依据

(见第一章,略)

三、编制原则

1. 目的性原则

《煤矿安全检查工作基础表》侧重于煤矿安全综合评估检查;

《煤矿安全基础管理检查表》侧重于煤矿安全基础管理的检查;

《煤矿现场安全管理检查表》侧重于日常现场安全管理、生产管理和技术管理、侧重于系统运行状况、人的行为和安全隐患的检查。

2. 科学性原则

煤矿安全基础管理与煤矿现场管理各有侧重,安全检查过程中,应针对不同时期、具体情况、重点环节、主要隐患区分对待,使安全检查工作忙而不乱、有力有序,《煤矿安全基础管理检查表》与《煤矿现场安全管理检查表》有以下异同点,详见附表1。

附表 1　　　　　　　　　煤矿安全基础管理检查表与其他常用表的异同

项　目	煤矿安全基础管理检查表	煤矿现场安全管理检查表	煤矿安全工作基础表
检查目的	某时间段的综合安全状况	日常现场安全状况	煤矿安全状况综合评估
检查范围	比较全面、系统化、全方位	局部部位、重点环节	重点是一通三防
检查组织	多人集中、交流检查	专人多次、日常检查	多人多专业、及时
检查重点	安全生产基础条件	三违和隐患	安全设施、设备运行

续附表 1

项　　目	煤矿安全基础管理检查表	煤矿现场安全管理检查表	煤矿安全工作基础表
检查周期	每月(或每季度)	每天(或隔天)	
检查内容	系统状态、机构健全、制度与措施、重大隐患	系统运行、制度措施落实、生产过程、隐患整改	不定
检查方式	符合性原则(符合相关规章为"是",否则为"否")		
检查要求	现场检查部分分一般检查和重点检查。重点检查即为必查项目,一般检查项目为根据情况选查项目。		

3. 实用性原则

《煤矿现场安全管理检查表》分安全管理、采掘、通风、灾害防治和机电专业编写检查表。

现场安全检查中安全管理、掘进、采煤工作面、通风系统、瓦斯和煤尘管理这几部分分重点检查表(即必查项目)、一般检查表(即选查项目),其他部分根据煤矿具体情况加以区分:防灭火系统对于易自燃煤层开采相关内容为重点检查项目,其他视为一般项目(即为选查项目),水害防治系统对于有重大水患的矿井相关内容为重点项目,其他为一般项目,斜井提升安全监察对于有斜井提升的矿井为重点,供电部分对要求每日检验,容易发生并会造成事故的内容为重点检查项目,其他为一般项目。检查中应分主次。

四、使用说明

(1) 使用本手册应体现现代安全管理的控制原理。

即煤矿企业制订计划和安全目标(煤矿安全基础管理检查)—实施(煤矿现场安全检查)—检查与反馈(综合两检查手册,评估安全状况与隐患整改情况登记)。使用时应该做到:重点控制兼顾一般监管、重在现场监督参与安全基础管理、重在排查隐患消除"三违"行为。

(2) 使用安全检查表时,凡符合项目为"是"(该项目画"√"),否则为"否"(该项目画"×"),未检查项目应加注明(写上"未查"),该项目缺项(画"/")。

(3) 检查表既是煤矿安全状况检查材料,也是安监员安监工作实施记录,是煤矿安全统计、分析、评估和决策的主要依据之一。

(4) 根据安全检查报表,有重点、有目标、有步骤的制定检查计划,每天填写日报表和矿山隐患卡,每日实现计划—实施—评估—反馈的安全检查闭环作业。

附表一　煤矿安全基础检查表

附表 1.1　　　　　　　　　　**煤矿安全基础管理检查表**

矿名:　　　　　　　　　　　　　　　　　　　　　　时间:　　年　　月　　日

序号	检查项目及要求	符合性 是/否	存在问题	处理意见	备　注
1.1	矿井合法性				
1.1.1	煤矿企业证照齐全				
1.1.2	为井下职工购买的工伤保险保单				

序号	检查项目及要求	符合性 是/否	存在问题	处理意见	备注
1.1.3	停产整顿矿井有验收复产文件				
1.1.4	煤矿有交纳风险抵押金的文件				
1.1.5	配备了足够的特种作业人员和特种作业人员持有特种操作资格证书上岗				
1.1.6	煤矿整顿、整改完毕后恢复生产,有政府相关部门验收文件				
1.1.7	在采矿许可证被依法暂扣期间未开采				
1.2	安全管理机构、责任、教育、培训				
1.2.1	明确并落实法定代表人的责任				
1.2.2	健全并落实安全生产责任制				
1.2.3	建立完善的技术管理机构、				
1.2.4	建有专职安全管理机构,安全管理人员配备符合要求				
1.2.5	配备足量的专职安全管理人员、其中专职安全检查员达到 5 人及以上				
1.2.6	建立并落实安全办公制度				
1.2.7	落实企业法定代表人和管理人员下井带班制度				
1.2.8	落实安全办公会议制度				
1.2.9	落实安全事故报告制度				
1.2.10	落实安全生产奖惩制度				
1.2.11	落实职工教育培训制度				
1.2.12	按操作规程、作业规程要求,对作业人员进行培训				
1.2.13	按灾害预防计划、应急预案等要求,对作业人员进行培训				
1.2.14	煤矿对招用的井下从业人员,按规定完成备案手续和就业前的培训				
1.2.15	为职工免费发放安全手册				
1.3	安全生产、安全技术管理				
1.3.1	当月产量超过计划产量的 10%				
1.3.2	6 万 t 及以下的开采极薄煤层的矿井:矿井单翼仅有 1 个采煤工作面,不超过 2 个掘进工作面				
1.3.3	6 万 t 以上小煤矿矿井的一个采区仅有 1 个采煤工作面,不超过 2 个掘进工作面				
1.3.4	按规定制定主要采掘设备、提升运输设备检修计划,按计划检修				
1.3.5	制定井下劳动定员,实际入井人数符合规定				

序号	检查项目及要求	符合性 是/否	存在问题	处理意见	备 注
1.3.6	矿井制定采掘抽计划表、抽掘采关系合理				
1.3.7	建立安全生产隐患排查制度				
1.3.8	按要求进行设计审批管理				
1.3.9	按规定进行工程验收管理				
1.3.11	生产矿井的各种技术资料齐全、管理规范				
1.3.12	生产矿井对重大安全隐患登记建档				
1.3.13	井口有公示牌、公示内容与现场实际相符				
1.3.14	安全警示标志设置符合要求				
1.3.15	严禁使用国家明令淘汰的严重危及生产安全的设备				
1.3.16	危险物品的安全管理规定				
1.3.17	制定事故抢险制度				
1.3.18	成立有矿山救护队或与矿山救护队签订救护协议				
1.3.19	兼职救护人员落实、配备救护装备				
1.3.20	下井人员携带自救器、井下人员知道自救器使用方法				
1.4	矿井生产运行情况				
1.4.1	矿级安全管理人员下井和带班情况记录				
1.4.2	矿井安全会议记录;				
1.4.3	工人入井班前会记录				
1.4.4	生产调度记录和矿井生产原始记录,检查矿井生产现状和超能力生产				
1.4.5	风机运行记录,检查风机连续运转、有人值守				
1.4.6	监测监控记录,检查系统运行正常,有无瓦斯超限,传感器数量、种类与系统图一致,达到规程规定要求				
1.4.7	矿井测风记录,检查按时测风,矿井风量与风速达到要求,与通风图标注一致				
1.4.8	矿井瓦斯检查和"一炮三检"记录,检查有无空班漏检、瓦斯超限、矿长和总工程师审查签字,对瓦斯超限有无处理意见等				
1.4.9	矿井隐患排查记录、隐患排查报告及隐患处理意见记录				
1.4.10	电气设备入井检验记录和设备检修检测记录				
1.4.11	井下主要设备运行记录				
1.4.12	井下电气设备失爆检查记录				
1.4.13	出入井检身记录,检查入井人数与定岗定员相符合				

续附表 1.1

序号	检查项目及要求	符合性 是/否	存在问题	处理意见	备 注
1.4.14	检查摩擦金属支柱和单体液压支柱的维修、试压情况,有无记录。				
1.4.15	检查矿井自救器、瓦检器、便携式瓦检器、测风表、测尘仪等安全仪器仪表的配置数量和登记表册				

检查意见:	安全状况分析			签名
	良/好	一般	差	

附表 1.2　　　　采掘系统安全基础管理检查表

矿名:　　　　　　　　　　　　　　　　　　　　　　　　　年　月　日

序号	检查项目及要求	符合性 是/否	存在问题	处理意见	备 注
2.1	采掘技术资料				
2.1.1	采掘工程平面图每半月按要求按实测填图				
2.1.2	采掘工作面发生情况变化时,采掘工程平面图及时按要求实测填图				
2.1.3	对地质情况、开采情况、周边矿井采空区情况有专门分析基础资料				
2.1.4	所有采掘工作面编制有作业规程				
2.1.5	从编制作业规程到审批贯彻有健全的管理制度				
2.1.6	采掘作业规程按规定进行会审				
2.1.7	给作业人员对作业规程贯彻、学习、考核				
2.1.8	施工期超过三个月,每三个月作业规程重新贯彻				
2.2	掘进施工安全管理				
2.2.1	斜井(巷)施工期间兼作人行道时,每隔 40 m 设置一个躲避硐并设红灯、行人不行车、行车不行人				
2.2.2	不支护的巷道制定专门的安全措施				
2.2.3	穿老巷、老空区、地质构造带、软弱煤岩层掘进有专门措施				
2.2.4	在有冲击地压、煤与瓦斯突出危险区掘进,制定有专门措施				
2.2.5	架棚支护时,支架符合设计要求、支架间距符合作业规程规定				
2.2.6	岩巷掘进采用光面爆破				

序号	检查项目及要求	符合性 是/否	存在问题	处理意见	备　注
2.3	井巷及维修施工安全管理				
2.3.1	架线电机车运输巷的净高符合《煤矿安全规程》要求				
2.3.2	采区内的上、下山和平巷净高高于 2 m,薄煤层高于于 1.8 m				
2.3.3	采煤工作面的运输、回风及溜煤眼的断面或净高,满足行人、运输、通风、设备安装、检修、施工的要求				
2.3.4	运输巷两侧(包括管、线、电缆)与运输设备最突出部分之间间距,符合《煤矿安全规程》要求				
2.3.5	井巷交岔点设置路标,井下工作人员熟悉通往出口的路线。				
2.3.6	生产矿井制定井巷维修制度、巷道失修率不大于7%				
2.3.7	报废巷道封闭,并在图纸上标明				
2.3.9	回收报废井巷内支架和装备时,有安全措施				
2.4	采煤工作面安全管理				
2.4.1	采煤工作面回采前进行验收				
2.4.2	开采情况变化时,及时修改作业规程或补充安全措施				
2.4.3	采煤工作面采用正规壁式采煤法				
2.4.4	采煤工作面长度和采高符合规定				
2.4.5	采面有初次放顶、收尾、过地质构造带、过老空、过煤柱、过冒顶区及遇顶底板松软或破碎等专项措施				
2.4.6	采煤工作面矿压观测				
2.4.7	有反映顶底板活动规律的基础资料				
2.4.8	对地质变化带预测预报				
2.4.9	采煤工作面保持至少 2 个畅通的安全出口,一个与回风巷相通,另一个与进风巷相通				
2.4.10	在无冲击地压煤层中,制定防治冲击地压的安全措施				
2.4.11	采煤工作面备有足够数量的备用支柱和坑木等物料				
2.4.12	单体液压支柱在采煤工作面结束后或使用时间超过8个月后,进行检修,进行压力试验,合格				

检查意见:		安全状况分析			签名
		良/好	一般	差	

附表 1.3 通风系统安全基础管理检查表

矿名： 年 月 日

序号	检查项目及要求	符合性 是/否	存在问题	处理意见	备 注
3.1	矿井通风管理				
3.1.1	矿井有专门的"一通三防"管理机构和人员,正常开展工作				
3.1.2	建立健全各级领导和各业务部门的"一通三防"管理责任制,并严格执行				
3.1.3	矿井每月至少进行一次通风隐患排查,召开一次通风例会				
3.1.4	有通风工作计划、分量分配计划和通风工作总结				
3.1.5	矿井有"五图、五板、五记录、四台账",并与现场实际相符				
3.1.6	矿井各种图纸规范、报表清楚,数据完整,上报及时				
3.1.7	通风区(队)有一套符合规定的完整的管理制度				
3.1.8	"一通三防"各工种岗位责任制和技术操作规程,并严格执行				
3.1.9	通风安全仪器仪表有保管、维修、保养制度;定期校正,定期进行计量检定				
3.1.10	瓦斯检查员、监测工、爆破工、测风员、抽采泵司机等有定期培训计划,培训、考核记录				
3.1.11	不存在主井、回风井同时出煤				
3.2	矿井通风系统				
	高瓦斯、煤与瓦斯突出矿井采用分区式通风或两翼对角式通风				
3.2.1	高瓦斯、煤与瓦斯突出矿井有专用回风井				
3.2.2	高瓦斯、低瓦斯矿井的高瓦斯区域、煤与瓦斯突出、开采易自燃煤层、煤层群联合布置的采区有专用回风巷				
3.2.3	主通风机运行工况记录齐全				
3.2.4	制定停风措施				
3.2.5	有司机岗位责任制和操作规程				
3.2.6	主要通风机房有水柱计、轴承温度计、电流表、电压表、电话				
3.2.7	主要通风机正负压稳定或无突然下降现象				
3.2.8	主要通风机风量稳定或没有突然下降现象				
3.2.9	主要通风机电压、电流稳定或没有突然下降现象				
3.2.10	主要通风机正常运转				

序号	检查项目及要求	符合性 是/否	存在问题	处理意见	备 注
3.2.11	采煤工作面和掘进工作面独立通风				
3.2.12	采区内设有专用回风巷				
3.2.13	没有一段进风一段回风的巷道				
3.2.14	采煤工作面和掘进工作面独立通风				
3.2.15	通风系统中没有不符合《煤矿安全规程》规定的串联通风、扩散通风、采空区通风				
3.2.16	总回风巷及采区回风巷保持畅通				
3.2.17	主要进回风巷实际断面不小于设计断面的确 2/3,巷道失修率不得超过规定				
3.2.18	排风井、主要通风机装置漏风很小				
3.2.19	必须建立测风制度,每 10 天进行一次全面测风,根据实际需要随时测风				
3.2.20	有测风记录及牌板				
3.3	局部通风管理				
3.3.1	煤巷、半煤岩巷和有瓦斯涌出的岩巷掘进通风方式采用压入式通风,如果采用混合式,制定安全措施				
3.3.2	瓦斯喷出区域和煤(岩)与瓦斯(二氧化碳)突出煤层的掘进通风方式采用压入式				
3.3.3	高瓦斯矿井、煤(岩)与瓦斯(二氧化碳)突出矿井、低瓦斯矿井中高瓦斯区的煤巷、半煤岩巷和有瓦斯涌出的岩巷掘进工作面正常工作的局部通风机配备安装同等能力的备用局部通风机,能否自动切换				
3.3.4	接 3.3.3,正常工作的局部通风采用"三专"(专用开关、专用电缆、专用变压器)供电				
3.3.5	风筒为阻燃、抗静电				
3.3.6	局部通风机由指定人员负责管理,保证连续运转				
3.3.7	局部通风机因检修、停电等原因停风时,撤出人员,切断电源				
3.3.8	不存在使用 1 台局部通风机同时向 2 个及以上作业的掘进工作面供风				
3.3.9	低瓦斯矿井掘进工作面的局部通风机,采用装有选择性漏电保护装置的供电线路供电,或与采煤工作面分开供电				

续附表 1.3

序号	检查项目及要求	符合性 是/否	存在问题	处理意见	备 注
3.3.10	每10天至少进行一次甲烷风电闭锁试验,每天应进行一次正常工作的局部通风机与备用局部通风机自动切换试验,试验期间不得影响局部通风,试验记录要存档备查。				
3.3.11	掘进工作面的局部通风机实现"三专两闭锁"或装有选择性漏电保护装置的供电线路供电,每天有专人检查1次				
3.3.12	井下爆炸材料库、井下采区变电所、井下充电硐室、井下机电硐室等地点的通风,符合规定				
3.4	通风设施管理				
3.4.1	风门、风墙、风桥、采空区有较小漏风				
3.4.2	建立密闭施工、质检、验收台账				
3.4.3	密闭前设栅栏、警标、说明牌板和检查牌(人、排风之间的挡风墙除外)				
3.4.4	每组风门不少于两道,通车风门间距不小于一列车长度,行人风门间距不小于5 m				
3.4.5	矿井和采区进回风之间、防突区域,每组风门同时设反向风门,其数量不少于两道				
3.4.6	风门能自动关闭,正向风门有闭锁装置,两道风门不能同时打开				
3.4.7	风门水沟设反水池或挡风帘,防突区域通车风门设底坎,电缆、管线孔要堵严				
3.4.8	开采突出煤层时,风窗没有设置在工作面回风侧				
3.4.9	风桥桥面平整不漏风(手触感觉不到漏风为准)				
3.4.10	风桥通风断面不小于巷道断面的4/5,坡度小于30°				
3.4.11	风桥上下没有风门				

检查意见:	安全状况分析			签名
	良/好	一般	差	

附表 1.4　　　　　灾害防治系统安全基础管理检查表

矿名:　　　　　　　　　　　　　　　　　　　　　年　月　日

序号	检查项目及要求	符合性 是/否	存在问题	处理意见	备 注
4.1	瓦斯管理				

序号	检查项目及要求	符合性 是/否	存在问题	处理意见	备注
4.1.1	瓦斯检查人员满足需要,并经培训合格,持证上岗。瓦斯检查仪器仪表配备齐全				
4.1.2	瓦斯检查的地点、次数及其他有害气体的检查符合规定				
4.1.3	瓦斯检查人员执行瓦斯巡回检查和请示报告制度,认真填写瓦斯检查班报				
4.1.4	调度室有防突头面爆破的专门记录备查				
4.1.5	对采取防治突出措施后的采掘工作面进行措施效果检验,检验合格后,采取安全防护措施组织施工				
4.1.6	至少每旬定期召开一次防突综合分析会议,有记录可查				
4.1.7	井巷揭穿突出煤层前,按规定报批措施				
4.1.8	矿井采取安全防护措施,防护设施的设计和设置符合规定				
4.1.9	按要求建立瓦斯抽采系统				
4.1.10	瓦斯抽采系统符合规定				
4.1.11	抽采管路敷设质量符合要求				
4.1.12	矿井掘抽采关系合理协调				
4.2	防尘系统				
4.2.1	矿井建立完善的防尘供水系统				
4.2.2	煤炭运输、转载、卸载点等地点敷设防尘供水管路,并安设支管和阀门				
4.2.3	井下所有煤仓和溜煤眼保持一定的存煤;溜煤眼不兼作风眼使用				
4.2.4	采煤工作面回风巷安设净化水幕				
4.2.5	掘进时采用湿式钻眼、冲洗井巷帮、水泡泥、爆破喷雾、装岩(煤)洒水和净化风流等综合防尘措施				
4.2.6	采掘机械及破碎机作业的防尘符合相关规定				
4.2.7	煤(岩)与瓦斯突出煤层或软煤层中瓦斯抽放钻孔难以采用湿式钻孔时,采用干式钻孔时采取捕尘、降尘措施				
4.2.8	按要求采用隔爆抑爆措施或设施,且每月检查一次煤尘隔爆设施的安装地点、数量和安装质量				
4.2.9	及时清除巷道中的浮煤,清扫或冲洗沉积煤尘,定期撒布岩粉				

序号	检查项目及要求	符合性 是/否	存在问题	处理意见	备 注
4.2.10	矿井有专职防尘技术人员和管理机构,并建立防尘队伍、配齐各工种人员				
4.2.11	有采掘工作面防尘设施台账、防尘工程设施施工及管路验收检查记录、冲洗巷道记录等防尘管理技术资料				
4.2.12	矿井设地面消防水池容量不小于200 m³,管路敷设符合要求				
4.3	防灭火系统				
4.3.1	井口房和通风机房20 m内没有烟火				
4.3.2	井下没有存放汽油、煤油和变压器油,使用的润滑油、棉纱、破布和纸等妥善保管				
4.3.3	主要井巷、硐室、采掘工作面、备有灭火器材				
4.3.4	开采易自燃和自燃煤层的采区布置、工作面长度与推进度、服务时间与自然发火期、采煤方法和煤柱留设、采空区的处理意见有设计或具体措施				
4.3.5	掘进巷道中冒顶区的处理意见和检查制定有措施				
4.3.6	开采容易自燃和自燃煤层的矿井,选定观测站并建立监测系统				
4.3.7	开采易自燃和自燃的单一厚煤层或煤层群的矿井,集中运输大巷和总回风巷布置在岩层内或不易自燃的煤层内				
4.3.8	开采易自燃和自燃的采区或煤层群的采区,有专用回风巷				
4.3.9	开采容易自燃和自燃的煤层(薄煤层除外),采煤工作面后退式开采				
4.3.10	开采容易自燃和自燃的急倾斜煤层垮落法管理顶板时,在主石门和采区石门上方留有煤柱				
4.3.11	开采容易自燃和自燃的煤层时,对采空区、突出和冒落孔洞等采取措施				
4.3.12	开采容易自燃和自燃的煤层时,建立火灾预测预报制度				
4.3.13	采煤工作面结束后在45天内进行封闭				
4.3.14	建立火区管理卡片,绘制火区位置图				
4.4	安全监控系统				

序号	检查项目及要求	符合性 是/否	存在问题	处理意见	备 注
4.4.1	对矿井安全监控系统配备专职人员进行管理、使用和维护				
4.4.2	煤矿建立安全仪器仪表计量检验制度。安全仪器仪表定期校验				
4.4.3	煤矿安全监控系统的中心站主机不少于 2 台				
4.4.4	煤矿安全监控设备的供电电源取自被控开关的电源侧				
4.4.5	煤矿安全监控设备至少每月调试、校验一次				
4.4.6	采用载体催化元件的甲烷检测设备每 7 天使用校准气样和空气样调校一次				
4.4.7	每 7 天对甲烷超限断电功能进行测试一次				
4.4.8	每天检查煤矿安全监控设备及电缆,发现问题及时处理				
4.4.9	煤矿安全监控系统的监测日报表报矿长和技术负责人审阅				
4.4.10	安全监控系统运转正常				
4.4.11	传感器数目、种类、安装和使用符合规定				
4.4.12	甲烷传感器报警浓度、断电浓度、复电浓度和断电范围符合规定				
4.4.13	瓦斯抽放系统及开采易自燃煤层时的各类传感器的设置符合要求				
4.4.14	对矿井安全监控系统配备专职人员进行管理、使用和维护				
4.4.15	煤矿建立安全仪器仪表计量检验制度。安全仪器仪表定期校验				
4.4.16	机电设备硐室中甲烷传感器按要求设置				
4.4.17	高瓦斯矿井使用架线电机车运输,其装煤点、瓦斯涌出巷道的下风流中设甲烷传感器				
4.4.18	各类机车车载式甲烷断电仪或便携式甲烷检测报警仪的设置符合规定				
4.4.19	风速传感器、压力传感器、设备开停传感器、风门开关传感器符合要求				
4.4.20	瓦斯抽放系统及开采易自燃煤层时的各类传感器的设置符合要求				
4.5	爆破器材与安全爆破				

序号	检查项目及要求	符合性 是/否	存在问题	处理意见	备 注
4.5.1	井上、下接触爆炸材料的人员穿棉布或抗静电衣服				
4.5.2	爆炸材料库、井下爆炸材料发放硐室贮存的炸药、雷管容量符合规定				
4.5.3	爆炸材料的贮存方式符合相关规定				
4.5.4	在雷管发放套间内发放雷管时，在铺有导电的软质垫层并有边缘突起的桌子上进行				
4.5.5	井下爆炸材料库的支护、防潮、消防器材符合规定				
4.5.6	煤矿企业建立爆炸材料管理的各项制度并严格执行				
4.5.7	在地面运输爆炸材料时，遵守民用爆炸物品管理条例				
4.5.8	在井下运输爆炸材料时，遵守相关规定				
4.5.9	所有爆破人员经过技术培训合格，爆破工持证上岗，并定期复训				
4.5.10	井下爆破工作由专职爆破工担任，突出煤层中，专职爆破工固定在同一工作面工作				
4.5.11	爆破作业编制爆破作业说明书，说明书符合要求				
4.5.12	爆破作业执行"一炮三检制"				
4.5.13	矿井使用的炸药、雷管符合规定				
4.5.14	爆破工对炸药、电雷管的管理、存放、取用等符合规定				
4.5.15	炮眼、封泥长度、炮泥质量符合规定				
4.5.16	爆破警戒、安全距离符合规定				
4.5.17	井下爆破使用的发爆器性能完好，发爆器的管理、发放、校验，发爆器的把手、钥匙的使用管理符合规定				
4.6	水害防治系统				
4.6.1	编制中长期防治水规划和年度防治水计划，并组织实施				
4.6.2	水文地质条件复杂的矿井，制定相应的"探、防、堵、截、排"综合防治措施				
4.6.3	每年雨季前必须对防治水工作进行全面检查				
4.6.4	雨季受水威胁的矿井，制定雨季防治水措施，储备足够的防洪抢险物资。				
4.6.5	按有关规定留设各类防隔水煤（岩）柱，并标绘在采掘工程平面图上				
4.6.6	水淹区积水面以下的煤岩层中在排除积水以后再进行采掘工作				
4.6.7	开采水淹区域下的废弃防水煤柱时，制订安全措施，并按管理权限报批				

序号	检查项目及要求	符合性 是/否	存在问题	处理意见	备 注
4.6.8	煤矿防治水工程有设计和安全技术措施,工程施工及管理制度符合有关规定				
4.6.9	建立雨季三防机构及规定的应急措施				
4.6.10	河道、排水沟清淤,保证河道泄洪沟渠畅通				
4.6.11	按规定对钻孔封盖或封堵				
4.6.12	按规定留设防水煤(岩)柱				
4.6.13	按规定留设各类隔水煤柱和防水闸门				
4.6.14	防水闸门的设计、施工、质量及检修与管理符合有关规定				
4.6.15	井巷工程穿过含水层、地质构造带前必须编制探放水注浆堵水设计,并按设计实施				
4.6.16	矿井主要排水设备符合相关规定				
4.6.17	有工作、备用和检修的水泵				
4.6.18	水泵的能力能在 20 h 内排出矿井 24 h 的正常涌水量				
4.6.19	备用水泵的能力应不小于工作水泵能力的 70%				
4.6.20	工作和备用水泵的总能力应能在 20 h内排出矿井 24 h的最大涌水量				
4.6.21	检修水泵的能力应不小于工作水泵能力的 25%				
4.6.22	水泵完好,运转正常				
4.6.23	有与矿井所需排水水泵能力、出水口直径相匹配的工作和备用的水管管路				
4.6.24	管路不漏水,防腐良好				
4.6.25	压力表、真空表、电流表、电度表齐全,指示正确,定期校验				
4.6.26	水仓的设置、容量符合相关规定				
4.6.27	水仓的空仓容量经常保持在总容量的 50% 以上				
4.6.28	运行日志、事故和检修记录完善,技术资料、测试资料等齐全				
4.6.29	探放水设备及数量符合要求				
4.6.30	有可能突水的水源和通道分析资料				
4.6.31	建立探放水队伍				
4.6.32	制定探放水措施,探放水设计符合要求				
检查意见:		安全状况分析			签名
		良/好	一般	差	

附表 1.5   **矿井机电系统安全基础管理检查表**

矿名：   年   月   日

序号	检查项目及要求	符合性 是/否	存在问题	处理意见	备注
5.1	运输与提升				
5.1.1	机车主要部件符合下列要求：① 照明、警铃齐全有效。② 制动装置完好可靠。③ 撒砂装置灵活、可靠、有效				
5.1.2	电机车架线高度符合：① 在行人的巷道内、车场内、人行道与运输巷交叉的地方不小于 2 m；在不行人的巷道内不小于 1.9 m。② 在井底车场内，从井底到乘车场不低于 2.2 m				
5.1.3	运输巷道内设置路标、警标、巷标等				
5.1.4	列车通过的风门，设有当列车通过时能够发出在风门两侧都能接收到声光信号的装置				
5.1.5	斜巷轨型达到 15 kg/m，标准轨距、标准矿车				
5.1.6	倾斜井巷上端有足够的过卷距离。串车提升的各车场设有信号硐室及躲避硐				
5.1.7	用人车运送人员，人员上下地点有照明，双轨巷道乘车场设信号区间闭锁，安装自动停送装置，人员上下车时，严禁其他车辆进入乘车场				
5.1.8	运人斜井各车场设有信号和候车硐室，候车硐室有足够的空间及照明				
5.1.9	斜井人车必须有顶盖，有可靠的防坠器。当断绳时防坠器能否自动发生作用，能否人工操纵				
5.1.10	斜井人车有跟车人，每班运送人员前，检查人车连接装置、保险链和防坠器，先放 1 次空车				
5.1.11	带式输送机采用有"MA"标示的阻燃输送带				
5.1.12	采用钢丝绳牵引的带式输送机设过速、过电流和欠电压、钢丝绳和输送带脱槽、输送带局部过载、钢丝绳张紧车到达终点和张紧重锤落地等保护。滚筒驱动带式输送机有照明、防滑、堆煤、温度、烟雾、张力下降和防撕裂保护和自动洒水装置，有行人过桥护栏，使用软启动、软制动装置				
5.1.13	立井中升降人员，使用罐笼或带乘人间的箕斗				
5.1.14	立井升降人员的罐笼或箕斗装设可靠的防坠器				
5.1.15	安全门、摇台、阻车器、罐笼与信号联锁符合要求				
5.1.16	过卷和过放距离符合规定，过卷开关动作可靠				
5.1.17	新绳悬挂前的检验和在用绳子的定期检验符合规定				
5.1.18	提升钢丝绳、罐道绳每天检查 1 次，其他用途的钢丝绳每周检查 1 次，检查结果应有记录				

序号	检查项目及要求	符合性 是/否	存在问题	处理意见	备 注
5.1.19	对使用中的钢丝绳至少每月涂油一次				
5.1.20	各种防坠器按要求进行脱钩试验,合格后方可使用				
5.1.21	滚筒上缠绕的钢丝绳层数符合要求				
5.1.22	提升装置装设下列保险装置:防止过卷保护、防止过速保护、过负荷和欠电压保护、限速保护、深度指示器失效保护、闸间隙保护、松绳保护、满仓保护、减速功能保护				
5.1.23	提升绞车装设深度指示器、开始减速时能自动示警的警铃与不离开座位即能操纵的常用闸和保险闸,其性能符合要求				
5.1.24	新安装的主要提升装置经验收合格后方可投入使用。每年进行一次检查,每 3 年进行一次测试,认定合格后方可继续使用				
5.1.25	各种技术资料、图纸、记录本、岗位责任制齐全完整				
5.2	井下供电与电气安全				
5.2.1	矿井有无分接其他两回路电源线路				
5.2.2	年产 6 万吨及以下的矿井采用单回路供电时,备用电源符合要求				
5.2.3	提升、排水、瓦斯抽采等设备的控制回路和辅助设备的供电电源符合规定				
5.2.4	井下配电变压器中性点符合规定				
5.2.5	直接向井下供电的变压器或发电机符合要求				
5.2.6	井下电气设备、电缆、电线的检修、搬迁遵守相关规定				
5.2.7	操作井下电气设备遵守有关规定				
5.2.8	容易碰到的、裸露的带电体及机械外露的转动和传动部分加装护罩或遮拦等防护设施				
5.2.9	防爆电气设备入井前,应检查其各种规定证照及安全性能,检查合格并签发合格证后,方准入井				
5.2.10	井下配电网路装设过流、短路保护装置,保护装置符合规定,动作可靠,有无计算说明书,现场检查与说明书相符				
5.2.11	井下低压馈电线上装设检漏保护或有选择性的漏电保护装置并每天试验 1 次,有无记录				
5.2.12	煤电钻必须使用设有规定保护装置的综合保护器,并每天进行 1 次跳闸试验				
5.2.13	井上下装设防雷电装置,并遵守有关规定				

南方煤矿安全检查技术与方法

续附表 1.5

序号	检查项目及要求	符合性 是/否	存在问题	处理意见	备 注
5.2.14	采掘工作面配电点的位置和空间满足规定,使用不燃材料支护				
5.2.15	变电硐室长度超过 6 m 时,在硐室的两端各设 1 个出口				
5.2.16	硐室不滴水,过道应保持通畅,没有存放无关的设备和物件				
5.2.17	硐室入口与硐室内悬挂的警示牌、各种标志、设备编号、供电系统图等符合规定				
5.2.18	在总回风巷和专用回风巷中未敷设电缆				
5.2.19	在机械提升的进风的倾斜井巷和使用木支架的立井井筒中敷设电缆时,有可靠的安全措施				
5.2.20	溜放煤、矸、材料的溜道中未敷设电缆				
5.2.21	井下电缆的选用应遵守有关规定				
5.2.22	敷设电缆方法和质量遵守有关规定				
5.2.23	电缆与风管、水管、瓦斯抽放管在同一巷道敷设时,符合有关规定				
5.2.24	通信和信号电缆与电力电缆、高压与低压电缆在同一巷道敷设时,符合有关规定				
5.2.25	电缆未遭受淋水,盘圈或盘"8"字形的电缆不带电,电缆按规定设置标志牌				
5.2.26	电缆与电缆的接头以及电缆与电器设备的连接,通过电缆接线盒、插销连接器、母线盒等连接,没有明接头、鸡爪子、羊尾巴				
5.2.27	井下照明符合规定				
5.2.28	未用电机车架空线作照明电源				
5.2.29	井下按要求在规定地点装设电话				
5.2.30	专职电工经过技术培训合格,持证上岗,并定期复训				
5.2.31	井下防爆电气设备的运行、维护和修理,符合防爆性能的各项技术要求				
5.2.32	矿井按规定定期对电气设备和电缆进行检查、调整。检查和调整结果记入专用记录簿				
5.2.33	电气设备使用的绝缘油按规定定期进行物理、化学性能测试和电气耐压试验				
5.2.34	更换和试验矿用设备绝缘油有记录				
检查意见:		安全状况分析			签名
		良/好	一般	差	

230

附表二 煤矿现场安全管理检查表

附表 2.1 煤矿现场安全管理检查表

1.1 煤矿现场安全管理检查表(重点检查)

矿名

检查时间 检查表编号

序号	检查项目及要求	符合性 是/否	存在问题	处理意见	备　注
1.1.1	落实企业法定代表人和管理人员下井带班制度				
1.1.2	班前会制度落实到位				
1.1.3	实际入井人数符合规定				
1.1.4	下井人员记录规范				
1.1.5	确保每班都有专职安监员下井监督检查各项规章制度的落实				
1.1.6	特种作业人员都持有特种操作资格证书上岗				
1.1.7	井口有以风定产公示牌,公示内容与现场实际相符				

检查意见:	安全状况分析			签名
	良好	一般	差	

1.2 煤矿现场安全管理检查表(一般项目)

矿名

检查时间: 检查表编号:

序号	检查项目及要求	符合性 是/否	存在问题	处理意见	备　注
1.2.1	煤矿整顿、整改完毕后恢复生产,有政府相关部门验收文件				
1.2.2	落实安全事故报告制度				
1.2.3	煤矿对招用的井下从业人员,按规定完成备案手续和就业前的培训、考核				
1.2.4	作业规程、操作规程、灾害预防与处理意见计划、专门措施等培训有计划、有措施、有落实、有记录、有档案				
1.2.5	落实安全生产奖惩制度				
1.2.6	井口有以风定产公示牌,公示内容与现场实际相符				
1.2.7	井口有三违处理意见和奖励公示牌				
1.2.8	安全警示标志设置符合要求				
1.2.9	有危险物品的安全管理规定				
1.2.10	下井人员携带自救器、井下人员知道自救器使用方法				

检查意见:	安全状况分析			签名
	良/好	一般	差	

附表 2.2　　　　　　　　　掘进工作面现场安全管理检查表

2.1　掘进工作面现场安全管理检查表(重点项目)

矿名					
检查时间		地点		检查表编号	

序号	检查项目及要求	符合性 是/否	存在问题	处理意见	备注
2.1.1	掘进工作面"三图一书"符合要求				
2.1.2	斜井、下山施工,上方设有安全挡板				
2.1.3	斜井、下山施工,设置坚固的跑车防护装置				
2.1.4	斜井(巷)施工期间兼作人行道时,每隔 40 m 设置一个躲避硐并设红灯,行人不行车、行车不行人				
2.1.5	上山施工,按规定将溜煤(矸)道与人行道分开				
2.1.6	掘进工作面执行敲帮问顶制度				
2.1.7	临时支护距工作面的距离满足:一般不大于 2 m,锚喷巷道不大于 3~4 m,软岩紧跟工作面				
2.1.8	炮掘工作面使用架棚支护时,煤巷距迎头 5 m 以上,半煤岩巷和岩巷距迎头 10 m 以上采取架棚加固措施				
2.1.9	金属支架每帮使用"防倒器",木棚钉"钯锯",混凝土支架打上"防倒橛"				
2.1.10	砌碹巷道碹体与顶帮之间用不燃物填实、碹石之间用混凝土砂浆填满填实,无干缝瞎缝。花碹之间背板安设牢固,背帮背顶坚实可靠				
2.1.11	在松软的煤、岩层或流沙性地层中及地质破碎带掘进巷道时,采取了前探支护或其他措施				
2.1.12	有备用局部通风机;掘进头风量符合作业规程规定配风量				
2.1.13	局部通风机、风筒质量及管理符合要求;局部通风机实现"三专两闭锁"				
2.1.14	煤与瓦斯突出面"四位一体"防突措施的实施,高突和高瓦斯及低瓦斯矿井高瓦斯区域瓦斯抽采符合规定				
2.1.15	瓦斯监控传感器位置、数量、设置符合规定				
2.1.16	瓦斯检查牌板与瓦检员记录本数据吻合,检查次数符合规定;瓦检器经检定未过期;瓦检员持证上岗;无瓦斯超限作业				
2.1.17	煤与瓦斯突出和高瓦斯及低瓦斯矿井高瓦斯区域面未使用钢丝绳牵引耙矸机				

矿名					
检查时间		地点		检查表编号	
序号	检查项目及要求	符合性 是/否	存在问题	处理意见	备注

2.2　掘进工作面现场安全管理检查表(一般项目)

矿名					
检查时间		地点		检查表编号	
序号	检查项目及要求	符合性 是/否	存在问题	处理意见	备注
2.2.1	上山施工,人行道每隔一定距离设置防煤矸挡板				
2.2.2	掘进施工中备用材料数量、存放地点符合作业规程规定				
2.2.3	架棚支护时,支架符合设计要求、支架间距符合作业规程规定				
2.2.4	锚杆支护巷道锚杆有足够的锚固力和抗拔力				
2.2.5	锚杆支护巷道一侧超宽大于 0.4m,补打锚杆;中厚以上煤层巷道两帮铺设金属网				
2.2.6	锚杆安装牢固,托板密贴壁面,不松动				
2.2.7	穿老巷、老空区、岩性变化带、地质构造变化带时的掘进执行专门措施				
2.2.8	在有冲击地压、煤与瓦斯突出危险区掘进,执行专门措施				
2.2.9	采煤工作面的运输、回风及溜煤眼的断面或净高,满足行人、运输、通风、设备安装、检修、施工的要求				
2.2.10	运输巷两侧(包括管、线、电缆)与运输设备最突出部分之间的间距,符合《煤矿安全规程》规定				
2.2.11	井巷交岔点设置路标,井下工作人员熟悉通往出口的路线				
2.2.12	回收报废井巷内的支架和装备时,实行专门安全措施				
2.2.13	独头巷道拆换支架由外向里,贯通巷道顺风拆换				
2.2.14	炮掘工作面采用湿式打眼,使用水炮泥,出碴时洒水防尘				
2.2.15	设备的防爆、安全标志符合规定,挂牌管理;电气设备有"三大保护"				
检查意见:		安全状况分析			签名
		良/好	一般	差	

附表 2.3 　　　　　　　　　　　**采煤工作面现场安全管理检查表**

3.1　采煤工作面现场安全管理检查表(重点项目)

矿名					
检查时间		地点		检查表编号	
序号	检查项目及要求	符合性 是/否	存在问题	处理意见	备 注
3.1.1	采面作业人员自觉执行作业规程				
3.1.2	作业人员熟悉作业规程内容				
3.1.3	采煤工作面安全出口受采动影响且不小于 20 m 范围内,高度满足要求、加强支护;安全出口设专人维护				
3.1.4	采煤工作面存放足够数量的备用支柱和坑木等物料				
3.1.5	采煤工作面严禁空顶作业,专人安全检查顶板				
3.1.6	所有支架架设牢固、有防倒柱措施				
3.1.7	未发现在浮煤浮矸上架设支架				
3.1.8	按要求淘汰木支柱和摩擦金属支柱				
3.1.9	回柱绞车的位置、使用符合作业规程要求				
3.1.10	控顶距符合作业规程要求				
3.1.11	悬顶距离超过作业规程规定时,停止采煤,采取人工强制放顶或其他措施进行处理				
3.1.12	工作面控顶范围内,接顶严实,无顶底板失控现象,顶底板移近量按采高≤100 mm/m				
3.1.13	机道梁端至煤壁顶板的冒落高度不大于 200 mm				
3.1.14	工作面支柱打成直线,其偏差不超过±100 mm(局部变化地区可加柱)				
3.1.15	支柱规格符合规程规定(柱距、排距偏差不超过±100 mm)				
3.1.16	底板松软时,支柱穿柱鞋,钻底≤200 mm				
3.1.17	煤壁平直,对超过规定的伞檐,有贴帮支护				
3.1.18	炮采工作面使用铰接顶梁支护时及时挂梁、破碎顶板掏窝挂梁,悬壁梁到位,端面距≤300 mm。其他情况,采取临时支护				
3.1.19	靠煤壁点柱按作业规程要求架设及时、齐全				
3.1.20	采煤工作面正规循环作业				
3.1.21	采面进风、回风量和工作面风速符合规定;无违反规定的串联通风				
3.1.22	瓦斯监控传感器位置、数量及上隅角便携式瓦检仪设置符合规定				

矿名					
检查时间			地点	检查表编号	

序号	检查项目及要求	符合性 是/否	存在问题	处理意见	备　注
3.1.23	超前小眼掘进按巷道掘进管理,回风串入采面前安设瓦斯传感器				
3.1.24	瓦斯检查牌板与瓦检员记录本数据吻合,检查次数符合规定				
3.1.25	炮采工作面采用湿式打眼,使用水炮泥,出煤时洒水防尘				

检查意见:		安全状况分析			签名
		良/好	一般	差	

3.2　采煤工作面现场安全管理检查表(一般项目)

矿名					
检查时间			地点	检查表编号	

序号	检查项目及要求	符合性 是/否	存在问题	处理意见	备　注
3.2.1	采面初次放顶、收尾、过地质构造带、过老空、过煤柱、过冒顶区及遇顶底板松软或破碎时执行专项措施				
3.2.2	采煤工作面进行矿压观测				
3.2.3	有反映顶底板活动规律的资料				
3.2.4	对地质变化带预测预报				
3.2.5	采煤工作面保持至少2个畅通的安全出口,一个与回风巷相通,另一个与进风巷相通				
3.2.6	在无冲击地压煤层中,制定防治冲击地压的安全措施				
3.2.7	淘汰摩擦金属支柱。单体液压支柱在采煤工作面结束后或使用时间超过8个月后,进行检修,进行压力试验				
3.2.8	密集支柱切顶时按作业规程规定、两段密集间留有0.5 m以上的出口				
3.2.9	回柱放顶时特殊支护(如戗柱、戗棚等)齐全				
3.2.10	采用充填法处理采空区,充填方式、规格和质量符合规程规定				
3.2.11	机采工作面机组及时挂梁,梁端接顶				
3.2.12	机道内顶梁水平楔数量齐全,有冲击地压工作面选用防飞水平楔				

矿名

检查时间			地点		检查表编号	
序号	检查项目及要求	符合性 是/否	存在问题	处理意见	备 注	
3.2.13	两巷：巷道无积水(长 5 m,深 0.2 m)；材料、设备码放整齐,不得影响通风、行人、运输,并有标志牌；管线吊挂整齐,行人侧宽度不小于 0.7 m					
3.2.14	突出工作面实施"四位一体"防突措施,高突和高瓦斯矿井瓦斯抽采符合规定					
3.2.15	尾巷用局部通风机通风,安装监控传感器					
3.2.16	瓦检器检定未过期；瓦检员持证上岗；无瓦斯超限作业					
3.2.17	巷道中煤尘无堆积、飞扬；下煤眼口有喷雾装置,且能正常使用					
3.2.18	隔爆设施安设符合规定,水量满足要求；回风巷安设有净化水幕					
3.2.19	检查设备防爆、安全标志；设备管理挂牌；电气设备三大保护符合规定					

检查意见：			安全状况分析			签名
			良/好	一般	差	

附表 2.4　　　通风系统现场安全管理检查表

4.1　通风系统现场安全管理检查表(重点项目)

检查时间			地点		检查表编号	
序号	检查项目及要求	符合性 是/否	存在问题	处理意见	备 注	
4.1.1	矿井有"五图、五板、五记录、四台账",现场实际相符					
4.1.2	矿井各种报表清楚,数据完整,上报及时					
4.1.3	主要通风机正常运转					
4.1.4	主要用风地点的风流符合配风要求					
4.1.5	采煤工作面和掘进工作面独立通风					
4.1.6	最大风速符合：主要进回风大巷 8 m/s,风桥 10 m/s,无提升设备的风井风硐 15 m/s					
4.1.7	总回风巷及采区回风巷保持畅通					
4.1.8	高瓦斯(或低瓦斯矿井高瓦斯区域)和突出矿井掘进工作面装备双风机					
4.1.9	风筒逢环必挂,实现"两靠一直"					

矿名

检查时间				地点	检查表编号	

序号	检查项目及要求	符合性 是/否	存在问题	处理意见	备 注
4.1.10	风筒接头正确、严密、无破口(不大于 10 cm 的),小破口及时粘补				
4.1.11	风筒出风口到掘进工作面距离不大于 5 m				
4.1.12	局部风机安装在进风巷道中,距掘进巷道回风口不得小于 10 m				
4.1.13	掘进工作面风流稳定				
4.1.14	全风压供给局部通风机的风量必须大于局部通风机的吸入风量,不发生循环风				
4.1.15	局部通风机安装地点到回风口间的巷道中的最低风速符合:煤巷、半煤巷不小于 0.25 m/s,岩巷 0.15 m/s				
4.1.16	局部通风机挂牌管理,指定专人负责管理,保证连续运转				
4.1.17	局部通风机恢复通风前,依照规定检查瓦斯				
4.1.18	不存在使用 1 台局部通风机同时向 2 个及以上作业的掘进工作面供风				
4.1.19	局部通风机装有选择性漏电保护装置的供电线路供电,每天有专人检查 1 次				
4.1.20	采区巷道风速满足:最大 6 m/s,最小 0.25 m/s				
4.1.21	采面风速满足:最大 4 m/s,最小 0.25 m/s				
4.1.22	风门能自动关闭,正向风门有联锁装置,两道风门不能同时打开				

检查意见:	安全状况分析			签名
	良/好	一般	差	

4.2 通风系统现场安全管理检查(一般项目)

矿名

检查时间				地点	检查表编号	

序号	检查项目及要求	符合性 是/否	存在问题	处理意见	备 注
4.2.1	主井、回风井未同时出煤				
4.2.2	有"一通三防"管理机构和人员,正常开展工作				
4.2.3	各工种严格执行岗位责任制和技术操作规程				
4.2.4	主通风机运行工况记录齐全				
4.2.5	风机司机遵守岗位责任制和操作规程				

矿名						
检查时间			地点		检查表编号	
序号	检查项目及要求	符合性 是/否	存在问题	处理意见	备 注	
4.2.6	主要通风机房水柱计、轴承温度计、电流表、电压表、功率表、电话工作正常					
4.2.7	主要通风机正负压稳定或无突然下降现象					
4.2.8	主要通风机风量稳定或没有突然下降现象					
4.2.9	主要通风机电压、电流稳定或没有突然下降现象					
4.2.10	架线式电机车巷风速不小于 1 m/s 或不大于 8 m/s					
4.2.11	矿井有效风量、有效风量率符合规定					
4.2.12	风门、风墙、风桥设置位置与质量符合要求					
4.2.13	采空区封闭质量符合要求					
4.2.14	局部通风机安设消声器					
4.2.15	有整流器、高压垫圈和吸风罩					
4.2.16	风筒拐弯设有弯头、拐弯缓慢					
4.2.17	异径风筒接头用过渡节,先大后小					
4.2.18	局部通风机因检修、停电等原因停风时,撤出人员,切断电源					
4.2.19	多台局部通风机安装和使用符合规定					
4.2.20	低瓦斯矿井掘进工作面的局部通风机,采用装有选择性漏电保护装置的供电线路供电,或与采煤工作面分开供电					
4.2.21	采面温度不超过 26 ℃,否则采取措施					
4.2.22	井下爆炸材料库、井下采区变电所、井下充电硐室、井下机电硐室等地点的通风符合规定					
4.2.23	测风站的设置符合规定,有测风记录及牌板,数据一致					
4.2.24	密闭前设栅栏、警标、说明牌板和检查牌(入、排风之间的挡风墙除外)					
4.2.25	风门水沟设反水池或挡风帘,防突区域通车风门设底坎,电缆、管线孔要堵严					
4.2.26	开采突出煤层时,调节风门设置位置符合要求					
4.2.27	风桥桥面平整、密实不漏风(手触感觉不到漏风为准)					
检查意见:		安全状况分析			签名	
		良/好	一般	差		

附表 2.5 　　　　　　　　　　**瓦斯、煤尘现场安全管理检查表**

5.1　瓦斯、煤尘现场安全管理检查表(重点检查)

矿名

检查时间				地点	检查表编号	
序号	检查项目及要求	符合性 是/否	存在问题	处理意见	备　注	
5.1.1	采面回风巷风流或采区回风流瓦斯浓度小于1%,达到1%时停止作业、撤出人员、采取措施进行处理					
5.1.2	采掘工作面风流小于1.5%,瓦斯浓度达到1.5%时停止作业、切断电源、撤出人员进行处理					
5.1.3	采掘工作面电动机附近20 m范围内风流小于1.5%,瓦斯浓度达到1.5%时,停止运转、切断电源、撤出人员进行处理					
5.1.4	局部瓦斯积聚附近20 m范围内停止作业、切断电源、撤出人员、进行处理					
5.1.5	停掘的工作面保持正常通风,停风巷道瓦斯超过3%时,在24 h内封闭完毕					
5.1.6	被串联工作面的进风流中,瓦斯浓度小于0.5%,达到0.5%时,停止作业、切断电源、进行处理					
5.1.7	瓦斯检查人员满足需要,并经培训合格,持证上岗。瓦斯检查仪器仪表配备齐全					
5.1.8	瓦斯检查的地点、次数及其他有害气体的检查符合规定					
5.1.9	瓦斯检查人员执行瓦斯巡回检查和请示报告制度,认真填写瓦斯检查班报					
5.1.10	瓦斯检查做到"三对口"(瓦斯手册、牌板、班报)执行现场交接班制度,无空班漏检					
5.1.11	瓦斯检查结果及时如实地反映在瓦斯牌板上					
5.1.12	有突出危险的采掘工作面,执行经矿技术负责人签署的允许进度通知单					
5.1.13	突出危险煤层采掘工作面爆破严格执行爆破许可制度					
5.1.14	掘进时采取湿式钻眼、冲洗井巷帮、水泡泥、爆破喷雾、装岩(煤)洒水和净化风流等综合防尘措施					
5.1.15	炮采工作面湿式打眼,使用水炮泥,爆破前后应冲洗煤壁,爆破时喷雾降尘,出煤时洒水					
5.1.16	矿井安全监控系统使用正常					

矿名					
检查时间			地点	检查表编号	
序号	检查项目及要求	符合性 是/否	存在问题	处理意见	备 注
5.1.17	煤矿安全监控系统的监测日报表报矿长和技术负责人审阅				
5.1.18	采煤工作面(回风巷距煤壁不大于 10 m 范围内)设置甲烷传感器				
5.1.19	高瓦斯和突出矿井在回风巷(回风巷距离出风口 10～15 m 范围内)增设 1 个甲烷传感器				
5.1.20	突出矿井在进风巷(进风巷距离煤壁不大于 10 m 范围内)增设 1 个甲烷传感器				
5.1.21	被串联采煤工作面在其进风巷(进风巷中距离煤壁 3～5 m 范围内)增设 1 个甲烷传感器				
5.1.22	(半)煤巷和有瓦斯涌出的掘进工作面(距离工作面不大于 5 m)设 1 个甲烷传感器				
5.1.23	高瓦斯和突出矿井(半)煤巷和有瓦斯涌出的掘进工作面回风流(距离出风口 10～15 m)增设 1 个设甲烷传感器				
5.1.24	被串联掘进工作面在其风机前 3～5 m 范围内,增设 1 个甲烷传感器				
5.1.25	传感器按要求进行校验				
5.1.26	突出煤层开采执行"四位一体"到位				
检查意见:		安全状况分析			签名
		良/好	一般	差	

5.2 瓦斯、煤尘现场安全管理检查表(一般项目)

矿名					
检查时间			地点	检查表编号	
序号	检查项目及要求	符合性 是/否	存在问题	处理意见	备 注
5.2.1	矿井总回风巷或一翼回风巷中瓦斯或二氧化碳浓度符合规定				
5.2.2	采区回风巷、采掘工作面回风巷风流中瓦斯浓度符合相关规定				
5.2.3	矿井采用专用排瓦斯巷(即瓦斯尾巷)时,该巷回风流中瓦斯浓度不超过 2.5%				
5.2.4	矿井安全管理技术人员及有关特种作业人员入井必须按规定携带便携式甲烷检测仪				

矿名						
检查时间			地点		检查表编号	
序号	检查项目及要求	符合性 是/否	存在问题	处理意见	备　注	
5.2.5	矿长、矿技术负责人审阅,对重大的通风、瓦斯问题,应制定措施,进行处理意见					
5.2.6	通风值班人员发现问题及时处理,并向矿调度室汇报					
5.2.7	调度室有防突头面爆破的专门记录备查					
5.2.8	对采取防治突出措施后的采掘工作面进行措施效果检验,检验合格后,采取安全防护措施组织施工					
5.2.9	井巷揭穿突出煤层,按批准措施执行					
5.2.10	按要求建立瓦斯抽采系统					
5.2.11	井下所有煤仓和溜煤眼保持一定的存煤;溜煤眼不兼作风眼使用					
5.2.12	井下煤仓放煤口、溜煤眼放煤口、运输机转载点和卸载点,使用喷雾装置或除尘器					
5.2.13	采掘机械及破碎机作业的防尘符合相关规定					
5.2.14	作业人员佩戴个体防尘用具					
5.2.15	每天检查煤矿安全监控设备及电缆,发现问题及时处理					
5.2.16	瓦斯排放巷道(包括尾巷)设有甲烷传感器					
5.2.17	机电设备硐室中甲烷传感器按要求设置					
5.2.18	高瓦斯矿井使用架线电机车运输,其装煤点、瓦斯涌出巷道的下风流中设甲烷传感器					
5.2.19	甲烷传感器报警浓度、断电浓度、复电浓度和断电范围符合规定					
5.2.20	甲烷传感器安设位置、方法正确,所有传感器能正常使用					
5.2.21	甲烷传感器数量符合要求					
5.2.22	各类机车车载式甲烷断电仪或便携式甲烷检测报警仪的设置符合规定					
5.2.23	风速传感器、压力传感器、设备开停传感器、风门开关传感器符合要求					
5.2.24	瓦斯抽放系统与开采易自燃煤层时的各类传感器的设置符合要求					
检查意见:		安全状况分析			签名	
		良/好	一般	差		

附表 2.6   **火灾、水害防治现场安全管理检查表**

矿名

检查时间				检查表编号	
序号	检查项目及要求	符合性 是/否	存在问题	处理意见	备 注
6.1	易自燃煤层重点检查项目及要求				
6.1.1	煤巷、半煤巷冒顶空间及时填实				
6.1.2	采空区封闭符合要求				
6.1.3	火灾预测预报系统正常使用				
6.1.4	有下列征兆采取措施:传感器报警、温度升高明显、CO浓度升高、支柱出汗、采空区冒烟等发火征兆				
6.2	水患严重矿井重点检查项目及要求				
6.2.1	水文观测站设置合理,能否正常工作				
6.2.2	井下涌出量明显增大				
6.2.3	探放水设备能否正常运转				
6.2.4	执行"有疑必探、先探后掘"的原则				
6.2.5	遇到积水区域按照措施爆破作业				
6.3	一般检查项目及要求				
6.3.1	井口房和通风机房20 m内没有烟火				
6.3.2	井下没有存放汽油、煤油和变压器油				
6.3.3	使用的润滑油、棉纱、破布和纸等妥善保管				
6.3.4	河道、排水沟清淤,保证河道泄洪沟渠畅通				
6.3.5	按规定对钻孔封盖或封堵				
6.3.6	管路不漏水,防腐良好				
6.3.7	压力表、真空表、电流表、电度表齐全,指示正确,定期校验				
6.3.8	水仓的空仓容量经常保持在总容量的50%以上				
6.3.9	运行日志、事故和检修记录完善,技术资料、测试资料等齐全				
6.3.10	执行探放水措施				
检查意见:		安全状况分析			签名
		良/好	一般	差	

附表 2.7　　　　　　　　　　**爆炸材料和井下爆破安全管理检查表**

矿名

检查时间				检查表编号	
序号	检查项目及要求	符合性 是/否	存在问题	处理意见	备　注
7.1	重点检查项目及要求				
7.1.1	井下爆破使用的发爆器性能完好,发爆器的管理、发放、校验,发爆器的把手、钥匙的使用管理符合规定				
7.1.2	爆破作业执行"一炮三检制"				
7.1.3	爆破作业执行"三人连锁放炮制"				
7.1.4	炮眼布置、封泥长度、炮泥符合规定				
7.1.5	巷道贯通、穿老巷、接近采空区、接近积水区域、接近地质构造带有安全爆破补充措施				
7.1.6	爆破警戒、安全距离符合规定				
7.2	一般检查项目及要求				
7.2.1	井上下接触爆炸材料的人员穿棉布或抗静电衣服				
7.2.2	在雷管发放套间内发放雷管时,在铺有导电的软质垫层并有边缘突起的桌子上进行				
7.2.3	运输爆炸材料时,遵守相关规定				
7.2.4	所有爆破人员经过技术培训合格,爆破工持证上岗,并定期复训				
7.2.5	井下爆破工作由专职爆破工担任,突出煤层中,专职爆破工固定在同一工作面工作				
7.2.6	爆破工对井上下炸药、电雷管的管理、存放、取用等符合规定				
7.2.7	拒爆炮眼的管理符合规定				

检查意见:	安全状况分析			签名
	良/好	一般	差	

附表 2.8　　　　　　　　　　**运输提升系统现场安全管理检查表**

矿名

检查时间				检查表编号	
序号	检查项目及要求	符合性 是/否	存在问题	处理意见	备　注
8.1	重点检查项目及要求				
8.1.1	绞车提升连接装置,如链环、插销、绳头保护等检查和记录符合规定				
8.1.2	串车提升有一坡三挡,挡车装置经常关闭				

序号	检查项目及要求	符合性 是/否	存在问题	处理意见	备注
8.2	一般检查项目及要求				
8.2.1	机车主要部件符合下列要求：照明、警铃齐全有效；制动装置完好可靠；撒砂装置灵活、可靠、有效				
8.2.2	运行机车前有照明后有红灯				
8.2.3	列车通过的风门，设有当列车通过时能够发出在风门两侧都能接收到声光信号的装置				
8.2.4	人力推车时 1 次只准推一辆车				
8.2.5	同向推车的间距，两车间距满足：在轨道坡度小于或等于 0.5％时，不得小于 10 m；坡度大于 0.5％时，不得小于 30 m				
8.2.6	在各车场安设甩车时能发出警号的信号装置				
8.2.7	用人车运送人员，人员上下地点有照明				
8.2.8	双轨巷道乘车场设信号区间闭锁，人员上下车时，严禁其他车辆进入乘车场				
8.2.9	运人斜井各车场信号和照明完好				
8.2.10	斜井人车有跟车人				
8.2.11	每班运送人员前，检查人车连接装置、保险链和防坠器，先放 1 次空车				
8.2.12	安全门、摇台、阻车器、罐笼与信号联锁符合要求				
8.2.13	信号发送、信号闭锁符合要求				
8.2.14	提升钢丝绳、罐道绳每天检查 1 次，其他用途的钢丝绳每周检查 1 次，检查结果应记录				

矿名

检查时间　　　　　　　　　　　　　　　　　　　　　检查表编号

检查意见：	安全状况分析			签名
	良/好	一般	差	

附表 2.9　　　　　　　井下电气现场安全管理检查表

矿名

检查时间　　　　　　　　　　　　　　　　　　　　　检查表编号

序号	检查项目及要求	符合性 是/否	存在问题	处理意见	备注
9.1	重点检查项目及要求				
9.1.1	按规定填写三大保护检查记录				
9.1.2	煤电钻必须使用设有规定保护装置的综合保护器，并每天进行 1 次跳闸试验				

矿名						
检查时间					检查表编号	
序号	检查项目及要求	符合性 是/否	存在问题	处理意见	备 注	
9.1.3	电缆与电缆的接头以及电缆与电器设备的连接,通过电缆接线盒、插销连接器、母线盒等连接,没有明接头、鸡爪子、羊尾巴					
9.1.4	井下低压馈电线上装设检漏保护或有选择性的漏电保护装置并每天试验 1 次					
9.1.5	防爆性能遭受破坏的电气设备,立即处理或更换					
9.2	一般检查项目及要求					
9.2.1	井下电气设备、电缆、电线的检修、搬迁遵守相关规定					
9.2.2	井下电气挂牌管理					
9.2.3	操作井下电气设备遵守有关规定					
9.2.4	容易碰到的、裸露的带电体及机械外露的转动和传动部分加装护罩或遮拦等防护设施					
9.2.5	防爆电气设备入井前,应检查其各种规定证照及安全性能,检查合格并签发合格证后,方准入井					
9.2.6	井下配电网路装设过流、短路保护装置,保护装置符合规定,动作可靠、接地保护可靠					
9.2.7	采掘工作面配电点的位置和空间满足规定,使用不燃材料支护					
9.2.8	硐室不滴水,过道应保持通畅,没有存放无关的设备和物件					
9.2.9	在机械提升的进风的倾斜井巷和使用木支架的立井井筒中敷设电缆时,有可靠的安全措施					
9.2.10	通信和信号电缆与电力电缆、高压与低压电缆在同一巷道敷设时,符合有关规定					
9.2.11	电缆未遭受淋水,盘圈或盘"8"字形的电缆不带电,电缆按规定设置标志牌					
9.2.12	电气信号符合规定要求					
9.2.13	电气设备的检查、维护和调整由专职电工进行					
9.2.14	井下防爆电气设备的运行、维护和修理,符合防爆性能的各项技术要求					
9.2.15	矿井按规定定期对电气设备和电缆进行检查、调整。检查和调整结果记入专用记录簿					
检查意见:		安全状况分析			签名	
		良/好	一般	差		